"博学而笃志，切问而近思。"

（《论语》）

博晓古今，可立一家之说；
学贯中西，或成经国之才。

复旦博学 · 复旦博学 · 复旦博学 · 复旦博学 · 复旦博学 · 复旦博学

博學

复旦博学·数学系列

最优化基础理论与方法

（第二版）

王燕军　梁治安　崔雪婷　编著

Optimization Theory and Methods

復旦大學出版社

第二版前言

本书第一版出版至今已近 7 年.根据多年来的教学情况和读者的宝贵意见,我们对第一版的内容作了一些修订增补.新增加了第五章“约束规划的对偶理论”及第六章“线性规划”,原章节相应后移;第一章“最优化基础”第 4 小节部分内容进行了改写及顺序上的调整,使之更为科学、连贯;此外,还修正了第一版中少量的错误及不规范的格式.

我们希望这次改版能使本书的质量得到进一步的提高,同时我们对关心本书的学院领导、广大读者及复旦大学出版社表示感谢.

作者

2018 年 8 月

第一版前言

最优化问题是在有限种或无限种可行方案(决策)中选择最优的方案(决策),它是数学的一个重要的分支.自20世纪50年代后,随着实际生产的需要和计算机的发展,逐渐形成了最优化理论,以及相应的求解方法——最优化方法.目前这些方法已经在工农业、国防、交通、经济、金融、能源、通信等众多领域中得到了广泛的应用.最优化技术已经成为大多数专业领域必修或选修的基本技术课程.

本书旨在对非线性光滑最优化的基础理论和方法作一个比较全面的介绍.作为财经类院校的教材,在内容的选取方面,尽可能避免过分复杂的理论分析,以适应不同专业、不同层次的技术人员对最优化技术的需求.某些定理的证明或理论分析仅在于论证所述方法的基本特性,对此不感兴趣的读者只需了解有关结论,而略去烦琐的证明;但对于从事理论研究与进行方法设计的读者来说,这些理论分析是相当重要而又富于启发性的.另外,在本书中也尽力增加了一些应用实例.

全书共分7章.第一章主要介绍最优化相关的基础理论;第二章介绍无约束优化问题的最优性条件以及线性搜索技术;第三章主要介绍无约束最优化算法,主要有最速下降法、Newton法、共轭梯度法;第四章主要讨论约束优化问题的最优性条件;第五章介绍了二次规划的求解算法;第六章介绍了一般非线性约束最优化问题的罚函数法;第七章给出了两种特殊规划:几何规划和多目标规划,并给出了一些应用实例.

本书可作为计算数学、应用数学、工程、经济、金融等各专业高年级本科生或研究生的教学用书或辅导用书,也可供从事优化方面的科技工作者和工程技术人员学习和参考.

限于作者水平,可能在内容的取材、结构的编排以及课程的讲法上存在不妥之处,敬请广大读者对书中的不妥与错误之处批评指正!

作者

2011年3月

目　　录

第一章　最优化基础

在实际生活和许多学科中，我们总是会遇到最优化问题. 读者在学习初等数学时已经开始解一些最优化问题，如在周长一定的矩形中，正方形的面积最大. 用初等数学的方法即可证明这个优化问题，或者在学了高等数学后，也可以用 Lagrange 乘子的方法证明这个问题. 本章将介绍最优化的一般模型和分类，并介绍最优化理论和方法涉及的一些微积分和代数的基础知识.

§1.1　最优化问题的分类与应用实例

最优化问题数学模型的一般形式为

$$\begin{aligned} &\min f(\boldsymbol{x}); \\ &\text{s.t.}\quad c_i(\boldsymbol{x}) = 0,\ i \in E = \{1, 2, \cdots, l\}, \\ &\qquad\ \ c_i(\boldsymbol{x}) \leqslant 0,\ i \in I = \{l+1, l+2, \cdots, l+m\}, \\ &\qquad\ \ \boldsymbol{x} \in \mathbf{R}^n. \end{aligned} \tag{1.1.1}$$

这里 min 表示求极小值; s.t. 是 subject to 的意思，表示受限制于…; $\boldsymbol{x}$ 是 n 维向量，其分量是 $x_1, \cdots, x_n$. 在问题(1.1.1)中称 $f(\boldsymbol{x})$ 为目标函数(objective function)，称 $c_i(\boldsymbol{x})$ $(i \in E \cup I)$ 为约束函数(constraint functions). 若求极大值，可以将目标函数写成 $\min(-f(\boldsymbol{x}))$，不等式约束 $c_i(\boldsymbol{x}) \geqslant 0$ 可以写成 $-c_i(\boldsymbol{x}) \leqslant 0$.

若记集合

$$D = \{\boldsymbol{x} \mid c_i(\boldsymbol{x}) = 0,\ i \in E;\ c_i(\boldsymbol{x}) \leqslant 0,\ i \in I,\ \boldsymbol{x} \in \mathbf{R}^n\},$$

则称 D 为问题(1.1.1)的可行域，若 $\boldsymbol{x} \in D$，则称 $\boldsymbol{x}$ 为可行点.

下面我们对最优化问题(1.1.1)进行简单的分类.

(1) 根据可行域 D 划分：若 $D = \mathbf{R}^n$，即 $\boldsymbol{x}$ 是自由变量，则称问题(1.1.1)为无约束优化问题；否则，$D \subset \mathbf{R}^n$，称问题(1.1.1)为约束优化问题.

(2) 根据函数的性质划分：若目标函数和约束函数都是线性的，则称问题

(1.1.1)为线性规划;若目标函数和约束函数中至少有一个是非线性的,则称问题(1.1.1)为非线性规划. 进一步,若目标函数是二次函数, $c_i(\boldsymbol{x})$ $(i=1, \cdots, l+m)$ 是线性函数,则称问题(1.1.1)为二次规划.

(3) 根据可行域的性质划分:若可行域内点的个数是有限的,则称问题(1.1.1)为离散最优化问题;若可行域含有无穷多个点,且可行域内的点可以连续变化,则称(1.1.1)为连续最优化问题. 对于离散优化问题,若变量均为整数,则称其为整数规划问题;若部分变量为整数,而另一部分变量连续变化,则称其为混合整数规划问题.

(4) 根据函数的向量性质划分:若目标函数为向量函数,则称问题(1.1.1)为多目标规划问题;若目标函数为数量函数,则称问题(1.1.1)为单目标规划问题.

(5) 根据规划问题有关信息的确定性划分:若目标函数或约束函数具有随机性,也就是问题的表述形式随时间的变化而变化,具有不确定性,则这样的优化问题称为随机规划;如果优化问题的变量(函数)具有模糊性,则这样的优化问题称为模糊规划;如果目标函数和可行域都是确定的,则这样的规划问题称为确定性规划问题. 本书讨论确定性规划问题.

为了进一步说明最优化问题,下面我们举一些优化问题实例.

例 1.1.1 投资组合问题.

假设有一笔资金 a 亿元,准备投资于 n 种证券. 已知第 i 种证券的期望收益率为 r_i,证券收益率之间的协方差矩阵为 $\boldsymbol{A}$. 假设投资到各种证券的资金向量为 $\boldsymbol{x}=\{x_1, x_2, \cdots, x_n\}^{\mathrm{T}}$ (称为投资组合 Portfolio),且期望收益不低于事先指定的数 r_0,如何根据 Markowitz 的投资组合理论,建立最优化模型?

解 这项投资的风险是 $V(\boldsymbol{x})=\boldsymbol{x}^{\mathrm{T}}\boldsymbol{A}\boldsymbol{x}$,期望收益是 $R(\boldsymbol{x})=r_1x_1+r_2x_2+\cdots+r_nx_n$. 我们有如下最优化数学模型,即投资组合模型:

$$
\begin{aligned}
&\min V(\boldsymbol{x})=\boldsymbol{x}^{\mathrm{T}}\boldsymbol{A}\boldsymbol{x};\\
&\text{s.t.}\quad r_1x_1+r_2x_2+\cdots+r_nx_n\geqslant r_0,\\
&\qquad\quad \sum_{i=1}^{n}x_i=a,\ x_i\geqslant 0,\ i=1,\cdots,n.
\end{aligned}
$$

例 1.1.2 投资问题.

假定国家的下一个五年计划内用于发展某种工业的总投资为 b 亿元,可供选择兴建的项目共有 n 个. 已知第 j 个项目的投资为 a_j 亿元,可得收益为 c_j 亿元,问:应如何进行投资才能使盈利率(即单位投资可得到的收益)为最高?

解 令决策变量为 x_j,则 x_j 应满足条件

$$x_j(x_j-1)=0.$$

同时 x_j 应满足约束条件 $\sum_{j=1}^{n} a_j x_j \leqslant b$. 目标函数是要求盈利率

$$f(x_1, x_2, \cdots, x_n)=\frac{\sum_{j=1}^{n} c_j x_j}{\sum_{j=1}^{n} a_j x_j}$$

达到最大. 这是一个整数规划问题.

例 1.1.3　厂址选择问题.

设有 n 个市场,第 j 个市场位置为 (p_j, q_j),它对某种货物的需要量为 $b_j(j=1, \cdots, n)$. 现计划建立 m 个仓库,第 i 个仓库的存储容量为 $a_i(i=1, \cdots, m)$. 试确定仓库的位置,使各仓库对各市场的运输量与路程乘积之和为最小.

解　设第 i 个仓库的位置为 (x_i, y_i) $(i=1, \cdots, m)$, 第 i 个仓库到第 j 个市场的货物供应量为 $z_{ij}(i=1, \cdots, m; j=1, \cdots, n)$, 则第 i 个仓库到第 j 个市场的距离为

$$d_{ij}=\sqrt{(x_i-p_j)^2+(y_i-q_j)^2},$$

目标函数为

$$\sum_{i=1}^{m} \sum_{j=1}^{n} z_{ij} d_{ij}=\sum_{i=1}^{m} \sum_{j=1}^{n} z_{ij} \sqrt{(x_i-p_j)^2+(y_i-q_j)^2},$$

约束条件如下:

(1) 每个仓库向各市场提供的货物量之和不能超过它的存储容量;

(2) 每个市场从各仓库得到的货物量之和应等于它的需要量;

(3) 运输量不能为负数.

因此,问题的数学模型为

$$\min f(\boldsymbol{x})=\sum_{i=1}^{m} \sum_{j=1}^{n} z_{ij} d_{ij}=\sum_{i=1}^{m} \sum_{j=1}^{n} z_{ij} \sqrt{(x_i-p_j)^2+(y_i-q_j)^2};$$

$$\begin{aligned}
\text{s.t.}\quad & \sum_{j=1}^{n} z_{ij} \leqslant a_i,\ i=1, \cdots, m, \\
& \sum_{i=1}^{m} z_{ij}=b_j,\ j=1, \cdots, n, \\
& z_{ij} \geqslant 0,\ i=1, \cdots, m;\ j=1, \cdots, n.
\end{aligned}$$

例 1.1.4　曲线拟合问题.

在科学实验、工程设计和管理工作中,经常会遇到下述问题:通过实验或实测得到 n 组数据 (t_i, y_i),它们可视为平面上的 n 个点,期望确定一组参数 $\boldsymbol{x} = (x_1, \cdots, x_m)^{\mathrm{T}}$,使曲线 $y = \phi(\boldsymbol{x}, t)$ 最佳逼近这 n 个点. 通常把这一问题归结为如下的优化问题:

$$\min f(\boldsymbol{x}) = \sum_{i=1}^{n} [\phi(\boldsymbol{x}, t_i) - y_i]^2.$$

设 $\boldsymbol{x}^*$ 为问题的最优解,则 $y = \phi(\boldsymbol{x}^*, t)$ 即为通过最小二乘法对 n 组数据 (t_i, y_i) 的拟合曲线.

例 1.1.5　运输问题.

设有 $V(\mathrm{m}^3)$ 的砂、石要由甲地运输到乙地,运输前需要先装入一个有底无盖并在底部有滑行器的木箱中,砂、石运到乙地后,从箱中倒出,再继续用空箱装运,不论箱子大小,每装运一箱,需 0.1 元,箱底和两端的材料费为每平方米 20 元,箱子两侧材料费为每平方米 5 元,箱底的两个滑行器与箱子同长,材料费为每米 2.5 元,问:木箱的长、宽、高应各为多少米,才能使运费与箱子的成本费的总和为最小?

解　设木箱的长、宽、高分别为 x_1, x_2, x_3,运费与成本费的总和为 w,则上述问题可归结为如下的优化模型:

$$\begin{aligned} &\min w(\boldsymbol{x}) = \frac{0.1V}{x_1x_2x_3} + 20x_1x_2 + 10x_1x_3 + 40x_2x_3 + 5x_1; \\ &\text{s.t.}\quad x_i > 0,\ i = 1, 2, 3. \end{aligned}$$

在此问题中,若要求箱子底与两侧使用废料来做,而废料只有 4 m^2,其他与上述问题相同,则这时问题归结为

$$\begin{aligned} \min w(\boldsymbol{x}) &= \frac{0.1V}{x_1x_2x_3} + 40x_2x_3 + 5x_1; \\ \text{s.t.}\quad & \frac{1}{2}x_1x_3 + \frac{1}{4}x_1x_2 \leqslant 1, \\ & x_i > 0,\ i = 1, 2, 3. \end{aligned}$$

§1.2　线性代数知识

在考虑最优化问题时,需要用到点列和极限的概念,而点是代数中线性空间的元素,极限又依赖于点与点之间的距离,距离是欧氏空间的概念,所以矩阵是一种工具,在最优化问题的表述和求解过程中自然是必不可少的. 下面重点介绍

这 3 个概念.

§1.2.1　线性空间

设 V 是一个非空集合,$\mathbf{R}$ 是实数域,在 V 上定义加法,即对任意 $\boldsymbol{x}, \boldsymbol{y} \in V$,存在唯一的元素 $\boldsymbol{z} \in V$ 与它们对应,记作 $\boldsymbol{z} = \boldsymbol{x} + \boldsymbol{y}$, 称为 $\boldsymbol{x}$ 与 $\boldsymbol{y}$ 的和;对于任意 $\lambda \in \mathbf{R}$ 和任意 $\boldsymbol{x} \in V$, 存在唯一的元素 $\boldsymbol{y} \in V$ 与它们对应,记作 $\boldsymbol{y} = \lambda\boldsymbol{x}$, 称为 λ 与 $\boldsymbol{x}$ 的数量乘法. 若对任意 $\boldsymbol{x}, \boldsymbol{y}, \boldsymbol{z} \in V$ 和任意的 $\lambda, \mu \in \mathbf{R}$, 两种运算满足下面 8 个条件:

(1) $\boldsymbol{x} + \boldsymbol{y} = \boldsymbol{y} + \boldsymbol{x}$;

(2) $(\boldsymbol{x} + \boldsymbol{y}) + \boldsymbol{z} = \boldsymbol{x} + (\boldsymbol{y} + \boldsymbol{z})$;

(3) 存在一个元素,记作 $\mathbf{0}$,称为零元,使得 $\mathbf{0} + \boldsymbol{x} = \boldsymbol{x}$;

(4) 存在 $-\boldsymbol{x} \in V$,称为 $\boldsymbol{x}$ 的负元,使得 $\boldsymbol{x} + (-\boldsymbol{x}) = \mathbf{0}$;

(5) $1\boldsymbol{x} = \boldsymbol{x}$;

(6) $\lambda(\mu\boldsymbol{x}) = (\lambda\mu)\boldsymbol{x}$;

(7) $(\lambda + \mu)\boldsymbol{x} = \lambda\boldsymbol{x} + \mu\boldsymbol{x}$;

(8) $\lambda(\boldsymbol{x} + \boldsymbol{y}) = \lambda\boldsymbol{x} + \lambda\boldsymbol{y}$;

则称 V 为 $\mathbf{R}$ 上的线性空间,其中 V 的元素 $\boldsymbol{x}$ 称为向量.

通常我们考虑的线性空间是 n 维(列)向量空间 $\mathbf{R}^n$,记 n 维列向量为

$$\boldsymbol{x} = (x_1, x_2, \cdots, x_n)^{\mathrm{T}}.$$

若 $\boldsymbol{x}, \boldsymbol{y}$ 是线性空间 $\mathbf{R}^n$ 中的两个向量,通常的加法定义为

$$\boldsymbol{x} + \boldsymbol{y} = (x_1 + y_1, x_2 + y_2, \cdots, x_n + y_n)^{\mathrm{T}},$$

若 λ 是一个标量,通常的数乘定义为

$$\lambda\boldsymbol{x} = (\lambda x_1, \lambda x_2, \cdots, \lambda x_n)^{\mathrm{T}}.$$

设 $\boldsymbol{\alpha}_1, \boldsymbol{\alpha}_2, \cdots, \boldsymbol{\alpha}_m$ 为 $\mathbf{R}^n$ 中 m 个向量,称

$$\boldsymbol{x} = \lambda_1\boldsymbol{\alpha}_1 + \cdots + \lambda_m\boldsymbol{\alpha}_m$$

为 $\boldsymbol{\alpha}_1, \boldsymbol{\alpha}_2, \cdots, \boldsymbol{\alpha}_m$ 的线性组合.

如果存在不全为零的 $\lambda_i (i = 1, 2, \cdots, m)$, 使得

$$\lambda_1\boldsymbol{\alpha}_1 + \cdots + \lambda_m\boldsymbol{\alpha}_m = \mathbf{0},$$

则称 $\boldsymbol{\alpha}_1, \boldsymbol{\alpha}_2, \cdots, \boldsymbol{\alpha}_m$ 线性相关,否则称 $\boldsymbol{\alpha}_1, \boldsymbol{\alpha}_2, \cdots, \boldsymbol{\alpha}_m$ 线性无关,也就是说,若

$$\lambda_1\boldsymbol{\alpha}_1 + \cdots + \lambda_m\boldsymbol{\alpha}_m = \mathbf{0},$$

则必有 $\lambda_i = 0\ (i = 1, \cdots, m)$.

如果线性空间 $\mathbf{R}^n$ 的一个非空子集 W 对于 $\mathbf{R}^n$ 的加法和数乘运算也构成一个线性空间,则称它为 $\mathbf{R}^n$ 的子空间. 如果 $\boldsymbol{\alpha}_1, \boldsymbol{\alpha}_2, \cdots, \boldsymbol{\alpha}_m \in W$ 线性无关,而 W 中的任何向量均可以表示成它们的线性组合,则 $\boldsymbol{\alpha}_1, \boldsymbol{\alpha}_2, \cdots, \boldsymbol{\alpha}_m$ 称为 W 的一组基,且 $W = \{\lambda_1\boldsymbol{\alpha}_1 + \lambda_2\boldsymbol{\alpha}_2 + \cdots + \lambda_m\boldsymbol{\alpha}_m \mid \lambda_1, \lambda_2, \cdots, \lambda_m \in \mathbf{R}\}$. 若 $x \in \mathbf{R}^n$,则称 $\boldsymbol{x} + W$ 为 $\mathbf{R}^n$ 的仿射集.

§1.2.2　Euclid 空间(欧氏空间)

所谓欧氏空间,就是在线性空间上定义一个度量. 对于 n 维欧氏空间(记为 $\mathbf{R}^n$),向量 $\boldsymbol{x}$ 与 $\boldsymbol{y}$ 的内积定义为

$$\langle \boldsymbol{x}, \boldsymbol{y} \rangle = \sum_{i=1}^{n} x_i y_i = \boldsymbol{x}^{\mathrm{T}} \boldsymbol{y}.$$

由上式,容易得到内积具有如下性质:

(1) $\langle \boldsymbol{x}, \boldsymbol{x} \rangle \geqslant 0$,且$\langle \boldsymbol{x}, \boldsymbol{x} \rangle = 0$ 的充分必要条件是 $\boldsymbol{x} = \boldsymbol{0}$;

(2) $\langle \boldsymbol{x}, \boldsymbol{y} \rangle = \langle \boldsymbol{y}, \boldsymbol{x} \rangle$;

(3) $\langle \lambda\boldsymbol{x} + \mu\boldsymbol{y}, \boldsymbol{z} \rangle = \lambda\langle \boldsymbol{x}, \boldsymbol{z} \rangle + \mu\langle \boldsymbol{y}, \boldsymbol{z} \rangle$.

n 维欧氏空间 $\mathbf{R}^n$ 上的范数定义为

$$\| \boldsymbol{x} \| = \left(\sum_{i=1}^{n} x_i^2 \right)^{\frac{1}{2}} = (\langle \boldsymbol{x}, \boldsymbol{x} \rangle)^{\frac{1}{2}},$$

即通常意义下的距离,或称为 l_2 范数.

范数具有如下性质:

(1) $\| \boldsymbol{x} \| \geqslant 0$,且 $\| \boldsymbol{x} \| = 0$ 的充分必要条件是 $\boldsymbol{x} = \boldsymbol{0}$;

(2) $\| \lambda\boldsymbol{x} \| = | \lambda | \, \| \boldsymbol{x} \|$;

(3) $\| \boldsymbol{x} + \boldsymbol{y} \| \leqslant \| \boldsymbol{x} \| + \| \boldsymbol{y} \|$ (三角不等式),以及Cauchy-Schwarz不等式

$$| \langle \boldsymbol{x}, \boldsymbol{y} \rangle | \leqslant \| \boldsymbol{x} \| \, \| \boldsymbol{y} \|,$$

且等号成立的充分必要条件是:$\boldsymbol{x}$ 与 $\boldsymbol{y}$ 共线,即存在 λ,使得

$$\boldsymbol{x} = \lambda \boldsymbol{y}.$$

将该不等式写成分量形式为

$$\left| \sum_{i=1}^{n} x_i y_i \right| \leqslant \left(\sum_{i=1}^{n} x_i^2 \right)^{\frac{1}{2}} \left(\sum_{i=1}^{n} y_i^2 \right)^{\frac{1}{2}}.$$

§1.2.3 矩阵

称

$$\boldsymbol{A}=\begin{pmatrix} a_{11} & a_{12} & \cdots & a_{1n} \\ a_{21} & a_{22} & \cdots & a_{2n} \\ \vdots & \vdots & & \vdots \\ a_{m1} & a_{m2} & \cdots & a_{mn} \end{pmatrix}$$

为 $m\times n$ 矩阵,记为 $\boldsymbol{A}=\boldsymbol{A}_{m\times n}$. 实数域上所有 $m\times n$ 矩阵组成的集合记作 $\mathbf{R}^{m\times n}$.

对于矩阵 $\boldsymbol{A}$,可以进行分块,即

$$\boldsymbol{A}=\begin{pmatrix} \boldsymbol{A}_{11} & \boldsymbol{A}_{12} \\ \boldsymbol{A}_{21} & \boldsymbol{A}_{22} \end{pmatrix},$$

其中 $\boldsymbol{A}_{11}$ 为 $m_1\times n_1$ 矩阵,$\boldsymbol{A}_{12}$ 为 $m_1\times n_2$ 矩阵,$\boldsymbol{A}_{21}$ 为 $m_2\times n_1$ 矩阵,$\boldsymbol{A}_{22}$ 为 $m_2\times n_2$ 矩阵,且 $m_1+m_2=m,\ n_1+n_2=n$. 这里特别提到两种特殊的分块矩阵,按列分块

$$\boldsymbol{A}=(\boldsymbol{P}_1,\ \boldsymbol{P}_2,\ \cdots,\ \boldsymbol{P}_n),\ \boldsymbol{P}_j=\begin{pmatrix} a_{1j} \\ a_{2j} \\ \vdots \\ a_{mj} \end{pmatrix},$$

和按行分块

$$\boldsymbol{A}=\begin{pmatrix} \boldsymbol{a}_1^{\mathrm{T}} \\ \boldsymbol{a}_2^{\mathrm{T}} \\ \vdots \\ \boldsymbol{a}_m^{\mathrm{T}} \end{pmatrix},\ \boldsymbol{a}_i^{\mathrm{T}}=(a_{i1},\ a_{i2},\ \cdots,\ a_{in}).$$

矩阵 $\boldsymbol{A}$ 的秩记为 $\mathrm{rank}(\boldsymbol{A})$. 当

$$\mathrm{rank}(\boldsymbol{A})=\min\{m,\ n\}$$

时,称矩阵 $\boldsymbol{A}$ 是满秩的,又若 $m<n$, 则称 $\boldsymbol{A}$ 为行满秩;若 $m>n$, 则称 $\boldsymbol{A}$ 为列满秩,若 $m=n$, 则矩阵 $\boldsymbol{A}$ 为 n 阶非奇异方阵. 元素 $a_{ij}\,(i=1,\ 2,\ \cdots,\ m;\ j=1,\ 2,\ \cdots,\ n)$ 均为零的 $m\times n$ 矩阵为零矩阵,记为 $\boldsymbol{O}$.

方阵非奇异的充分必要条件是: $\det(\boldsymbol{A})\neq 0$.

若 $\boldsymbol{A}$ 为 $n\times n$ 矩阵,且 $\boldsymbol{A}$ 满足

$$\boldsymbol{A}^{\mathrm{T}}=\boldsymbol{A},$$

则称 $\boldsymbol{A}$ 为对称矩阵;若对于一切 $\boldsymbol{x} \neq \boldsymbol{0}$, 均有

$$\boldsymbol{x}^{\mathrm{T}}\boldsymbol{A}\boldsymbol{x} > 0,$$

则称 $\boldsymbol{A}$ 为正定矩阵;若对一切 $\boldsymbol{x}$,均有

$$\boldsymbol{x}^{\mathrm{T}}\boldsymbol{A}\boldsymbol{x} \geqslant 0,$$

则称 $\boldsymbol{A}$ 为半正定矩阵.

§1.3 多元函数分析

分析多元函数在一点附近的特性,它在该点处的一阶微分和二阶微分是两个重要的工具.它们在该点处的线性近似和二次近似对于考虑这个函数在该点处的最优性条件是非常有用的.

定义 1.3.1　设 n 元函数 $f(\boldsymbol{x})$ 对自变量 $\boldsymbol{x}=(x_1, x_2, \cdots, x_n)^{\mathrm{T}}$ 的各分量 x_i 的偏导数 $\dfrac{\partial f(\boldsymbol{x})}{\partial x_i}$ $(i=1, \cdots, n)$ 都存在,则称函数 $f(\boldsymbol{x})$ 在 $\boldsymbol{x}$ 处一阶可导,并称向量

$$\nabla f(\boldsymbol{x}) = \left(\frac{\partial f(\boldsymbol{x})}{\partial x_1}, \cdots, \frac{\partial f(\boldsymbol{x})}{\partial x_n}\right)^{\mathrm{T}}$$

为函数 $f(\boldsymbol{x})$ 在 $\boldsymbol{x}$ 处的一阶导数或梯度,记 $g(\boldsymbol{x}) = \nabla f(\boldsymbol{x})$($g(\boldsymbol{x})$ 为列向量).

定义 1.3.2　设 n 元函数 $f(\boldsymbol{x})$ 对自变量 $\boldsymbol{x}=(x_1, x_2, \cdots, x_n)^{\mathrm{T}}$ 的各分量 x_i 的二阶偏导数 $\dfrac{\partial^2 f(\boldsymbol{x})}{\partial x_i \partial x_j}$ $(i=1, \cdots, n;\ j=1, \cdots, n)$ 都存在,则称函数 $f(\boldsymbol{x})$ 在点 $\boldsymbol{x}$ 处二阶可导,并称矩阵

$$\nabla^2 f(\boldsymbol{x}) = \begin{pmatrix} \dfrac{\partial^2 f(\boldsymbol{x})}{\partial x_1^2} & \dfrac{\partial^2 f(\boldsymbol{x})}{\partial x_1 \partial x_2} & \cdots & \dfrac{\partial^2 f(\boldsymbol{x})}{\partial x_1 \partial x_n} \\ \dfrac{\partial^2 f(\boldsymbol{x})}{\partial x_2 \partial x_1} & \dfrac{\partial^2 f(\boldsymbol{x})}{\partial x_2 \partial x_2} & \cdots & \dfrac{\partial^2 f(\boldsymbol{x})}{\partial x_2 \partial x_n} \\ \vdots & \vdots & & \vdots \\ \dfrac{\partial^2 f(\boldsymbol{x})}{\partial x_n \partial x_1} & \dfrac{\partial^2 f(\boldsymbol{x})}{\partial x_n \partial x_2} & \cdots & \dfrac{\partial^2 f(\boldsymbol{x})}{\partial x_n^2} \end{pmatrix}$$

为 $f(\boldsymbol{x})$ 在 $\boldsymbol{x}$ 处的二阶导数或 Hesse 矩阵,记为 $\nabla^2 f(\boldsymbol{x})$,即

$$\nabla^2 f(\boldsymbol{x}) = \left(\frac{\partial^2 f(\boldsymbol{x})}{\partial x_i \partial x_j}\right)_{n \times n}.$$

有时记为 $G(\boldsymbol{x})$.

若 $f(\boldsymbol{x})$对 $\boldsymbol{x}$ 各变元的所有二阶偏导数都连续，则

$$\frac{\partial^2 f(\boldsymbol{x})}{\partial x_i \partial x_j} = \frac{\partial^2 f(\boldsymbol{x})}{\partial x_j \partial x_i},$$

此时$\nabla^2 f(\boldsymbol{x})$为对称矩阵.

例 1.3.1　设 $\boldsymbol{A} \in \mathbf{R}^{n\times n}$ 为对称矩阵，$\boldsymbol{b} \in \mathbf{R}^n$，$c \in \mathbf{R}$，求：

(1) 线性函数 $f(\boldsymbol{x}) = \boldsymbol{b}^{\mathrm{T}}\boldsymbol{x}$ 的梯度和 Hesse 矩阵；

(2) 二次函数 $f(\boldsymbol{x}) = \boldsymbol{x}^{\mathrm{T}}\boldsymbol{A}\boldsymbol{x} + \boldsymbol{b}^{\mathrm{T}}\boldsymbol{x} + c$ 的梯度和 Hesse 矩阵.

解　(1) $f(\boldsymbol{x}) = \boldsymbol{b}^{\mathrm{T}}\boldsymbol{x} = b_1x_1 + b_2x_2 + \cdots + b_nx_n$，所以

$$\frac{\partial f}{\partial x_k} = b_k,\ k = 1,\ 2,\ \cdots,\ n, \tag{1.3.1}$$

因此

$$\nabla f(\boldsymbol{x}) = (b_1,\ b_2,\ \cdots,\ b_n)^{\mathrm{T}} = \boldsymbol{b}.$$

对(1.3.1)式再求偏导数，得到

$$\frac{\partial^2 f}{\partial x_k \partial x_l} = 0,\ k,\ l = 1,\ 2,\ \cdots,\ n,$$

因此得到 $\nabla^2 f(\boldsymbol{x}) = \boldsymbol{O}$.

(2) 令 $f_1(\boldsymbol{x}) = \boldsymbol{x}^{\mathrm{T}}\boldsymbol{A}\boldsymbol{x}$，于是

$$f_1(\boldsymbol{x}) = \boldsymbol{x}^{\mathrm{T}}\boldsymbol{A}\boldsymbol{x} = \sum_{i=1}^{n}\sum_{j=1}^{n} a_{ij}x_ix_j.$$

因此

$$\begin{aligned}\frac{\partial f_1}{\partial x_k} &= \frac{\partial}{\partial x_k}\Big(\sum_{i=1,\ i\neq k}^{n}\big(\sum_{j=1}^{n} a_{ij}x_ix_j\big) + \sum_{j=1,\ j\neq k}^{n} a_{kj}x_kx_j + a_{kk}x_k^2\Big) \\ &= \sum_{i=1,\ i\neq k}^{n} a_{ik}x_i + \sum_{j=1,\ j\neq k}^{n} a_{kj}x_j + 2a_{kk}x_k \\ &= \sum_{i=1}^{n} a_{ik}x_i + \sum_{j=1}^{n} a_{kj}x_j,\ k = 1,\ 2,\ \cdots,\ n,\end{aligned}$$

和

$$\frac{\partial^2 f_1}{\partial x_k \partial x_l} = a_{lk} + a_{kl},\ k,\ l = 1,\ 2,\ \cdots,\ n,$$

所以梯度为

$$\nabla f_1(\boldsymbol{x}) = \begin{pmatrix} a_{11} & a_{21} & \cdots & a_{n1} \\ a_{12} & a_{22} & \cdots & a_{n2} \\ \vdots & \vdots & & \vdots \\ a_{1n} & a_{2n} & \cdots & a_{nn} \end{pmatrix} \begin{pmatrix} x_1 \\ x_2 \\ \vdots \\ x_n \end{pmatrix} + \begin{pmatrix} a_{11} & a_{12} & \cdots & a_{1n} \\ a_{21} & a_{22} & \cdots & a_{2n} \\ \vdots & \vdots & & \vdots \\ a_{n1} & a_{n2} & \cdots & a_{nn} \end{pmatrix} \begin{pmatrix} x_1 \\ x_2 \\ \vdots \\ x_n \end{pmatrix} = \boldsymbol{A}^{\mathrm{T}}\boldsymbol{x} + \boldsymbol{A}\boldsymbol{x}, \tag{1.3.2}$$

其 Hesse 矩阵为

$$\nabla^2 f_1(\boldsymbol{x}) = \begin{pmatrix} a_{11} & a_{21} & \cdots & a_{n1} \\ a_{12} & a_{22} & \cdots & a_{n2} \\ \vdots & \vdots & & \vdots \\ a_{1n} & a_{2n} & \cdots & a_{nn} \end{pmatrix} + \begin{pmatrix} a_{11} & a_{12} & \cdots & a_{1n} \\ a_{21} & a_{22} & \cdots & a_{2n} \\ \vdots & \vdots & & \vdots \\ a_{n1} & a_{n2} & \cdots & a_{nn} \end{pmatrix} = \boldsymbol{A}^{\mathrm{T}} + \boldsymbol{A}. \tag{1.3.3}$$

因为 $\boldsymbol{A}$ 为对称矩阵,即 $\boldsymbol{A}^{\mathrm{T}} = \boldsymbol{A}$, 所以(1.3.2)式和(1.3.3)式可以写成

$$\nabla f_1(\boldsymbol{x}) = 2\boldsymbol{A}\boldsymbol{x},$$
$$\nabla^2 f_1(\boldsymbol{x}) = 2\boldsymbol{A}.$$

因此

$$\nabla f(\boldsymbol{x}) = 2\boldsymbol{A}\boldsymbol{x} + \boldsymbol{b},$$
$$\nabla^2 f(\boldsymbol{x}) = 2\boldsymbol{A}.$$

定义 1.3.3 设向量函数 $\boldsymbol{F}(\boldsymbol{x}) = (f_1(\boldsymbol{x}), f_2(\boldsymbol{x}), \cdots, f_m(\boldsymbol{x}))^{\mathrm{T}}$ 的各分量函数 $f_i(\boldsymbol{x})$ $(i = 1, \cdots, m)$ 对自变量 $\boldsymbol{x} = (x_1, \cdots, x_n)^{\mathrm{T}}$ 各分量的偏导数

$$\frac{\partial f_i(\boldsymbol{x})}{\partial x_j},\ i = 1, \cdots, m,\ j = 1, \cdots, n$$

都存在,则称 $\boldsymbol{F}(\boldsymbol{x})$在点 $\boldsymbol{x}$ 处一阶可导,并称矩阵

$$
\boldsymbol{F}'(\boldsymbol{x}) = \begin{pmatrix} \dfrac{\partial f_1(\boldsymbol{x})}{\partial x_1} & \dfrac{\partial f_1(\boldsymbol{x})}{\partial x_2} & \cdots & \dfrac{\partial f_1(\boldsymbol{x})}{\partial x_n} \\ \dfrac{\partial f_2(\boldsymbol{x})}{\partial x_1} & \dfrac{\partial f_2(\boldsymbol{x})}{\partial x_2} & \cdots & \dfrac{\partial f_2(\boldsymbol{x})}{\partial x_n} \\ \vdots & \vdots & & \vdots \\ \dfrac{\partial f_m(\boldsymbol{x})}{\partial x_1} & \dfrac{\partial f_m(\boldsymbol{x})}{\partial x_2} & \cdots & \dfrac{\partial f_m(\boldsymbol{x})}{\partial x_n} \end{pmatrix}
$$

为向量函数 $\boldsymbol{F}(\boldsymbol{x})$在 $\boldsymbol{x}$ 处的 Jacobi 矩阵.

例 1.3.2 设

$$
\boldsymbol{F}(\boldsymbol{x}) = \begin{pmatrix} f_1(\boldsymbol{x}) \\ f_2(\boldsymbol{x}) \end{pmatrix} = \begin{pmatrix} 3x_1 + \mathrm{e}^{x_2} x_3 \\ x_1^3 + x_2^2 \sin x_3 \end{pmatrix},
$$

求 $\boldsymbol{F}(\boldsymbol{x})$在点 $\bar{\boldsymbol{x}} = (1, 0, \pi)^{\mathrm{T}}$ 处的 Jacobi 矩阵.

解 由定义 1.3.3,可以得到

$$
\boldsymbol{F}'(\boldsymbol{x}) = \begin{pmatrix} 3 & \mathrm{e}^{x_2} x_3 & \mathrm{e}^{x_2} \\ 3x_1^2 & 2x_2 \sin x_3 & x_2^2 \cos x_3 \end{pmatrix}.
$$

代入 $\bar{\boldsymbol{x}} = (1, 0, \pi)^{\mathrm{T}}$, 得

$$
\boldsymbol{F}'(\bar{\boldsymbol{x}}) = \begin{pmatrix} 3 & \pi & 1 \\ 3 & 0 & 0 \end{pmatrix}.
$$

与导数相关的另一个概念是方向导数,n 元函数的方向导数在非线性规划问题的研究中具有非常重要的作用.下面,我们借助一元函数的一阶和二阶导数,导出 n 元函数的一阶方向导数和二阶方向导数.

首先,根据多元复合函数的求导法则,导出一元函数

$$
\phi(a) = f(\boldsymbol{x} + a\boldsymbol{d}),\ a \in \mathbf{R},\ \boldsymbol{x},\ \boldsymbol{d} \in \mathbf{R}^n
$$

的一阶导数、二阶导数.

令

$$
\boldsymbol{u} = \boldsymbol{x} + a\boldsymbol{d} = (x_1 + ad_1,\ x_2 + ad_2 + \cdots,\ x_n + ad_n)^{\mathrm{T}} = (u_1,\ \cdots,\ u_n)^{\mathrm{T}},
$$

则

$$\begin{aligned}\phi'(a) &= \frac{\partial f(\boldsymbol{u})}{\partial u_1}\frac{\mathrm{d}u_1}{\mathrm{d}a} + \cdots + \frac{\partial f(\boldsymbol{u})}{\partial u_n}\frac{\mathrm{d}u_n}{\mathrm{d}a} \\ &= \frac{\partial f(\boldsymbol{u})}{\partial u_1}d_1 + \cdots + \frac{\partial f(\boldsymbol{u})}{\partial u_n}d_n \\ &= \nabla f(\boldsymbol{u})^{\mathrm{T}}\boldsymbol{d} \\ &= \nabla f(\boldsymbol{x}+a\boldsymbol{d})^{\mathrm{T}}\boldsymbol{d},\end{aligned} \tag{1.3.4}$$

$$\begin{aligned}\phi''(a) &= \left(\frac{\partial^2 f(\boldsymbol{u})}{\partial u_1^2}d_1 + \frac{\partial^2 f(\boldsymbol{u})}{\partial u_1\partial u_2}d_2 + \cdots + \frac{\partial^2 f(\boldsymbol{u})}{\partial u_1\partial u_n}d_n\right)d_1 \\ &\quad + \left(\frac{\partial^2 f(\boldsymbol{u})}{\partial u_2\partial u_1}d_1 + \frac{\partial^2 f(\boldsymbol{u})}{\partial u_2^2}d_2 + \cdots + \frac{\partial^2 f(\boldsymbol{u})}{\partial u_2\partial u_n}d_n\right)d_2 \\ &\quad + \cdots \\ &\quad + \left(\frac{\partial^2 f(\boldsymbol{u})}{\partial u_n\partial u_1}d_1 + \frac{\partial^2 f(\boldsymbol{u})}{\partial u_n\partial u_2}d_2 + \cdots + \frac{\partial^2 f(\boldsymbol{u})}{\partial u_n^2}d_n\right)d_n \\ &= (d_1, d_2, \cdots, d_n)\begin{pmatrix} \frac{\partial^2 f(\boldsymbol{u})}{\partial u_1^2} & \frac{\partial^2 f(\boldsymbol{u})}{\partial u_1\partial u_2} & \cdots & \frac{\partial^2 f(\boldsymbol{u})}{\partial u_1\partial u_n} \\ \frac{\partial^2 f(\boldsymbol{u})}{\partial u_2\partial u_1} & \frac{\partial^2 f(\boldsymbol{u})}{\partial u_2^2} & \cdots & \frac{\partial^2 f(\boldsymbol{u})}{\partial u_2\partial u_n} \\ \vdots & \vdots & & \vdots \\ \frac{\partial^2 f(\boldsymbol{u})}{\partial u_n\partial u_1} & \frac{\partial^2 f(\boldsymbol{u})}{\partial u_n\partial u_2} & \cdots & \frac{\partial^2 f(\boldsymbol{u})}{\partial u_n^2}\end{pmatrix}\begin{pmatrix} d_1 \\ d_2 \\ \vdots \\ d_n\end{pmatrix} \\ &= \boldsymbol{d}^{\mathrm{T}}\nabla^2 f(\boldsymbol{x}+a\boldsymbol{d})\boldsymbol{d}.\end{aligned} \tag{1.3.5}$$

定义 1.3.4 对于任意给定的 $\boldsymbol{d} \neq \boldsymbol{0}$, 若极限

$$\lim_{a\to 0^+}\frac{f(\bar{\boldsymbol{x}}+a\boldsymbol{d})-f(\bar{\boldsymbol{x}})}{a\|\boldsymbol{d}\|}$$

存在,则称该极限值为函数 $f(\boldsymbol{x})$在$\bar{\boldsymbol{x}}$处沿方向 $\boldsymbol{d}$ 的一阶方向导数,简称为方向导数,记为$\frac{\partial}{\partial \boldsymbol{d}}f(\bar{\boldsymbol{x}})$,即

$$\frac{\partial}{\partial \boldsymbol{d}}f(\bar{\boldsymbol{x}}) = \lim_{a\to 0^+}\frac{f(\bar{\boldsymbol{x}}+a\boldsymbol{d})-f(\bar{\boldsymbol{x}})}{a\|\boldsymbol{d}\|}. \tag{1.3.6}$$

如果按上述定义求方向导数的话会相当烦琐,下面给出方向导数的另一种

表达式.

定理 1.3.1　若函数 $f(\boldsymbol{x})$ 具有连续的一阶偏导数,则它在 $\bar{\boldsymbol{x}}$ 处沿方向 $\boldsymbol{d}$ 的一阶方向导数为

$$\frac{\partial}{\partial \boldsymbol{d}} f(\bar{\boldsymbol{x}}) = \left\langle \nabla f(\bar{\boldsymbol{x}}),\ \frac{\boldsymbol{d}}{\|\boldsymbol{d}\|} \right\rangle = \frac{1}{\|\boldsymbol{d}\|} \boldsymbol{d}^{\mathrm{T}} \nabla f(\bar{\boldsymbol{x}}). \tag{1.3.7}$$

证明　记 $\bar{\boldsymbol{x}} = (\bar{x}_1,\ \bar{x}_2,\ \cdots,\ \bar{x}_n)^{\mathrm{T}}$, $\boldsymbol{d} = (d_1,\ \cdots,\ d_n)^{\mathrm{T}}$, 考虑单变量函数

$$\phi(a) = f(\bar{\boldsymbol{x}} + a\boldsymbol{d}),$$

由定理条件知 $\phi(a)$ 可微,由(1.3.4)式可得

$$\phi'(a) = \boldsymbol{d}^{\mathrm{T}} \nabla f(\bar{\boldsymbol{x}} + a\boldsymbol{d}),$$

当 $a = 0$ 时,有

$$\phi'(0) = \boldsymbol{d}^{\mathrm{T}} \nabla f(\bar{\boldsymbol{x}}). \tag{1.3.8}$$

另一方面,由(1.3.6)式和(1.3.8)式可得

$$\begin{aligned} \frac{\partial}{\partial \boldsymbol{d}} f(\bar{\boldsymbol{x}}) &= \lim_{a \to 0^+} \frac{f(\bar{\boldsymbol{x}} + a\boldsymbol{d}) - f(\bar{\boldsymbol{x}})}{a\|\boldsymbol{d}\|} \\ &= \frac{1}{\|\boldsymbol{d}\|} \lim_{a \to 0^+} \frac{\phi(a) - \phi(0)}{a} \\ &= \frac{1}{\|\boldsymbol{d}\|} \phi'(0) \\ &= \frac{1}{\|\boldsymbol{d}\|} \boldsymbol{d}^{\mathrm{T}} \nabla f(\bar{\boldsymbol{x}}). \quad \square \end{aligned}$$

方向导数的几何意义是函数 $f(\boldsymbol{x})$ 在 $\bar{\boldsymbol{x}}$ 处沿 $\boldsymbol{d}$ 方向的变化率. 若 $\frac{\partial f}{\partial \boldsymbol{d}} > 0$, 则沿着方向 $\boldsymbol{d}$ 增加时,函数值上升,此时,也称 $\boldsymbol{d}$ 为上升方向;若 $\frac{\partial f}{\partial \boldsymbol{d}} < 0$, 则称 $\boldsymbol{d}$ 是下降方向.

由(1.3.7)式和 Cauchy-Schwarz 不等式得到

$$\begin{aligned} \frac{\partial}{\partial \boldsymbol{d}} f(\bar{\boldsymbol{x}}) &= \left\langle \nabla f(\bar{\boldsymbol{x}}),\ \frac{\boldsymbol{d}}{\|\boldsymbol{d}\|} \right\rangle \\ &\leqslant \| \nabla f(\bar{\boldsymbol{x}}) \| \left\| \frac{\boldsymbol{d}}{\|\boldsymbol{d}\|} \right\| \\ &= \| \nabla f(\bar{\boldsymbol{x}}) \|. \end{aligned}$$

特别,当 $\boldsymbol{d}=\nabla f(\bar{\boldsymbol{x}})$ 时,有

$$\begin{aligned}\frac{\partial}{\partial \boldsymbol{d}} f(\bar{\boldsymbol{x}}) &= \left\langle \nabla f(\bar{\boldsymbol{x}}), \frac{\boldsymbol{d}}{\|\boldsymbol{d}\|}\right\rangle \\ &= \left\langle \nabla f(\bar{\boldsymbol{x}}), \frac{\nabla f(\bar{\boldsymbol{x}})}{\|\nabla f(\bar{\boldsymbol{x}})\|}\right\rangle \\ &= \|\nabla f(\bar{\boldsymbol{x}})\|.\end{aligned}$$

结合上面两式,$\boldsymbol{d}=\nabla f(\bar{\boldsymbol{x}})$ 是在 $\bar{\boldsymbol{x}}$ 处使得方向导数达到最大的方向,称其为 $\bar{\boldsymbol{x}}$ 处的最速上升方向(steepest ascent direction).

同理,可得 $\frac{\partial}{\partial \boldsymbol{d}} f(\bar{\boldsymbol{x}}) \geqslant -\|\nabla f(\bar{\boldsymbol{x}})\|$,当 $\boldsymbol{d}=-\nabla f(\bar{\boldsymbol{x}})$ 时,有

$$\frac{\partial}{\partial \boldsymbol{d}} f(\bar{\boldsymbol{x}}) = -\|\nabla f(\bar{\boldsymbol{x}})\|,$$

因此,称 $\boldsymbol{d}=-\nabla f(\bar{\boldsymbol{x}})$ 为 $\bar{\boldsymbol{x}}$ 处的最速下降方向(steepest descent direction).

下面介绍二阶方向导数.

定义 1.3.5　对于任意给定的 $\boldsymbol{d}\neq \boldsymbol{0}$, 若极限

$$\lim_{a\to 0^+} \frac{\frac{\partial}{\partial \boldsymbol{d}} f(\bar{\boldsymbol{x}}+a\boldsymbol{d}) - \frac{\partial}{\partial \boldsymbol{d}} f(\bar{\boldsymbol{x}})}{a\|\boldsymbol{d}\|}$$

存在,则称该极限值为函数 $f(\boldsymbol{x})$ 在 $\bar{\boldsymbol{x}}$ 处沿方向 $\boldsymbol{d}$ 的二阶方向导数,记为 $\frac{\partial^2}{\partial \boldsymbol{d}^2} f(\bar{\boldsymbol{x}})$,即

$$\frac{\partial^2}{\partial \boldsymbol{d}^2} f(\bar{\boldsymbol{x}}) = \lim_{a\to 0^+} \frac{\frac{\partial}{\partial \boldsymbol{d}} f(\bar{\boldsymbol{x}}+a\boldsymbol{d}) - \frac{\partial}{\partial \boldsymbol{d}} f(\bar{\boldsymbol{x}})}{a\|\boldsymbol{d}\|}.$$

定理 1.3.2　若函数 $f(\boldsymbol{x})$ 具有连续的二阶偏导数,则它在 $\bar{\boldsymbol{x}}$ 处沿方向 $\boldsymbol{d}$ 的二阶方向导数为

$$\frac{\partial^2}{\partial \boldsymbol{d}^2} f(\bar{\boldsymbol{x}}) = \frac{1}{\|\boldsymbol{d}\|^2} \boldsymbol{d}^{\mathrm{T}} \nabla^2 f(\bar{\boldsymbol{x}}) \boldsymbol{d}.$$

证明　考虑单变量函数

$$\phi(a) = f(\bar{\boldsymbol{x}}+a\boldsymbol{d}),$$

由定理条件及(1.3.5)式可得

$$\phi''(a) = \boldsymbol{d}^{\mathrm{T}} \nabla^2 f(\bar{\boldsymbol{x}} + a\boldsymbol{d})\boldsymbol{d}.$$

当 $a = 0$ 时,有

$$\phi''(0) = \boldsymbol{d}^{\mathrm{T}} \nabla^2 f(\bar{\boldsymbol{x}})\boldsymbol{d}.$$

另一方面,由定理 1.3.1 的证明过程,有

$$\frac{\partial}{\partial \boldsymbol{d}} f(\bar{\boldsymbol{x}}) = \frac{1}{\|\boldsymbol{d}\|}\phi'(0),$$

$$\frac{\partial}{\partial \boldsymbol{d}} f(\bar{\boldsymbol{x}} + a\boldsymbol{d}) = \frac{1}{\|\boldsymbol{d}\|}\phi'(a),$$

因此有

$$\begin{aligned}
\frac{\partial^2}{\partial \boldsymbol{d}^2} f(\bar{\boldsymbol{x}}) &= \lim_{a\to 0^+} \frac{\frac{\partial}{\partial \boldsymbol{d}} f(\bar{\boldsymbol{x}} + a\boldsymbol{d}) - \frac{\partial}{\partial \boldsymbol{d}} f(\bar{\boldsymbol{x}})}{a\|\boldsymbol{d}\|} \\
&= \frac{1}{\|\boldsymbol{d}\|^2} \lim_{a\to 0^+} \frac{\phi'(a) - \phi'(0)}{a} \\
&= \frac{1}{\|\boldsymbol{d}\|^2}\phi''(0) \\
&= \frac{1}{\|\boldsymbol{d}\|^2}\boldsymbol{d}^{\mathrm{T}} \nabla^2 f(\bar{\boldsymbol{x}})\boldsymbol{d}. \quad \square
\end{aligned}$$

二阶方向导数的几何意义是描述函数 $f(\boldsymbol{x})$ 在 $\bar{\boldsymbol{x}}$ 处沿方向 $\boldsymbol{d}$ 的凹凸性和弯曲的程度.

n 元函数的 Taylor 展开式在非线性规划的理论分析中起着重要的作用,关于 n 元函数的 Taylor 展开式,有如下定理.

定理 1.3.3 (1) 设函数 $f(\boldsymbol{x})$: $\mathbf{R}^n \to \mathbf{R}$. 若 $f(\boldsymbol{x})$ 在点 $\bar{\boldsymbol{x}}$ 的某个邻域 $N(\bar{\boldsymbol{x}})$ 内一阶连续可微,则存在 $\theta \in (0, 1)$,使得

$$f(\boldsymbol{x}) = f(\bar{\boldsymbol{x}}) + \nabla f(\bar{\boldsymbol{x}} + \theta(\boldsymbol{x} - \bar{\boldsymbol{x}}))^{\mathrm{T}}(\boldsymbol{x} - \bar{\boldsymbol{x}}),\ \boldsymbol{x} \in N(\bar{\boldsymbol{x}}).$$

(2) 设函数 $f(\boldsymbol{x})$: $\mathbf{R}^n \to \mathbf{R}$. 若 $f(\boldsymbol{x})$ 在点 $\bar{\boldsymbol{x}}$ 的某个邻域 $N(\bar{\boldsymbol{x}})$ 内一阶连续可微,则

$$f(\boldsymbol{x}) = f(\bar{\boldsymbol{x}}) + \nabla f(\bar{\boldsymbol{x}})^{\mathrm{T}}(\boldsymbol{x} - \bar{\boldsymbol{x}}) + o(\|\boldsymbol{x} - \bar{\boldsymbol{x}}\|),\ \boldsymbol{x} \in N(\bar{\boldsymbol{x}}).$$

(3) 设函数 $f(\boldsymbol{x})$: $\mathbf{R}^n \to \mathbf{R}$. 若 $f(\boldsymbol{x})$ 在点 $\bar{\boldsymbol{x}}$ 的某个邻域 $N(\bar{\boldsymbol{x}})$ 内二阶连续可微,则存在 $\theta \in (0, 1)$,使得

$$f(\boldsymbol{x}) = f(\bar{\boldsymbol{x}}) + \nabla f(\bar{\boldsymbol{x}})^{\mathrm{T}}(\boldsymbol{x}-\bar{\boldsymbol{x}}) + \frac{1}{2}(\boldsymbol{x}-\bar{\boldsymbol{x}})^{\mathrm{T}} \nabla^2 f(\bar{\boldsymbol{x}}+\theta(\boldsymbol{x}-\bar{\boldsymbol{x}}))(\boldsymbol{x}-\bar{\boldsymbol{x}}),\ \boldsymbol{x} \in N(\bar{\boldsymbol{x}}). \tag{1.3.9}$$

(4) 设函数 $f(\boldsymbol{x})$: $\mathbf{R}^n \to \mathbf{R}$. 若 $f(\boldsymbol{x})$在点$\bar{\boldsymbol{x}}$的某个邻域 $N(\bar{\boldsymbol{x}})$内二阶连续可微,则

$$f(\boldsymbol{x}) = f(\bar{\boldsymbol{x}}) + \nabla f(\bar{\boldsymbol{x}})^{\mathrm{T}}(\boldsymbol{x}-\bar{\boldsymbol{x}}) + \frac{1}{2}(\boldsymbol{x}-\bar{\boldsymbol{x}})^{\mathrm{T}} \nabla^2 f(\bar{\boldsymbol{x}})(\boldsymbol{x}-\bar{\boldsymbol{x}}) + o(\|\boldsymbol{x}-\bar{\boldsymbol{x}}\|^2),\ \boldsymbol{x} \in N(\bar{\boldsymbol{x}}). \tag{1.3.10}$$

证明 结论(1)和(2)留给读者自己证明,下面证明结论(3)和(4).

(3) 当 $\boldsymbol{x} = \bar{\boldsymbol{x}}$ 时,(1.3.9)式显然成立,因此我们仅考虑 $\boldsymbol{x} \neq \bar{\boldsymbol{x}}$ 的情况. 设

$$\phi(a) = f(\bar{\boldsymbol{x}} + a\boldsymbol{d}),$$

其中 $\boldsymbol{d} = \boldsymbol{x} - \bar{\boldsymbol{x}}$, 由一元函数的 Taylor 公式有

$$\phi(a) = \phi(0) + \phi'(0)a + \frac{1}{2}\phi''(\theta)a^2,$$

其中 $0 < \theta < a$. 取 $a = 1$, 得

$$\phi(1) = \phi(0) + \phi'(0) + \frac{1}{2}\phi''(\theta), \tag{1.3.11}$$

显然 $\phi(1) = f(\boldsymbol{x})$, $\phi(0) = f(\bar{\boldsymbol{x}})$, 由(1.3.5)式和(1.3.8)式知

$$\phi'(0) = \boldsymbol{d}^{\mathrm{T}} \nabla f(\bar{\boldsymbol{x}}),$$

$$\phi''(\theta) = \boldsymbol{d}^{\mathrm{T}} \nabla^2 f(\bar{\boldsymbol{x}} + \theta\boldsymbol{d})\boldsymbol{d}.$$

将以上各式代入(1.3.11)式,便得(1.3.9)式.

(4) 设

$$\phi(a) = f(\bar{\boldsymbol{x}} + a\boldsymbol{d}),$$

其中 $a = \|\boldsymbol{x}-\bar{\boldsymbol{x}}\|$, $\boldsymbol{d} = \dfrac{\boldsymbol{x}-\bar{\boldsymbol{x}}}{\|\boldsymbol{x}-\bar{\boldsymbol{x}}\|}$, 由一元函数的 Taylor 公式有

$$\phi(a) = \phi(0) + \phi'(0)a + \frac{1}{2}\phi''(0)a^2 + o(a^2), \tag{1.3.12}$$

又有

$$\phi(a) = f(\boldsymbol{x}),\ \phi(0) = f(\bar{\boldsymbol{x}}),$$

$$\phi'(0)a = \nabla f(\bar{x})^{\mathrm{T}}(x - \bar{x}),$$

$$\phi''(0)a^2 = (x - \bar{x})^{\mathrm{T}} \nabla^2 f(\bar{x})^{\mathrm{T}}(x - \bar{x}).$$

将以上各式代入(1.3.12) 式,即得(1.3.10)式. □

在(2)和(4)中,若略去高阶无穷小量,则有近似关系式

$$f(x) \approx f(\bar{x}) + \nabla f(\bar{x})^{\mathrm{T}}(x - \bar{x}),\ x \in N(\bar{x}),$$

$$f(x) \approx f(\bar{x}) + \nabla f(\bar{x})^{\mathrm{T}}(x - \bar{x}) + \frac{1}{2}(x - \bar{x})^{\mathrm{T}} \nabla^2 f(\bar{x})(x - \bar{x}),\ x \in N(\bar{x}).$$

通常把上面两式的右边称为函数 $f(x)$在点$\bar{x}$处的线性近似(函数)和二次近似(函数).

§1.4 凸集与凸函数

凸集与凸函数是最优化方法理论分析中较为重要的一部分内容,在本节中我们扼要地介绍凸集和凸函数的定义和基本性质.

定义 1.4.1 设集合 $D \subset \mathbf{R}^n$,如果对任意的 $x,\ y \in D$ 与任意的 $\alpha \in [0,\ 1]$,有

$$\alpha x + (1 - \alpha) y \in D,$$

则称集合 D 是凸集(convex set).

凸集的几何意义是:若两个点属于此集合,则这两点连线上的任意一点均属于此集合(见图 1.4.1).

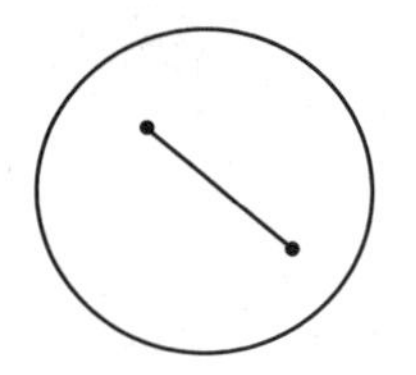
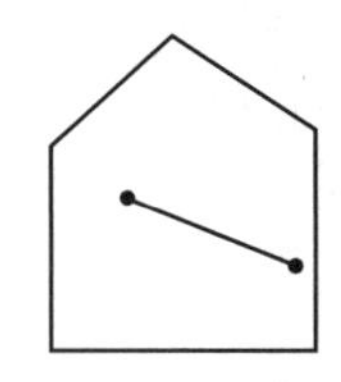
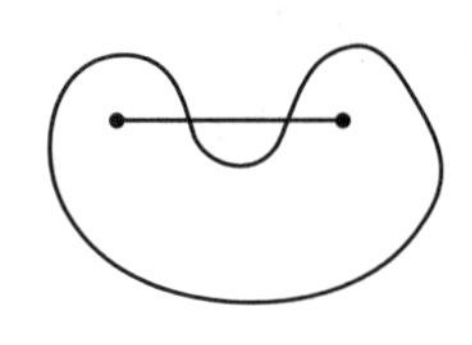

图 1.4.1 凸集与非凸集

有关凸集的性质由下面的定理给出.

定理 1.4.1 设 $D_1,\ D_2 \subset \mathbf{R}^n$ 是凸集,$\alpha \in \mathbf{R}$,则

(1) $D_1 \cap D_2 = \{x \mid x \in D_1,\ x \in D_2\}$ 是凸集;

(2) $\alpha D_1 = \{\alpha x \mid x \in D_1\}$ 是凸集;

(3) $D_1 + D_2 = \{x + y \mid x \in D_1,\ y \in D_2\}$ 是凸集;

(4) $D_1 - D_2 = \{x - y \mid x \in D_1,\ y \in D_2\}$ 是凸集.

这个定理的证明可由凸集的定义直接得出,留给读者作为练习.

定理 1.4.2 D 是凸集的充分必要条件是:对任意的 $m \geqslant 2$, 任给 $\boldsymbol{x}^1, \cdots, \boldsymbol{x}^m \in D$ 和实数 $\alpha_1, \cdots, \alpha_m$,且 $\alpha_i \geqslant 0$ $(i = 1, \cdots, m;\ \sum_{i=1}^{m} \alpha_i = 1)$, 均有

$$\alpha_1 \boldsymbol{x}^1 + \cdots + \alpha_m \boldsymbol{x}^m \in D.$$

证明 当 $m = 2$ 时,由凸集的定义,命题显然成立.

设 $m = k$ 时命题成立,即任取 $\boldsymbol{x}^i \in D$, $\alpha_i \geqslant 0$ $(i = 1, 2, \cdots, k;\ \sum_{i=1}^{k} \alpha_i = 1)$, 则有 $\sum_{i=1}^{k} \alpha_i \boldsymbol{x}^i \in D$.

当 $m = k+1$ 时,任取 $\boldsymbol{x}^i \in D$, $\alpha_i \geqslant 0$ $(i = 1, 2, \cdots, k, k+1;\ \sum_{i=1}^{k+1} \alpha_i = 1)$, 则有

$$\begin{aligned} \sum_{i=1}^{k+1} \alpha_i \boldsymbol{x}^i &= \sum_{i=1}^{k} \alpha_i \boldsymbol{x}^i + \alpha_{k+1} \boldsymbol{x}^{k+1} \\ &= \left(\sum_{j=1}^{k} \alpha_j\right) \left[\sum_{i=1}^{k} \frac{\alpha_i}{\sum_{j=1}^{k} \alpha_j} \boldsymbol{x}^i \right] + \alpha_{k+1} \boldsymbol{x}^{k+1}. \end{aligned} \tag{1.4.1}$$

由于 $\sum_{i=1}^{k} \frac{\alpha_i}{\sum_{j=1}^{k} \alpha_j} = 1$,且 $\frac{\alpha_i}{\sum_{j=1}^{k} \alpha_j} \geqslant 0$, 因此由归纳法假设有

$$\sum_{i=1}^{k} \frac{\alpha_i}{\sum_{j=1}^{k} \alpha_j} \boldsymbol{x}^i \in D. \tag{1.4.2}$$

注意到 $\sum_{j=1}^{k} \alpha_i + \alpha_{k+1} = 1$, 由(1.4.1)式和(1.4.2)式及凸集的定义,得到

$$\sum_{i=1}^{k+1} \alpha_i \boldsymbol{x}^i \in D. \quad \square$$

下面给出几个凸集的相关定义.

定义 1.4.2 给定凸集 $D \subset \mathbf{R}^n$, $\boldsymbol{x} \in \mathbf{R}^n$. 若存在 $\boldsymbol{x}$ 的 δ 邻域 $N_\delta(\boldsymbol{x}) = \{\boldsymbol{y} \mid \|\boldsymbol{y} - \boldsymbol{x}\| < \delta\} \subset D$, 则称 $\boldsymbol{x}$ 为 D 的内点; 所有内点组成的集合记为 $\mathrm{int}D$. 若 $\boldsymbol{x}$ 的任意 δ 邻域 $N_\delta(\boldsymbol{x})$ 既包含 D 中的点, 又包含不属于 D 的点,则称 $\boldsymbol{x}$ 为 D 的边界

点；所有边界点组成的集合记为∂D. 若对任意 $\delta>0$ 均有 $N_\delta(\boldsymbol{x})\cap D\neq\varnothing$，则称 $\boldsymbol{x}$ 属于集合 D 的闭包，记为 $\boldsymbol{x}\in \mathrm{cl}D$.

根据以上定义可知，集合 D 的闭包 $\mathrm{cl}D=D\cup\partial D$，它是包含集合 D 的最小的闭集.

投影定理及凸集分离定理是研究约束规划最优性条件和对偶理论的重要工具，下面予以介绍.

定义 1.4.3　设 D_1, D_2 是两个非空集合，$\boldsymbol{\alpha}\in\mathbf{R}^n$, $\beta\in\mathbf{R}$, 若有

$$D_1\subset H^+=\{\boldsymbol{x}\in\mathbf{R}^n\mid \boldsymbol{\alpha}^{\mathrm{T}}\boldsymbol{x}\geqslant\beta\},$$
$$D_2\subset H^-=\{\boldsymbol{x}\in\mathbf{R}^n\mid \boldsymbol{\alpha}^{\mathrm{T}}\boldsymbol{x}\leqslant\beta\},$$

则称超平面 $H=\{\boldsymbol{x}\in\mathbf{R}^n\mid\boldsymbol{\alpha}^{\mathrm{T}}\boldsymbol{x}=\beta\}$ 分离集合 D_1 与 D_2. 进而，若有 $D_1\cup D_2\not\subset H$, 则称 H 正常分离 D_1 与 D_2. 若有

$$D_1\subset\overline{H}^+=\{\boldsymbol{x}\in\mathbf{R}^n\mid \boldsymbol{\alpha}^{\mathrm{T}}\boldsymbol{x}>\beta\},$$
$$D_2\subset\overline{H}^-=\{\boldsymbol{x}\in\mathbf{R}^n\mid \boldsymbol{\alpha}^{\mathrm{T}}\boldsymbol{x}<\beta\},$$

则称 H 严格分离 D_1 与 D_2.

定理 1.4.3(投影定理)　设 $D\subset\mathbf{R}^n$ 是非空闭凸集，$\boldsymbol{y}\in\mathbf{R}^n$ 但 $\boldsymbol{y}\notin D$, 则

(1) 存在唯一的一点 $\bar{\boldsymbol{x}}\in D$, 使得$\bar{\boldsymbol{x}}$是 $\boldsymbol{y}$ 到 D 的距离最小的点，即有

$$\|\bar{\boldsymbol{x}}-\boldsymbol{y}\|=\inf\{\|\boldsymbol{x}-\boldsymbol{y}\|\mid\boldsymbol{x}\in D\}>0.$$

(2) $\bar{\boldsymbol{x}}$ 是 $\boldsymbol{y}$ 到 D 的最小距离点的充要条件是

$$(\boldsymbol{x}-\bar{\boldsymbol{x}})^{\mathrm{T}}(\bar{\boldsymbol{x}}-\boldsymbol{y})\geqslant 0,\ \forall\boldsymbol{x}\in D.$$

证明　(1) 设有单位球 $S=\{\boldsymbol{s}\mid\|\boldsymbol{s}\|\leqslant 1,\ \boldsymbol{s}\in\mathbf{R}^n\}$, 取充分大的 $\mu>0$, 可使

$$D\cap(\boldsymbol{y}+\mu S)\neq\varnothing.$$

注意到 D 是闭集，$\boldsymbol{y}+\mu S$ 是有界闭集，故 $D\cap(\boldsymbol{y}+\mu S)$ 是非空有界闭集. 因此，连续函数

$$f(\boldsymbol{x})=\|\boldsymbol{y}-\boldsymbol{x}\|$$

在 $D\cap(\boldsymbol{y}+\mu S)$ 上取到最小值. 设这个最小值在点 $\bar{\boldsymbol{x}}\in D\cap(\boldsymbol{y}+\mu S)$ 上达到，则$\bar{\boldsymbol{x}}$ 是 $\boldsymbol{y}$ 到 D 的距离最小的点.

现证明点$\bar{\boldsymbol{x}}$ 的唯一性. 设有 $\tilde{\boldsymbol{x}}\in D$, $\tilde{\boldsymbol{x}}\neq\bar{\boldsymbol{x}}$, 使

$$\|\boldsymbol{y}-\tilde{\boldsymbol{x}}\|=\|\boldsymbol{y}-\bar{\boldsymbol{x}}\|=\gamma,$$

则

$$\left\| \boldsymbol{y} - \frac{\bar{\boldsymbol{x}} + \tilde{\boldsymbol{x}}}{2} \right\| \leqslant \frac{1}{2} \| \boldsymbol{y} - \bar{\boldsymbol{x}} \| + \frac{1}{2} \| \boldsymbol{y} - \tilde{\boldsymbol{x}} \| = \gamma.$$

由 D 是凸集知 $\frac{\bar{\boldsymbol{x}} + \tilde{\boldsymbol{x}}}{2} \in D$, 及 γ 是最小距离,故上式等号成立,从而存在 $\lambda \in \mathbf{R}$, 必有

$$\boldsymbol{y} - \bar{\boldsymbol{x}} = \lambda(\boldsymbol{y} - \tilde{\boldsymbol{x}}).$$

又因为 $\| \boldsymbol{y} - \bar{\boldsymbol{x}} \| = \| \boldsymbol{y} - \tilde{\boldsymbol{x}} \| = \gamma$,所以 $|\lambda| = 1$. 若 $\lambda = -1$,则由 $\boldsymbol{y} - \bar{\boldsymbol{x}} = -\boldsymbol{y} + \tilde{\boldsymbol{x}}$ 知 $\boldsymbol{y} = \frac{\bar{\boldsymbol{x}} + \tilde{\boldsymbol{x}}}{2} \in D$, 这与 $\boldsymbol{y} \notin D$ 矛盾. 因而 $\lambda = 1$,即有 $\tilde{\boldsymbol{x}} = \bar{\boldsymbol{x}}$, $\bar{\boldsymbol{x}}$的唯一性得证.

(2) 充分性. 对任意的 $\boldsymbol{x} \in D$, 有

$$\begin{aligned} \| \boldsymbol{x} - \boldsymbol{y} \|^2 &= \| \boldsymbol{x} - \bar{\boldsymbol{x}} + \bar{\boldsymbol{x}} - \boldsymbol{y} \|^2 \\ &= \| \boldsymbol{x} - \bar{\boldsymbol{x}} \|^2 + \| \bar{\boldsymbol{x}} - \boldsymbol{y} \|^2 + 2(\boldsymbol{x} - \bar{\boldsymbol{x}})^{\mathrm{T}}(\bar{\boldsymbol{x}} - \boldsymbol{y}). \end{aligned}$$

由于 $\| \boldsymbol{x} - \bar{\boldsymbol{x}} \|^2 > 0$ 及 $(\boldsymbol{x} - \bar{\boldsymbol{x}})^{\mathrm{T}}(\bar{\boldsymbol{x}} - \boldsymbol{y}) \geqslant 0$, 因此从上式有

$$\| \boldsymbol{x} - \boldsymbol{y} \|^2 > \| \bar{\boldsymbol{x}} - \boldsymbol{y} \|^2, \ \forall \boldsymbol{x} \in D,$$

即$\bar{\boldsymbol{x}}$为最小距离点.

必要性. 由$\bar{\boldsymbol{x}}$是 $\boldsymbol{y}$ 到 D 距离最小的点,可知

$$\| \bar{\boldsymbol{x}} - \boldsymbol{y} \| \leqslant \| \boldsymbol{x} - \boldsymbol{y} \|, \ \forall \boldsymbol{x} \in D,$$

或等价地,有

$$\| \bar{\boldsymbol{x}} - \boldsymbol{y} \|^2 \leqslant \| \boldsymbol{x} - \boldsymbol{y} \|^2, \ \forall \boldsymbol{x} \in D. \tag{1.4.3}$$

因为 $\bar{\boldsymbol{x}} \in D$ 及 D 是凸集,所以,对任意的 $\alpha \in (0, 1)$, 有

$$\bar{\boldsymbol{x}} + \alpha(\boldsymbol{x} - \bar{\boldsymbol{x}}) = \alpha \boldsymbol{x} + (1 - \alpha) \bar{\boldsymbol{x}} \in D, \ \forall \boldsymbol{x} \in D.$$

用上式代替(1.4.3)式中的 $\boldsymbol{x}$,则得

$$\begin{aligned} \| \bar{\boldsymbol{x}} - \boldsymbol{y} \|^2 &\leqslant \| \boldsymbol{y} - \bar{\boldsymbol{x}} - \alpha(\boldsymbol{x} - \bar{\boldsymbol{x}}) \|^2 \\ &= \| \boldsymbol{y} - \bar{\boldsymbol{x}} \|^2 + \alpha^2 \| \boldsymbol{x} - \bar{\boldsymbol{x}} \|^2 - 2\alpha(\boldsymbol{y} - \bar{\boldsymbol{x}})^{\mathrm{T}}(\boldsymbol{x} - \bar{\boldsymbol{x}}). \end{aligned}$$

从上式可得

$$\alpha^2 \| \boldsymbol{x} - \bar{\boldsymbol{x}} \|^2 - 2\alpha(\boldsymbol{y} - \bar{\boldsymbol{x}})^{\mathrm{T}}(\boldsymbol{x} - \bar{\boldsymbol{x}}) \geqslant 0, \ \forall \alpha \in (0, 1).$$

将上式两端同除以 α,并令 $\alpha \to 0$,便得

$$(\boldsymbol{x} - \bar{\boldsymbol{x}})^{\mathrm{T}}(\bar{\boldsymbol{x}} - \boldsymbol{y}) \geqslant 0, \ \forall \boldsymbol{x} \in D. \quad \square$$

定理 1.4.4(点与凸集的分离定理)　设 $D \subset \mathbf{R}^n$ 是非空闭凸集，$\boldsymbol{y} \in \mathbf{R}^n$ 但 $\boldsymbol{y} \notin D$，则存在非零向量 $\boldsymbol{\alpha} \in \mathbf{R}^n$，$\beta \in \mathbf{R}$，满足

$$\boldsymbol{\alpha}^{\mathrm{T}} \boldsymbol{x} \leqslant \beta < \boldsymbol{\alpha}^{\mathrm{T}} \boldsymbol{y},\ \forall\, \boldsymbol{x} \in D,$$

即存在超平面 $H = \{\boldsymbol{x} \mid \boldsymbol{\alpha}^{\mathrm{T}} \boldsymbol{x} = \beta,\ \boldsymbol{x} \in \mathbf{R}^n\}$ 严格分离 $\boldsymbol{y}$ 与 D.

证明　由 D 是闭凸集，$\boldsymbol{y} \notin D$ 及定理 1.4.3 可知，存在唯一的最小距离点 $\bar{\boldsymbol{x}} \in D$，满足

$$(\boldsymbol{x} - \bar{\boldsymbol{x}})^{\mathrm{T}}(\bar{\boldsymbol{x}} - \boldsymbol{y}) \geqslant 0,\ \forall\, \boldsymbol{x} \in D,$$

上式即

$$\boldsymbol{x}^{\mathrm{T}}(\boldsymbol{y} - \bar{\boldsymbol{x}}) \leqslant \bar{\boldsymbol{x}}^{\mathrm{T}}(\boldsymbol{y} - \bar{\boldsymbol{x}}),\ \forall\, \boldsymbol{x} \in D, \tag{1.4.4}$$

而

$$\| \boldsymbol{y} - \bar{\boldsymbol{x}} \|^2 = (\boldsymbol{y} - \bar{\boldsymbol{x}})^{\mathrm{T}}(\boldsymbol{y} - \bar{\boldsymbol{x}}) = \boldsymbol{y}^{\mathrm{T}}(\boldsymbol{y} - \bar{\boldsymbol{x}}) - \bar{\boldsymbol{x}}^{\mathrm{T}}(\boldsymbol{y} - \bar{\boldsymbol{x}}).$$

由(1.4.4)式，得

$$\| \boldsymbol{y} - \bar{\boldsymbol{x}} \|^2 \leqslant \boldsymbol{y}^{\mathrm{T}}(\boldsymbol{y} - \bar{\boldsymbol{x}}) - \boldsymbol{x}^{\mathrm{T}}(\boldsymbol{y} - \bar{\boldsymbol{x}}),\ \forall\, \boldsymbol{x} \in D.$$

令 $\boldsymbol{\alpha} = \boldsymbol{y} - \bar{\boldsymbol{x}}$，显然，$\boldsymbol{\alpha} \neq \mathbf{0}$，则上式成为

$$0 < \| \boldsymbol{\alpha} \|^2 \leqslant \boldsymbol{y}^{\mathrm{T}} \boldsymbol{\alpha} - \boldsymbol{x}^{\mathrm{T}} \boldsymbol{\alpha},\ \forall\, \boldsymbol{x} \in D,$$

则 $\boldsymbol{\alpha}^{\mathrm{T}} \boldsymbol{x} < \boldsymbol{\alpha}^{\mathrm{T}} \boldsymbol{y},\ \forall\, \boldsymbol{x} \in D$. 令 $\beta = \sup\{\boldsymbol{\alpha}^{\mathrm{T}} \boldsymbol{x} \mid \boldsymbol{x} \in D\}$，得

$$\boldsymbol{\alpha}^{\mathrm{T}} \boldsymbol{x} \leqslant \beta < \boldsymbol{\alpha}^{\mathrm{T}} \boldsymbol{y},\ \forall\, \boldsymbol{x} \in D,$$

即超平面 $H = \{\boldsymbol{x} \mid \boldsymbol{\alpha}^{\mathrm{T}} \boldsymbol{x} = \beta,\ \boldsymbol{x} \in \mathbf{R}^n\}$ 严格分离 $\boldsymbol{y}$ 与 D.　□

定理 1.4.5(支撑超平面定理)　设 $D \subset \mathbf{R}^n$ 是非空凸集，$\bar{\boldsymbol{x}} \in \partial D$，则存在非零向量 $\boldsymbol{\alpha} \in \mathbf{R}^n$，使得

$$\boldsymbol{\alpha}^{\mathrm{T}} \boldsymbol{x} \leqslant \boldsymbol{\alpha}^{\mathrm{T}} \bar{\boldsymbol{x}},\ \forall\, \boldsymbol{x} \in \mathrm{cl} D.$$

此时，也称超平面 $H = \{\boldsymbol{x} \in \mathbf{R}^n \mid \boldsymbol{\alpha}^{\mathrm{T}} \boldsymbol{x} = \boldsymbol{\alpha}^{T} \bar{\boldsymbol{x}}\}$ 是集合 D 在 $\bar{\boldsymbol{x}}$ 处的支撑超平面.

证明　由于 $\bar{\boldsymbol{x}} \in \partial D$，则存在点列 $\{\boldsymbol{x}_k\}$，使得 $\boldsymbol{x}_k \to \bar{\boldsymbol{x}}$ 且 $\boldsymbol{x}_k \notin \mathrm{cl} D$. 根据点与凸集的分离定理 1.4.4 可知，对于每个 $\boldsymbol{x}_k$，存在非零向量 $\boldsymbol{\alpha}_k \in \mathbf{R}^n$，满足

$$\boldsymbol{\alpha}_k^{\mathrm{T}} \boldsymbol{x} < \boldsymbol{\alpha}_k^{\mathrm{T}} \boldsymbol{x}_k,\ \forall\, \boldsymbol{x} \in \mathrm{cl} D.$$

不妨设 $\| \boldsymbol{\alpha}_k \| = 1$，则 $\{\boldsymbol{\alpha}_k\}$ 为有界序列，必存在收敛子列. 不妨仍记收敛子列为 $\{\boldsymbol{\alpha}_k\}$，其收敛点为 $\boldsymbol{\alpha}$. 对上式两端取极限，可得

$$\boldsymbol{\alpha}^{\mathrm{T}} \boldsymbol{x} \leqslant \boldsymbol{\alpha}^{\mathrm{T}} \bar{\boldsymbol{x}},\ \forall\, \boldsymbol{x} \in \mathrm{cl} D.$$

证明完毕.　□

以下介绍凸函数的定义以及相关性质.

定义 1.4.4 设 D 是非空凸集,f 是定义在 D 上的函数,如果对任意的 $\boldsymbol{x}^1$, $\boldsymbol{x}^2 \in D$, $\alpha \in (0, 1)$, 均有

$$f(\alpha\boldsymbol{x}^1 + (1-\alpha)\boldsymbol{x}^2) \leqslant \alpha f(\boldsymbol{x}^1) + (1-\alpha)f(\boldsymbol{x}^2),$$

则称 f 为 D 上的凸函数(convex function);若对任意的 $\boldsymbol{x}^1$, $\boldsymbol{x}^2 \in D$, $\alpha \in (0, 1)$, 均有

$$f(\alpha\boldsymbol{x}^1 + (1-\alpha)\boldsymbol{x}^2) < \alpha f(\boldsymbol{x}^1) + (1-\alpha)f(\boldsymbol{x}^2),$$

则称 f 为 D 上的严格凸函数.

若 $-f$ 为凸函数,则称 f 为凹函数(concave function);若 $-f$ 为严格凸函数,则称 f 为严格凹函数.

凸函数的几何意义为:当 $\boldsymbol{x}$ 为单变量时,凸函数的任意两点间的曲线段总在弦的下方,凹函数总在弦的上方(见图 1.4.2).

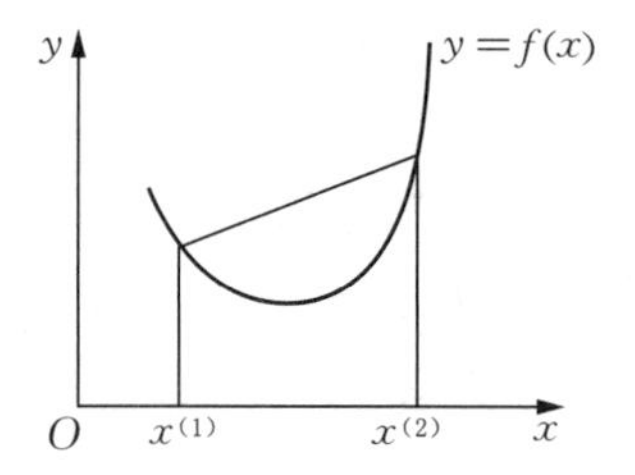

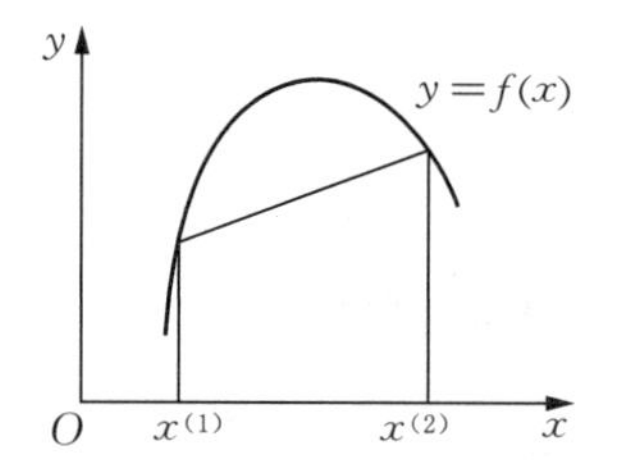

图 1.4.2 凸函数与凹函数

下列函数均为 $\mathbf{R}^n$ 上的凸函数:

(1) $f(\boldsymbol{x}) = \boldsymbol{c}^{\mathrm{T}}\boldsymbol{x}$;

(2) $f(\boldsymbol{x}) = \|\boldsymbol{x}\|$;

(3) $f(\boldsymbol{x}) = \boldsymbol{x}^{\mathrm{T}}\boldsymbol{A}\boldsymbol{x}$(其中 $\boldsymbol{A}$ 是对称正定矩阵).

定义 1.4.5 设 $f(\boldsymbol{x})$是定义在 $D\subset\mathbf{R}^n$ 上的函数,$\alpha\in\mathbf{R}$,集合

$$D_\alpha = \{\boldsymbol{x} \mid f(\boldsymbol{x}) \leqslant \alpha, \ \boldsymbol{x} \in D\}$$

称为函数 f 的 α 水平集(level set).

定理 1.4.6 若 D 是非空凸集,f 是定义在 D 上的凸函数,则对任意的 $\alpha \in \mathbf{R}$, 水平集 D_α 是凸集.

证明 对于任意的 $\boldsymbol{x}^1$, $\boldsymbol{x}^2 \in D_\alpha$,即 $f(\boldsymbol{x}^1) \leqslant \alpha$, $f(\boldsymbol{x}^2) \leqslant \alpha$, 则对于任意的 $\lambda \in (0, 1)$, 有

$$f(\lambda \boldsymbol{x}^1 + (1-\lambda)\boldsymbol{x}^2) \leqslant \lambda f(\boldsymbol{x}^1) + (1-\lambda) f(\boldsymbol{x}^2) \\ \leqslant \lambda\alpha + (1-\lambda)\alpha = \alpha.$$

所以

$$\lambda \boldsymbol{x}^1 + (1-\lambda)\boldsymbol{x}^2 \in D_\alpha. \quad \square$$

下面给出几个凸函数的判别定理.

定理 1.4.7 $f(\boldsymbol{x})$为凸函数的充要条件是对任意的 $\boldsymbol{x}, \boldsymbol{y} \in \mathbf{R}^n$,一元函数 $\varphi(\alpha) = f(\boldsymbol{x} + \alpha\boldsymbol{y})$ 是关于 α 的凸函数.

证明 必要性. 设 $\lambda_1 \geqslant 0, \lambda_2 \geqslant 0$,且 $\lambda_1 + \lambda_2 = 1$, 由 $\varphi(\alpha)$的定义和 $f(\boldsymbol{x})$的凸性,有

$$\begin{aligned}\varphi(\lambda_1\alpha_1 + \lambda_2\alpha_2) &= f(\boldsymbol{x} + (\lambda_1\alpha_1 + \lambda_2\alpha_2)\boldsymbol{y}) \\ &= f(\lambda_1\boldsymbol{x} + \lambda_2\boldsymbol{x} + (\lambda_1\alpha_1 + \lambda_2\alpha_2)\boldsymbol{y}) \\ &= f(\lambda_1(\boldsymbol{x} + \alpha_1\boldsymbol{y}) + \lambda_2(\boldsymbol{x} + \alpha_2\boldsymbol{y})) \\ &\leqslant \lambda_1 f(\boldsymbol{x} + \alpha_1\boldsymbol{y}) + \lambda_2 f(\boldsymbol{x} + \alpha_2\boldsymbol{y}) \\ &= \lambda_1\varphi(\alpha_1) + \lambda_2\varphi(\alpha_2).\end{aligned}$$

由定义知 $\varphi(\alpha)$是凸函数.

充分性. 任取 $\boldsymbol{x}, \boldsymbol{y} \in \mathbf{R}^n$,记 $\boldsymbol{x} = \boldsymbol{x} + 0(\boldsymbol{y} - \boldsymbol{x})$, $\boldsymbol{y} = \boldsymbol{x} + (\boldsymbol{y} - \boldsymbol{x})$, $\varphi(\alpha) = f(\boldsymbol{x} + \alpha(\boldsymbol{y} - \boldsymbol{x}))$,则

$$\begin{aligned}f(\lambda_1\boldsymbol{x} + \lambda_2\boldsymbol{y}) &= f(\lambda_1(\boldsymbol{x} + 0(\boldsymbol{y} - \boldsymbol{x})) + \lambda_2(\boldsymbol{x} + (\boldsymbol{y} - \boldsymbol{x}))) \\ &= f(\boldsymbol{x} + (\lambda_1 0 + \lambda_2 1)(\boldsymbol{y} - \boldsymbol{x})) \\ &= \varphi(\lambda_1 0 + \lambda_2 1) \\ &\leqslant \lambda_1\varphi(0) + \lambda_2\varphi(1) \\ &= \lambda_1 f(\boldsymbol{x}) + \lambda_2 f(\boldsymbol{y}),\end{aligned}$$

故知 $f(\boldsymbol{x})$是凸函数. $\square$

定理 1.4.8 设 $D \subset \mathbf{R}^n$ 是非空开凸集, $f: D \subset \mathbf{R}^n \to \mathbf{R}$, 且 $f(\boldsymbol{x})$在 D 上一阶连续可微,则

(1) $f(\boldsymbol{x})$是 D 上的凸函数的充要条件是

$$f(\boldsymbol{y}) \geqslant f(\boldsymbol{x}) + \nabla f(\boldsymbol{x})^{\mathrm{T}}(\boldsymbol{y} - \boldsymbol{x}), \ \forall \boldsymbol{x}, \boldsymbol{y} \in D; \tag{1.4.5}$$

(2) $f(\boldsymbol{x})$是 D 上的严格凸函数的充要条件是

$$f(\boldsymbol{y}) > f(\boldsymbol{x}) + \nabla f(\boldsymbol{x})^{\mathrm{T}}(\boldsymbol{y} - \boldsymbol{x}), \ \forall \boldsymbol{x}, \boldsymbol{y} \in D, \text{且 } \boldsymbol{x} \neq \boldsymbol{y}. \tag{1.4.6}$$

证明 必要性. 设 $f(\boldsymbol{x})$是 D 上的凸函数,则 $\forall \alpha \in (0, 1)$, 有

$$f(\alpha \boldsymbol{y}+(1-\alpha)\boldsymbol{x}) \leqslant \alpha f(\boldsymbol{y})+(1-\alpha)f(\boldsymbol{x}),$$

故

$$\frac{f(\boldsymbol{x}+\alpha(\boldsymbol{y}-\boldsymbol{x}))-f(\boldsymbol{x})}{\alpha} \leqslant f(\boldsymbol{y})-f(\boldsymbol{x}). \tag{1.4.7}$$

由 Taylor 展开式可知

$$f(\boldsymbol{x}+\alpha(\boldsymbol{y}-\boldsymbol{x}))-f(\boldsymbol{x})=\alpha \nabla f(\boldsymbol{x})^{\mathrm{T}}(\boldsymbol{y}-\boldsymbol{x})+o(\alpha\|\boldsymbol{y}-\boldsymbol{x}\|),$$

将其代入(1.4.7)式得

$$\nabla f(\boldsymbol{x})^{\mathrm{T}}(\boldsymbol{y}-\boldsymbol{x})+\frac{o(\alpha\|\boldsymbol{y}-\boldsymbol{x}\|)}{\alpha} \leqslant f(\boldsymbol{y})-f(\boldsymbol{x}).$$

两边关于 $\alpha \to 0$ 取极限,有 $\nabla f(\boldsymbol{x})^{\mathrm{T}}(\boldsymbol{y}-\boldsymbol{x}) \leqslant f(\boldsymbol{y})-f(\boldsymbol{x})$.

充分性. 设 $f(\boldsymbol{y})-f(\boldsymbol{x}) \geqslant \nabla f(\boldsymbol{x})^{\mathrm{T}}(\boldsymbol{y}-\boldsymbol{x}),\ \forall \boldsymbol{x},\ \boldsymbol{y} \in D,\ \forall \alpha \in (0,\ 1)$. 取 $\bar{\boldsymbol{x}}=\alpha \boldsymbol{x}+(1-\alpha)\boldsymbol{y}$, 由于 D 是凸集,故 $\bar{\boldsymbol{x}} \in D$. 由(1.4.5)式知,对 $\boldsymbol{x},\ \bar{\boldsymbol{x}} \in D$ 和 $\boldsymbol{y},\ \bar{\boldsymbol{x}} \in D$, 分别有

$$f(\bar{\boldsymbol{x}})+\nabla f(\bar{\boldsymbol{x}})^{\mathrm{T}}(\boldsymbol{x}-\bar{\boldsymbol{x}}) \leqslant f(\boldsymbol{x}),\ \forall \boldsymbol{x} \in D, \tag{1.4.8}$$

$$f(\bar{\boldsymbol{x}})+\nabla f(\bar{\boldsymbol{x}})^{\mathrm{T}}(\boldsymbol{y}-\bar{\boldsymbol{x}}) \leqslant f(\boldsymbol{y}),\ \forall \boldsymbol{y} \in D. \tag{1.4.9}$$

将(1.4.8)式乘以 α,将(1.4.9)式乘以 $(1-\alpha)$, 相加得

$$f(\bar{\boldsymbol{x}})+\nabla f(\bar{\boldsymbol{x}})^{\mathrm{T}}(a\boldsymbol{x}+(1-\alpha)\boldsymbol{y}-\bar{\boldsymbol{x}}) \leqslant \alpha f(\boldsymbol{x})+(1-\alpha)f(\boldsymbol{y}).$$

注意到 $\bar{\boldsymbol{x}}=a\boldsymbol{x}+(1-\alpha)\boldsymbol{y}$, 于是得

$$f(\bar{\boldsymbol{x}}) \leqslant \alpha f(\boldsymbol{x})+(1-\alpha)f(\boldsymbol{y}),$$

即

$$f(\alpha \boldsymbol{x}+(1-\alpha)\boldsymbol{y}) \leqslant \alpha f(\boldsymbol{x})+(1-\alpha)f(\boldsymbol{y}).$$

上式对任意的 $\alpha \in (0,\ 1)$ 成立,故由定义 1.4.4 知 $f(\boldsymbol{x})$是凸集 D 上的凸函数.

类似可证明结论(2). □

若函数 $f(\boldsymbol{x})$二阶连续可微,则有下面的判别定理.

定理 1.4.9 设 $D \subset \mathbf{R}^n$ 是非空开凸集, $f: D \subset \mathbf{R}^n \to \mathbf{R}$, 且 $f(\boldsymbol{x})$在 D 上二阶连续可微,则 $f(\boldsymbol{x})$是 D 上的凸函数的充要条件是 $f(\boldsymbol{x})$的 Hesse 矩阵$\nabla^2 f(\boldsymbol{x})$在 D 上是半正定的.

证明 必要性. 任取$\bar{\boldsymbol{x}} \in D$,由 D 是开凸集知, $\forall \boldsymbol{x} \in D$,存在 $\delta>0$,使当 $\alpha \in (0,\ \delta)$ 时,有 $\bar{\boldsymbol{x}}+\alpha \boldsymbol{x} \in D$. 由于 $f(\boldsymbol{x})$是 D 上的凸函数,因此由定理 1.4.8 的结论(1)有

$$f(\bar{\boldsymbol{x}}) + \alpha \nabla f(\bar{\boldsymbol{x}})^{\mathrm{T}} \boldsymbol{x} \leqslant f(\bar{\boldsymbol{x}} + \alpha \boldsymbol{x}),\ \forall \boldsymbol{x} \in D. \tag{1.4.10}$$

又由于 $f(\boldsymbol{x})$二阶连续可微,因此按二阶 Taylor 展开式有

$$f(\bar{\boldsymbol{x}} + \alpha \boldsymbol{x}) = f(\bar{\boldsymbol{x}}) + \alpha \nabla f(\bar{\boldsymbol{x}})^{\mathrm{T}} \boldsymbol{x} + \frac{1}{2}\alpha^2 \boldsymbol{x}^{\mathrm{T}} \nabla^2 f(\bar{\boldsymbol{x}})^{\mathrm{T}} \boldsymbol{x} + o(\| \alpha \boldsymbol{x} \|^2). \tag{1.4.11}$$

将上式代入(1.4.10)式得

$$\frac{1}{2}\alpha^2 \boldsymbol{x}^{\mathrm{T}} \nabla^2 f(\bar{\boldsymbol{x}})^{\mathrm{T}} \boldsymbol{x} + o(\| \alpha \boldsymbol{x} \|^2) \geqslant 0,\ \forall \boldsymbol{x} \in D.$$

将上式两边除以 α^2,并令 $\alpha \to 0$,便得

$$\boldsymbol{x}^{\mathrm{T}} \nabla^2 f(\bar{\boldsymbol{x}})^{\mathrm{T}} \boldsymbol{x} \geqslant 0,\ \forall \boldsymbol{x} \in D, \tag{1.4.12}$$

即$\nabla^2 f(\boldsymbol{x})$在 D 上是半正定的.

充分性.设$\nabla^2 f(\boldsymbol{x})$在任意一点 $\boldsymbol{x} \in D$ 半正定,将 $f(\boldsymbol{x})$在$\bar{\boldsymbol{x}}$($\bar{\boldsymbol{x}} \in D$)处作 Taylor 展开:

$$f(\boldsymbol{x}) = f(\bar{\boldsymbol{x}}) + \nabla f(\bar{\boldsymbol{x}})^{\mathrm{T}} (\boldsymbol{x} - \bar{\boldsymbol{x}}) + \frac{1}{2}(\boldsymbol{x} - \bar{\boldsymbol{x}})^{\mathrm{T}} \nabla^2 f(\boldsymbol{\xi})(\boldsymbol{x} - \bar{\boldsymbol{x}}), \tag{1.4.13}$$

其中 $\boldsymbol{\xi} = \bar{\boldsymbol{x}} + \theta(\boldsymbol{x} - \bar{\boldsymbol{x}}) = \theta \boldsymbol{x} + (1-\theta)\bar{\boldsymbol{x}} (0 < \theta < 1)$. 由于 $\theta \in (0, 1)$, D 是凸集,因而 $\boldsymbol{\xi} \in D$;又由条件知$\nabla^2 f(\boldsymbol{\xi})$为半正定,故有 $(\boldsymbol{x} - \bar{\boldsymbol{x}})^{\mathrm{T}} \nabla^2 f(\boldsymbol{\xi})(\boldsymbol{x} - \bar{\boldsymbol{x}}) \geqslant 0$. 由(1.4.13)式可得

$$f(\boldsymbol{x}) - f(\bar{\boldsymbol{x}}) \geqslant \nabla f(\bar{\boldsymbol{x}})^{\mathrm{T}} (\boldsymbol{x} - \bar{\boldsymbol{x}}).$$

由定理 1.4.8 的结论(1)可知 $f(\boldsymbol{x})$是 D 上的凸函数. □

定理 1.4.10　设 $D \subset \mathbf{R}^n$ 是非空开凸集, $f: D \subset \mathbf{R}^n \to \mathbf{R}$, 且 $f(\boldsymbol{x})$在 D 上二阶连续可微,如果 $f(\boldsymbol{x})$的 Hesse 矩阵$\nabla^2 f(\boldsymbol{x})$在 D 上是正定的,则 $f(\boldsymbol{x})$是 D 上的严格凸函数,反之如果 $f(\boldsymbol{x})$是严格凸函数,则$\nabla^2 f(\boldsymbol{x})$在 D 上是半正定矩阵.

证明　$\forall \boldsymbol{x}, \boldsymbol{y} \in D$, $\boldsymbol{x} \neq \boldsymbol{y}$, 由 $f(\boldsymbol{x})$在 $\boldsymbol{x}$ 处的 Taylor 展开式有

$$f(\boldsymbol{y}) = f(\boldsymbol{x}) + \nabla f(\boldsymbol{x})^{\mathrm{T}} (\boldsymbol{y} - \boldsymbol{x}) + \frac{1}{2}(\boldsymbol{y} - \boldsymbol{x})^{\mathrm{T}} \nabla^2 f(\boldsymbol{\xi})(\boldsymbol{y} - \boldsymbol{x}),$$

其中 $\boldsymbol{\xi} = \boldsymbol{x} + \theta(\boldsymbol{y} - \boldsymbol{x})$, $\theta \in (0, 1)$. 因为 D 是凸集,故 $\boldsymbol{\xi} \in D$, 由此,根据$\nabla^2 f(\boldsymbol{x})$在 D 上的正定性,可知

$$(\boldsymbol{y} - \boldsymbol{x})^{\mathrm{T}} \nabla^2 f(\boldsymbol{\xi})(\boldsymbol{y} - \boldsymbol{x}) > 0.$$

代入 Taylor 展开式,有

$$f(\boldsymbol{y})-f(\boldsymbol{x})>\nabla f(\boldsymbol{x})^{\mathrm{T}}(\boldsymbol{y}-\boldsymbol{x}),$$

根据定理 1.4.8 的结论(2)可知 $f(\boldsymbol{x})$是 D 上的严格凸函数.

又由 $f(\boldsymbol{x})$在 D 上是严格凸函数可知,$f(\boldsymbol{x})$在 D 上必是凸函数,根据定理 1.4.9 可知 $f(\boldsymbol{x})$的 Hesse 矩阵$\nabla^2 f(\boldsymbol{x})$在 D 上是半正定矩阵. □

值得注意的是,由 $f(\boldsymbol{x})$在 D 上是严格凸函数不能推出$\nabla^2 f(\boldsymbol{x})$在 D 上是正定矩阵. 例如,一元函数 $f(x)=x^4$ 是严格凸函数,$f''(x)=12x^2$,但 $f''(0)=0$,即 $f''(x)$ 在 $x=0$ 处不是正定的.

习 题 一

1.1 设经验模型为 $y=\beta_0+\beta_1 x_1+\beta_2 x_2$,且已知 N 个数据 (x_{1i}, x_{2i}), $y_i(i=1, 2, \cdots, N)$. 选择 β_0, β_1 和 β_2,使按模型计算出的值与实测值偏离的平方和最小,试导出相应的最优化问题.

1.2 求下列函数的梯度和 Hesse 矩阵:

(1) $f(x)=3x_1x_2^2+4\mathrm{e}^{x_1x_2}$;

(2) $f(x)=\ln(x_1^2+x_1x_2+x_2^2)$.

1.3 设有向量值函数

$$f(\boldsymbol{x})=f(x_1, x_2)=\begin{pmatrix}\sin x_1+\cos x_2\\ \mathrm{e}^{2x_1+x_2}\\ 2x_1^2+x_1x_2\end{pmatrix},$$

求 $f(\boldsymbol{x})$在任一点(x_1, x_2)的 Jacobi 矩阵.

1.4 设有复合向量值函数 $\boldsymbol{h}(\boldsymbol{x})=\boldsymbol{f}(\boldsymbol{u}(\boldsymbol{x}))$,其中

$$\boldsymbol{f}(\boldsymbol{u})=\begin{pmatrix}f_1(\boldsymbol{u})\\ f_2(\boldsymbol{u})\end{pmatrix}=\begin{pmatrix}u_1^2-u_2\\ u_1+u_2^2\end{pmatrix},\ \boldsymbol{u}(\boldsymbol{x})=\begin{pmatrix}u_1(\boldsymbol{x})\\ u_2(\boldsymbol{x})\end{pmatrix}=\begin{pmatrix}x_1+x_3\\ x_2^2-x_3\end{pmatrix},$$

试求复合函数 $\boldsymbol{h}(\boldsymbol{x})=\boldsymbol{f}(\boldsymbol{u}(\boldsymbol{x}))$ 的导数.

1.5 证明:

$$f(\boldsymbol{x})=\frac{1}{2}\boldsymbol{x}^{\mathrm{T}}\boldsymbol{A}\boldsymbol{x}+\boldsymbol{b}^{\mathrm{T}}\boldsymbol{x}$$

为严格凸函数的充要条件是 Hesse 矩阵 $\boldsymbol{A}$ 正定.

1.6 验证集合 $H=\{\boldsymbol{x}\in\mathbf{R}^n \mid \boldsymbol{p}^{\mathrm{T}}\boldsymbol{x}=\alpha\}$ 为凸集,其中 $\boldsymbol{p}$ 为 n 维列向量,α 为实数.

1.7 证明两个凸集的交集是凸集. 考虑:两个凸集的并集是否为凸集? 证明或举出反例.

1.8 设 $f(x_1, x_2)=10-2(x_2-x_1^2)^2$, $S=\{(x_1, x_2) \mid -11\leqslant x_1\leqslant 1, -1\leqslant x_2\leqslant 1\}$, $f(x_1, x_2)$是否为 S 上的凸函数?

1.9　判断下列函数是否为凸函数或凹函数：

(1) $f(x) = x_1^2 + 2x_1x_2 - 10x_1 + 5x_2$;

(2) $f(x) = -x_1^2 + 2x_1x_2 - 5x_2^2 + 10x_1 - 10x_2$.

1.10　证明不等式：若 $x_i \geqslant 0\ (i = 1, 2, \cdots, n)$，则

$$\sqrt{\frac{1}{n}\sum_{i=1}^{n} x_i} \geqslant \frac{1}{n}\sum_{i=1}^{n} \sqrt{x_i}.$$

第二章　无约束最优化方法的一般结构

本章考虑如下无约束最优化问题：

$$\min_{x \in \mathbf{R}^n} f(\boldsymbol{x}), \tag{2.1}$$

主要介绍无约束最优化问题(2.1)的最优性条件及一维搜索方法，并给出对于问题(2.1)的下降算法的一般结构及其全局收敛性和收敛速率问题.

§2.1 最优性条件

无约束最优化问题(2.1)的解的类型有局部解和全局解两种.

定义 2.1.1 设 $\boldsymbol{x}^* \in \mathbf{R}^n$. 若存在 $\boldsymbol{x}^*$ 的 $\delta\,(\delta > 0)$ 邻域

$$N_\delta(\boldsymbol{x}^*) = \{\boldsymbol{x} \mid \|\boldsymbol{x} - \boldsymbol{x}^*\| < \delta\},$$

使得

$$f(\boldsymbol{x}) \geqslant f(\boldsymbol{x}^*),\ \forall\, \boldsymbol{x} \in N_\delta(\boldsymbol{x}^*),$$

则称 $\boldsymbol{x}^*$ 为 $f(\boldsymbol{x})$的局部解；若

$$f(\boldsymbol{x}) > f(\boldsymbol{x}^*),\ \forall\, \boldsymbol{x} \in N_\delta(\boldsymbol{x}^*),$$

则称 $\boldsymbol{x}^*$ 为 $f(\boldsymbol{x})$的严格局部解.

定义 2.1.2 设 $\boldsymbol{x}^* \in \mathbf{R}^n$.

(1) 若对任意的 $\boldsymbol{x} \in \mathbf{R}^n$，有 $f(\boldsymbol{x}) \geqslant f(\boldsymbol{x}^*)$，则称 $\boldsymbol{x}^*$ 为 $f(\boldsymbol{x})$的全局解；

(2) 若对任意的 $\boldsymbol{x} \in \mathbf{R}^n$，有 $f(\boldsymbol{x}) > f(\boldsymbol{x}^*)$，则称 $\boldsymbol{x}^*$ 为 $f(\boldsymbol{x})$的严格全局解.

由以上解的定义可以看出，$\boldsymbol{x}^*$ 是局部解是指在以 $\boldsymbol{x}^*$ 为中心的某个邻域内，$f(\boldsymbol{x})$在 $\boldsymbol{x}^*$ 处取到最小值. 而 $\boldsymbol{x}^*$ 是全局解是指在整个空间 $\mathbf{R}^n$ 上，$f(\boldsymbol{x})$在 $\boldsymbol{x}^*$ 处取到最小值. 局部解不一定是全局解，但全局解一定是局部解. 图 2.1.1 给出了

一元函数局部解和全局解的情况.

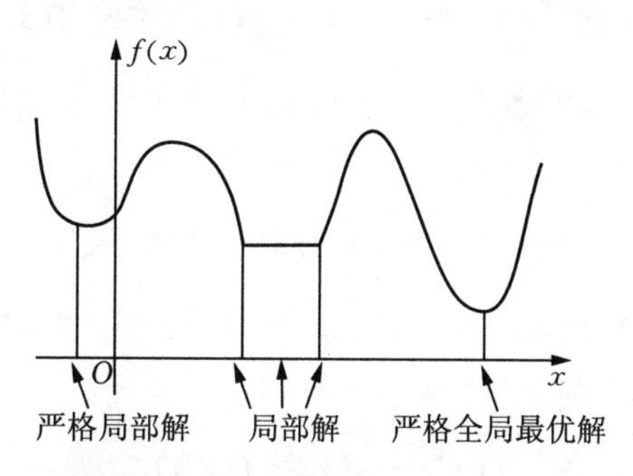

图 2.1.1　一元函数的局部解和全局解

应该指出,实际上可行的只是求一个局部(或严格局部)解,而非全局解.尽管目前也有许多求全局解的算法,但一般来说这是一个相当困难的任务.在很多实际应用中,求局部解已经满足了问题的要求.因此,本书所指的求解,通常是指求局部解,仅当问题具有某种凸性时,局部解才是全局解.

定理 2.1.1(一阶必要条件)　设 $f(\boldsymbol{x})$一阶连续可微.若 $\boldsymbol{x}^*$ 是无约束问题(2.1)的一个局部解,则

$$\nabla f(\boldsymbol{x}^*) = \boldsymbol{0}. \tag{2.1.1}$$

证明　对任意的 $\boldsymbol{d} \neq \boldsymbol{0},\ \boldsymbol{d} \in \mathbf{R}^n$,构造单变量函数

$$\varphi(\alpha) = f(\boldsymbol{x}^* + \alpha \boldsymbol{d}).$$

因为 $\boldsymbol{x}^*$ 是约束问题的局部解,所以,$\alpha = 0$ 是一元函数 $\varphi(\alpha)$的局部极小点.由一元函数极小点的必要条件,有

$$0 = \varphi'(0) = \langle \nabla f(\boldsymbol{x}^*),\ \boldsymbol{d} \rangle = \boldsymbol{d}^{\mathrm{T}} \nabla f(\boldsymbol{x}^*),\ \forall\, \boldsymbol{d} \neq \boldsymbol{0},\ \boldsymbol{d} \in \mathbf{R}^n.$$

因为 $\boldsymbol{d}$ 的任意性,所以(2.1.1)式成立.　□

无约束问题解的一阶必要条件表明,若 $\boldsymbol{x}^*$ 是局部解,则任何方向上的方向导数均为 $\boldsymbol{0}$,即在 $\boldsymbol{x}^*$ 处的切平面是水平的.注意,定理 2.1.1 的逆命题不成立,即梯度为 $\boldsymbol{0}$ 的点不一定是局部解.

例 2.1.1

$$\min\{f(\boldsymbol{x}) = x_1^3 + x_2^2\},\ \boldsymbol{x} \in \mathbf{R}^2.$$

$f(\boldsymbol{x})$的梯度为

$$\nabla f(\boldsymbol{x}) = (3x_1^2,\ 2x_2)^{\mathrm{T}}.$$

在 $\bar{\boldsymbol{x}} = (0,\ 0)^{\mathrm{T}}$,显然$\nabla f(\bar{\boldsymbol{x}}) = \boldsymbol{0}$,但是,显然$\bar{\boldsymbol{x}}$不是局部解,因为对于所有的

$\varepsilon > 0$, 都有

$$f(-\varepsilon, 0) = -\varepsilon^3 < 0 = f(0, 0) = f(\bar{x}).$$

定理 2.1.2(二阶必要条件) 设 $f(\boldsymbol{x})$二阶连续可微. 若 $\boldsymbol{x}^*$ 是无约束问题(2.1)的一个局部解,则

$$\nabla f(\boldsymbol{x}^*) = \boldsymbol{0},\ \nabla^2 f(\boldsymbol{x}^*)\text{为半正定}.$$

证明 只须证明$\nabla^2 f(\boldsymbol{x}^*)$半正定. 对于任意的 $\boldsymbol{d} \neq \boldsymbol{0}$, $\boldsymbol{d} \in \mathbf{R}^n$, 由于 $\boldsymbol{x}^*$ 是局部解,则存在 $\varepsilon > 0$, 使得当 $0 < \alpha < \varepsilon$ 时,有

$$f(\boldsymbol{x}^* + \alpha \boldsymbol{d}) \geqslant f(\boldsymbol{x}^*). \tag{2.1.2}$$

另一方面,二阶 Taylor 展开式

$$f(\boldsymbol{x}^* + \alpha \boldsymbol{d}) = f(\boldsymbol{x}^*) + \alpha \boldsymbol{d}^{\mathrm{T}} \nabla f(\boldsymbol{x}^*) + \frac{1}{2}\alpha^2 \boldsymbol{d}^{\mathrm{T}} \nabla^2 f(\boldsymbol{x}^*) \boldsymbol{d} + o(\alpha^2).$$

由 $\nabla f(\boldsymbol{x}^*) = \boldsymbol{0}$ 及(2.1.2)式得到

$$\frac{1}{2}\alpha^2 \boldsymbol{d}^{\mathrm{T}} \nabla^2 f(\boldsymbol{x}^*) \boldsymbol{d} + o(\alpha^2) \geqslant 0. \tag{2.1.3}$$

在(2.1.3)式两端同除以 α^2,并令 $\alpha \to 0^+$,得到

$$\boldsymbol{d}^{\mathrm{T}} \nabla^2 f(\boldsymbol{x}^*) \boldsymbol{d} \geqslant 0,\ \forall \boldsymbol{d} \in \mathbf{R}^n,$$

即$\nabla^2 f(\boldsymbol{x}^*)$为半正定. □

定理 2.1.2 表明,在局部解 $\boldsymbol{x}^*$ 处的二阶方向导数非负.

例 2.1.2 考虑如下问题

$$\min\left\{ f(\boldsymbol{x}) = \frac{1}{2}x_1^2 + x_1 x_2 + 2x_2^2 - 4x_1 - 4x_2 - x_2^3 \right\},$$

其梯度为

$$\nabla f(\boldsymbol{x}) = (x_1 + x_2 - 4,\ x_1 + 4x_2 - 4 - 3x_2^2)^{\mathrm{T}},$$

Hesse 矩阵为

$$\nabla^2 f(\boldsymbol{x}) = \begin{pmatrix} 1 & 1 \\ 1 & 4 - 6x_2 \end{pmatrix}.$$

方程 $\nabla f(\boldsymbol{x}) = \boldsymbol{0}$ 有两个解: $\bar{\boldsymbol{x}} = (4, 0)$ 及 $\tilde{\boldsymbol{x}} = (3, 1)$. 但是

$$\nabla^2 f(\tilde{\boldsymbol{x}}) = \begin{pmatrix} 1 & 1 \\ 1 & -2 \end{pmatrix}$$

是不定矩阵,因此,仅有 $\bar{x}=(4,0)$ 可能为解,后面的例子会说明它确实是问题的解.

满足 $\nabla f(\boldsymbol{x}^*)=\mathbf{0}$ 的点 $\boldsymbol{x}^*$ 称为函数 f 的平稳点或驻点. 如果 $\nabla f(\boldsymbol{x}^*)=\mathbf{0}$, 则 $\boldsymbol{x}^*$ 可能是极小点,也可能是极大点,也可能不是极值点. 既不是极小点也不是极大点的平稳点称为函数的鞍点.

下面我们讨论二阶充分性条件.

定理 2.1.3(二阶充分条件)　设 $f(\boldsymbol{x})$二阶连续可微,且

$$\nabla f(\boldsymbol{x}^*)=\mathbf{0},\ \nabla^2 f(\boldsymbol{x}^*)\text{为正定},$$

则 $\boldsymbol{x}^*$ 是无约束问题的一个严格局部解.

证明　对于 $\boldsymbol{x}^*\in\mathbf{R}^n$, $\boldsymbol{x}\neq\boldsymbol{x}^*$, 令 $\boldsymbol{d}=\dfrac{\boldsymbol{x}-\boldsymbol{x}^*}{\|\boldsymbol{x}-\boldsymbol{x}^*\|}$, 所以 $\|\boldsymbol{d}\|=1$. 于是 $\boldsymbol{x}=\boldsymbol{x}^*+\alpha\boldsymbol{d}$, $\alpha=\|\boldsymbol{x}-\boldsymbol{x}^*\|$. $f(\boldsymbol{x})$在 $\boldsymbol{x}^*$ 处的二阶 Taylor 展开式

$$f(\boldsymbol{x})=f(\boldsymbol{x}^*+\alpha\boldsymbol{d})=f(\boldsymbol{x}^*)+\alpha\boldsymbol{d}^{\mathrm{T}}\nabla f(\boldsymbol{x}^*)+\frac{1}{2}\alpha^2\boldsymbol{d}^{\mathrm{T}}\nabla^2 f(\boldsymbol{x}^*)\boldsymbol{d}+o(\alpha^2).$$

因为 $\nabla f(\boldsymbol{x}^*)=\mathbf{0}$, 所以

$$f(\boldsymbol{x})-f(\boldsymbol{x}^*)=\frac{1}{2}\alpha^2\boldsymbol{d}^{\mathrm{T}}\nabla^2 f(\boldsymbol{x}^*)\boldsymbol{d}+o(\alpha^2). \tag{2.1.4}$$

只须证明,存在 $\varepsilon>0$,当 $0<\alpha<\varepsilon$ 时,(2.1.4)式右端大于0. 由于函数 $F(\boldsymbol{d})=\boldsymbol{d}^{\mathrm{T}}\nabla^2 f(\boldsymbol{x}^*)\boldsymbol{d}$ 是闭球 $\{\boldsymbol{d}\mid\|\boldsymbol{d}\|=1\}$ 上的连续函数,并且$\nabla^2 f(\boldsymbol{x}^*)$为正定,因此,存在 $r>0$, 使得

$$\boldsymbol{d}^{\mathrm{T}}\nabla^2 f(\boldsymbol{x}^*)\boldsymbol{d}\geqslant r,$$

从而

$$\frac{1}{2}\boldsymbol{d}^{\mathrm{T}}\nabla^2 f(\boldsymbol{x}^*)\boldsymbol{d}+\frac{o(\alpha^2)}{\alpha^2}\geqslant\frac{1}{2}r+\frac{o(\alpha^2)}{\alpha^2}. \tag{2.1.5}$$

由于 $\dfrac{o(\alpha^2)}{\alpha^2}\to 0(\alpha\to 0)$, 因此,存在 $\varepsilon>0$,当 $0<\alpha<\varepsilon$ 时,(2.1.5)式右端大于0,即(2.1.4)式右端大于0. 因此 $\boldsymbol{x}^*$ 是严格局部解.　□

例 2.1.3　继续考虑例 2.1.2,在点$\bar{\boldsymbol{x}}$ 处,其 Hesse 矩阵

$$\nabla^2 f(\bar{\boldsymbol{x}})=\begin{pmatrix}1 & 1\\ 1 & 4\end{pmatrix}$$

为正定矩阵,$\bar{\boldsymbol{x}}$ 满足了无约束问题局部解的充分条件,因此该点为局部解.

一般地,目标函数的平稳点不一定是极小点,但是,若目标函数是凸函数时,

则其平稳点就是其极小点,且为全局极小点.

定理 2.1.4(凸充分性定理)　若 $f:\mathbf{R}^n \to \mathbf{R}$ 是凸函数,且 $f(\boldsymbol{x})$ 一阶连续可微,则 $\boldsymbol{x}^*$ 是全局解的充分必要条件是 $\nabla f(\boldsymbol{x}^*) = \mathbf{0}$.

证明　因为 f 是 $\mathbf{R}^n$ 上的可微凸函数, $\nabla f(\boldsymbol{x}^*) = \mathbf{0}$, 故有

$$f(\boldsymbol{x}) \geqslant f(\boldsymbol{x}^*) + \nabla \boldsymbol{f}(\boldsymbol{x}^*)^{\mathrm{T}}(\boldsymbol{x} - \boldsymbol{x}^*) = f(\boldsymbol{x}^*),\ \forall\, \boldsymbol{x} \in \mathbf{R}^n,$$

这表明 $\boldsymbol{x}^*$ 是 $f(\boldsymbol{x})$ 的全局极小点.

必要性显然. □

§2.2　线性搜索

求解无约束问题(2.1)的关键就是构造一点列(或序列) $\{\boldsymbol{x}^k\}$,使其满足

$$\lim_{k\to\infty} f(\boldsymbol{x}^k) = f(\boldsymbol{x}^*) = \min_{\boldsymbol{x}\in\mathbf{R}^n} f(\boldsymbol{x}),\ \lim_{k\to\infty} \boldsymbol{x}^k = \boldsymbol{x}^*,$$

称 $\boldsymbol{x}^*$ 为问题(2.1)的解,称 $\{\boldsymbol{x}^k\}$ 为极小化点列. 极小化点列的构造方法,一般采用逐步构造法,即取

$$\boldsymbol{x}^{k+1} = \boldsymbol{x}^k + a_k \boldsymbol{d}^k,\ k = 1,\ 2,\ \cdots,$$

其中 $\boldsymbol{d}^k$ 为 $\boldsymbol{x}^k$ 处的搜索方向, a_k 为沿 $\boldsymbol{d}^k$ 方向的步长. 采用不同的方法构造 $\boldsymbol{d}^k$ 和采用不同的沿此方向的步长确定方法,都对应不同的算法.

本节假定在 $\boldsymbol{x}^k$ 处的搜索方向 $\boldsymbol{d}^k$ 已经确定,怎样寻找沿 $\boldsymbol{d}^k$ 方向合适的步长 a_k,以确定 $\boldsymbol{x}^{k+1} = \boldsymbol{x}^k + a_k\boldsymbol{d}^k$,且满足 $f(\boldsymbol{x}^{k+1}) < f(\boldsymbol{x}^k)$?

讨论步长 a_k 的确定方法即为一维搜索问题. 求 a_k 的方法主要有精确线性搜索、直接搜索法和不精确线性搜索等等,各类方法各具特色,下面分别予以介绍.

§2.2.1　精确线性搜索

如果有 α_k,使得

$$\phi(\alpha_k) = \min_{\alpha\geqslant 0}\{\phi(\alpha) = f(\boldsymbol{x}^k + \alpha\boldsymbol{d}^k)\},$$

则称该搜索为精确线性搜索(exact linear search),称 α_k 为最优步长.

由最优解的必要条件知, α_k 是方程

$$\phi'(\alpha) = \nabla f(\boldsymbol{x}^k + \alpha\boldsymbol{d}^k)^{\mathrm{T}}\boldsymbol{d}^k = 0 \tag{2.2.1}$$

的非负根. 求方程(2.2.1)可利用数值分析中介绍的非线性方程求根的方法,例如,牛顿法、割线法和简单迭代法等. 通常求 $\phi(\alpha)$ 的全局极小点是困难的,故往往取方程的最小正根作为 $\phi(\alpha)$ 的极小点 α_k,这就是 Curry 准则,即

$$\alpha_k = \min\{\alpha \mid \nabla f(\boldsymbol{x}^k + \alpha \boldsymbol{d}^k)^{\mathrm{T}} \boldsymbol{d}^k = \boldsymbol{0},\ \alpha > 0\}.$$

在精确线性搜索中，α_k 是 $\phi(\alpha)$ 的精确极小点. 实际上，除了 $f(\boldsymbol{x})$ 是二次函数的特殊情况外，很难在有限步内求得方程(2.2.1)的精确解，我们只能得到满足一定精度的近似解，但是，精确线性搜索具有重要的理论价值，许多无约束最优化算法的收敛性和收敛速度都基于精确线性搜索.

§2.2.2　搜索区间与单峰函数

在精确线性搜索中要求解方程(2.2.1)，这就用到目标函数的梯度和二阶导数矩阵，但计算量大. 对于一些非光滑函数或导数表达式复杂的函数也不能用精确线性搜索. 对于这样的函数，可以利用直接搜索法和插值法. 这两种方法都要求事先知道包含 α_k 的一个搜索区间 $[a, b] \subset [0, +\infty)$，然后在区间内进行直接搜索或插值等迭代方法. 本小节我们暂将极小点 α_k 记为 α^*. 下面给出一种确定搜索区间的方法.

定义 2.2.1　设 α^* 是 $\phi(\alpha)$ 的极小点，若存在区间 $[a, b]$，使得 $\alpha^* \in [a, b]$，则称 $[a, b]$ 为 $\phi(\alpha)$ 的搜索区间.

确定搜索区间的进退法　从一点出发，按一定的步长，确定函数值呈"高—低—高"的 3 点. 如果一个方向不成功，就退回来，再沿相反的方向寻找，也就是逐步确定 3 点 $a < c < b$ $(a \in [0, +\infty))$，使得

$$\phi(a) > \phi(c) < \phi(b).$$

给定 $a_0 \geqslant 0$，计算 $\phi(a_0)$，取步长 $h > 0$，令 $a_1 = a_0 + h$，计算 $\phi(a_1)$，若 $\phi(a_0) > \phi(a_1)$，则令 $a_2 = a_1 + \gamma h$ (γ 是给定的常数，$\gamma > 1$，例如，取 $\gamma = 2$)，计算 $\phi(a_2)$；若 $\phi(a_2) > \phi(a_1)$，则取 $a = a_0$，$b = a_2$，$c = a_1$，便得到搜索区间 $[a, b]$. 否则，令 $a_3 = a_2 + \gamma^2 h$，计算 $\phi(a_3)$，重复该过程. 由于 $\phi(\alpha)$ 的局部特征，故存在某个 k，有

$$\phi(a_k) < \phi(a_{k+1}).$$

取 $a = a_{k-1}$，$b = a_{k+1}$，$c = a_k$，则得到一个搜索区间 $[a, b]$.

若一开始有 $\phi(a_0) < \phi(a_1)$（或 $\phi(a_0) = \phi(a_1)$），沿相反的方向搜索，重新记 $a_0 = a_1$，$\phi(a_0) = \phi(a_1)$，a_1 为 a_0，$\phi(a_1)$ 为 $\phi(a_0)$，则有 $a_1 < a_0$，$\phi(a_1) < \phi(a_0)$.

令 $a_2 = a_1 - \gamma h$，计算 $\phi(a_2)$. 若 $\phi(a_2) > \phi(a_1)$，则取 $a = a_2$，$b = a_0$，$c = a_1$. 否则，令 $a_3 = a_2 - \gamma^2 h$，计算 $\phi(a_3)$，照此继续做下去，直到对某个 k，有

$$\phi(a_k) < \phi(a_{k+1}).$$

取 $a = a_{k+1}$, $b = a_{k-1}$, $c = a_k$, 则得到一个搜索区间 $[a, b]$.

仅仅知道 $\phi(a)$ 的搜索区间是不够的,本节所介绍的算法还要求函数在搜索区间上是单峰(谷)函数,这里给出单峰函数的定义.

定义 2.2.2　设函数 $\phi(\alpha)$ 在区间 $[a, b]$ 内存在极小点 $\alpha^* \in (a, b)$. 如果对于任意的 α_1, α_2,满足:

(1) 当 $\alpha_1 < \alpha_2 \leqslant \alpha^*$ 时,有 $\phi(\alpha_1) > \phi(\alpha_2)$;

(2) 当 $\alpha^* \leqslant \alpha_1 < \alpha_2$ 时,有 $\phi(\alpha_1) < \phi(\alpha_2)$;

则 $\phi(\alpha)$ 在区间 $[a, b]$ 上是**单峰函数**.

图 2.2.1 是单峰函数和多峰函数的示意图.

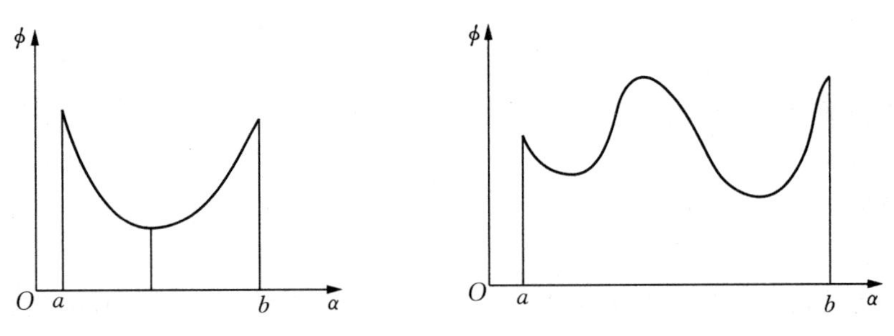

图 2.2.1　单峰函数与多峰函数

通常认为函数在由上面所确定的搜索区间上是单峰函数.

§2.2.3　直接搜索法——0.618 法

在上一小节,我们求得了一个包含 $\phi(\alpha)$ 极小点 α^* 的搜索区间 $[a, b]$,并且通常认为函数在该搜索区间上是单峰函数. 由于篇幅有限,这里只介绍直接搜索法中简单易行、在实际中应用广泛的 0.618 法(也叫黄金分割法).

0.618 法的基本思想是通过取试探点和进行函数值比较,使包含极小点的搜索区间不断减少,当区间长度缩短到一定程度时,就得到函数极小点的近似值.

0.618 是一元二次方程

$$\tau^2 + \tau - 1 = 0$$

的根

$$\tau = \frac{\sqrt{5} - 1}{2}$$

的近似值.

在搜索区间上确定两个试探点,其中左试探点为

$$a_l = a + (1-\tau)(b-a),$$

右试探点为

$$a_r = a + \tau(b-a),$$

计算 $\phi(a_l) = \phi_l$, $\phi(a_r) = \phi_r$.

由单峰函数的性质,若 $\phi_l < \phi_r$, 则区间$[a_r, b]$内不可能有极小点,因此去掉$[a_r, b]$,令 $a' = a$, $b' = a_r$, 得到一个新的搜索区间;若 $\phi_l > \phi_r$, 则区间$[a, a_l]$内不可能有极小点,因此去掉$[a, a_l]$,令 $a' = a_l$, $b' = b$, 得到一个新的搜索区间.

类似上面的步骤,在区间$[a', b']$内再计算两个新的试探点

$$a_l' = a' + (1-\tau)(b'-a');\ a_r' = a' + \tau(b'-a').$$

再比较函数值,确定新的区间,如此下去……

事实上,在每次计算区间端点函数值时,只须计算一个端点处的函数值,因为当 $\phi_l < \phi_r$ 时,新的右端点

$$\begin{aligned} a_r' &= a' + \tau(b'-a') = a + \tau(a_r - a) = a + \tau^2(b-a) \\ &= a + (1-\tau)(b-a) = a_l, \end{aligned}$$

即为原区间的左试探点. 当 $\phi_l > \phi_r$ 时,新的左试探点为

$$\begin{aligned} a_l' &= a' + (1-\tau)(b'-a') \\ &= a_l + (1-\tau)(b-a_l) \\ &= a + (1-\tau)(b-a) + \tau(1-\tau)(b-a) \\ &= a + (1-\tau^2)(b-a) \\ &= a + \tau(b-a) = a_r, \end{aligned}$$

即为原区间的右试探点.

算法 2.2.1(0.618 法)　(1) 置初始区间$[a, b]$,并置精度要求 ε,并计算左右试探点

$$\begin{aligned} a_l &= a + (1-\tau)(b-a), \\ a_r &= a + \tau(b-a), \end{aligned}$$

其中 $\tau = \dfrac{\sqrt{5}-1}{2}$, 及相应的函数值

$$\phi_l = \phi(a_l),\ \phi_r = \phi(a_r).$$

(2) 如果 $\phi_l < \phi_r$, 则置

$$b = a_r,\ a_r = a_l,\ \phi_r = \phi_l,$$

并计算

$$a_l = a + (1-\tau)(b-a),\ \phi_l = \phi(a_l);$$

否则,置

$$a = a_l,\ a_l = a_r,\ \phi_l = \phi_r,$$

并计算

$$a_r = a + \tau(b-a),\ \phi_r = \phi(a_r).$$

(3) 如果 $|b-a| \leqslant \varepsilon$,那么:如果 $\phi_l < \phi_r$,则置 $\mu = a_l$;否则,置 $\mu = a_r$,停止计算(μ 作为问题的解).否则,转步骤(2).

例 2.2.1　用 0.618 法求解一维问题

$$\min \phi(\alpha) = \mathrm{e}^{\alpha} - 5\alpha$$

在区间[1, 2]上的极小点.

解　第一次迭代,令 $a=1, b=2, a_l=1.382, a_r=1.618,\ \phi_l=-2.927,\ \phi_r=-3.047$. 详细迭代过程见表 2.2.1.

表 2.2.1　计算结果

迭代次数 k	a	b	a_l	a_r	ϕ_l	ϕ_r	$\lvert b-a \rvert$
1	1	2	1.382	1.618	−2.927	−3.047	1
2	1.382	2	1.618	1.764	−3.047	−2.984	0.618
3	1.382	1.764	1.528	1.618	−3.031	−3.047	0.382
4	1.528	1.764	1.618	1.674	−3.047	−3.037	0.236
5	1.528	1.674	1.584	1.618	−3.046	−3.047	0.146
6	1.584	1.674	1.618	1.639	−3.047	−3.045	0.090
7	1.584	1.639	1.605	1.618	−3.047	−3.047	0.056

根据以上迭代过程,函数的极小值可取 $a_r = 1.605$.

经 n 次计算后,最终小区间的长度为 $\tau^{n-1}(b-a)$,这里 $b-a$ 为初始区间的长度,由于每次迭代极小区间的收缩比为 τ,故 0.618 法的收敛速度是线性的,收敛比为 $\tau = \dfrac{\sqrt{5}-1}{2}$.

另外,我们可以看出,这里我们为什么要用 0.618 来确定新的点,从而确定新的搜索区间,主要是用到按端点折叠以确定新区间,从而减少计算量.

§2.2.4　非精确一维搜索方法

用精确线性搜索和 0.618 法求得的是一元函数

$$\phi(\alpha) = f(\boldsymbol{x}^k + \alpha \boldsymbol{d}^k)$$

的精确极小点或近似极小点. 用这种方法求得的 α_k 虽然使得目标函数在每次迭代中下降较多,但计算量比较大. 而在求目标函数 $f(\boldsymbol{x})$的最优解时,往往没有必要把线性搜索搞得十分精确,特别在计算的初始阶段更是如此. 这时迭代点 $\boldsymbol{x}^k$ 离目标函数的最优解尚远,过分地追求线性搜索的精度反而会降低整个方法的效率. 因此,我们可以适当放松对 α_k 的要求,只要求目标函数在迭代的每一步都有充分的下降即可. 这样做的优点是减少每一次一维搜索的时间,使整体效果最好. 这就是本小节介绍的非精确一维搜索方法(即寻找可接受的步长 α_k 的搜索方法).

非精确一维搜索的基本思想是求 μ,使得 $\phi(\mu) < \phi(0)$, 但不希望 μ 值过大,因为 μ 值过大会引起点列$\{\boldsymbol{x}^k\}$产生大幅度的摆动;也不希望 μ 值过小,因为 μ 值过小会使得点列$\{\boldsymbol{x}^k\}$在未达到 $\boldsymbol{x}^*$ 之前进展缓慢. 下面简单介绍 3 种非精确一维搜索方法的思想.

1. Goldstein 方法

预先指定两个参数 β_1, β_2(精度要求),满足 $0 < \beta_1 < \beta_2 < 1$, 用下面两个不等式来限定步长 μ,即

$$\phi(\mu) \leqslant \phi(0) + \mu\beta_1\phi'(0);\ \phi(\mu) \geqslant \phi(0) + \mu\beta_2\phi'(0).$$

由图 2.2.2 可以看出,μ 值在 $y = \phi(\mu)$ 的图形夹于直线 $y = \phi(0) + \beta_1\phi'(0)\mu$ 和直线 $y = \phi(0) + \beta_2\phi'(0)\mu$ 之间. 直线 $y = \phi(0) + \beta_1\phi'(0)\mu$ 控制 μ 值使其不会过大;而直线 $y = \phi(0) + \beta_2\phi'(0)\mu$ 控制 μ 值使其不会过小. 由此得到相应的算法.

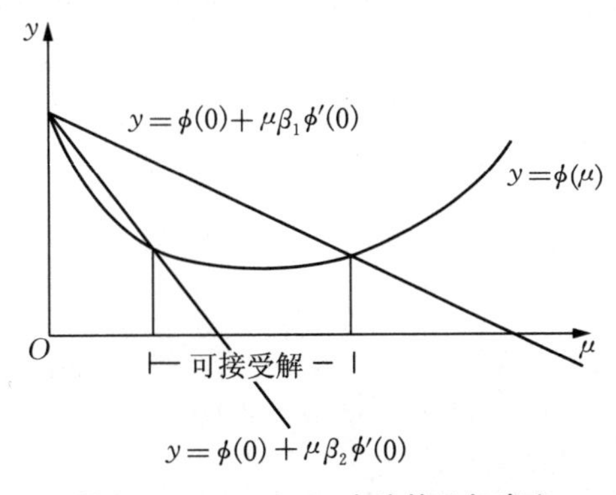

图 2.2.2　Goldstein 方法的几何意义

算法 2.2.2(Goldstein 方法)　(1) 取初始试探点 μ,置 $\mu_{\min}=0$, $\mu_{\max}=+\infty$(充分大的数),置精度要求 $0<\beta_1<\beta_2<1$.

(2) 如果 $\phi(\mu)>\phi(0)+\beta_1\phi'(0)\mu$, 则置

$$\mu_{\max}=\mu;$$

否则,如果 $\phi(\mu)\geqslant\phi(0)+\beta_2\phi'(0)\mu$, 则停止计算($\mu$ 就作为非精确搜索步长);否则,置

$$\mu_{\min}=\mu.$$

(3) 如果 $\mu_{\max}<+\infty$(有限), 则置

$$\mu=\frac{1}{2}(\mu_{\min}+\mu_{\max});$$

否则,置

$$\mu=2\mu_{\min}.$$

(4) 转步骤(2).

2. Armijo *方法*

Armijo 方法是 Goldstein 方法的一种变形,是 Armijo 在 1969 年提出来的求 α_k 的一种试探性方法.

预先给定一个大于 1 的数 M 和 $0<\beta_1<1$, μ 的选取使得

$$\phi(\mu)\leqslant\phi(0)+\beta_1\phi'(0)\mu,$$

同时 $\mu\leqslant M$. 通常 M 在 2 到 10 之间.

3. Wolfe-Powell *方法*

Wolfe-Powell 方法是 1969 年到 1976 年期间,由 Wolfe 和 Powell 提出来的. 预先给定参数 β_1, β_2,且 $0<\beta_1<\beta_2<1$, 使得步长 μ 满足

$$\phi(\mu)\leqslant\phi(0)+\beta_1\phi'(0)\mu, \tag{2.2.2}$$

$$\phi'(\mu)\geqslant\beta_2\phi'(0). \tag{2.2.3}$$

(2.2.3)式有时写成

$$|\phi'(\mu)|\leqslant\beta_2|\phi'(0)|.$$

Wolfe-Powell 方法的优点是:在可接受解中保证了最优解 α^*,而 Goldstein

方法却不能保证这一点. Wolfe-Powell 方法的几何意义见图 2.2.3.

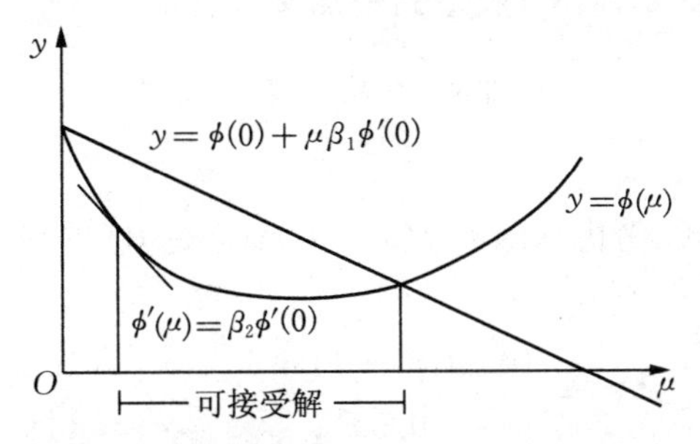

图 2.2.3　Wolfe-Powell 方法的几何意义

§2.3　下降算法的全局收敛性与收敛速率

下降算法的一般迭代格式如下:

(1) 给定初始点 $\boldsymbol{x}^1$, $k:=1$;

(2) 确定局部下降方向 $\boldsymbol{d}^k$,使得

$$\nabla f(\boldsymbol{x}^k)^{\mathrm{T}}\boldsymbol{d}^k<0;$$

(3) 确定步长 $\alpha_k>0$, 使得

$$f(\boldsymbol{x}^k+\alpha_k\boldsymbol{d}^k)<f(\boldsymbol{x}^k);$$

(4) 令 $\boldsymbol{x}^{k+1}=\boldsymbol{x}^k+\alpha_k\boldsymbol{d}^k$;

(5) 若 $\boldsymbol{x}^{k+1}$ 满足终止准则,则停;否则,令 $k:=k+1$,转步骤(1).

显然,若使算法切实可行,必须首先解决以下 3 个问题:

(1) 如何确定某点处的搜索方向?

(2) 如何进行一维搜索以确定步长?

(3) 如何确定当前点的终止准则?

其中第二个问题前面已经讨论过了,另外两个问题留在以后的各章中去解决. 在后面的两章中将介绍确定搜索方向的方法,这一部分内容是无约束最优化方法的重点,每一种确定搜索方向的方法就决定了一种算法. 对于第三个问题——终止准则,一般是与算法相联系的. 一种较为常用的终止准则为 $\nabla f(\boldsymbol{x}^{k+1})=\boldsymbol{0}$.

从算法的结构可知,下降算法产生的极小化序列 $\{\boldsymbol{x}^k\}$,其对应的目标函数值的序列 $\{f(\boldsymbol{x}^k)\}$ 是单调递减的. 因此,若 $\{f(\boldsymbol{x}^k)\}$ 有下界,则必有极限. 但 $\boldsymbol{x}^k$ 不一定收敛(甚至不一定有界). 并且,即使 $\{\boldsymbol{x}^k\}$ 收敛,其极限也不一定是 f 的平稳点. 事实上,如果 $\nabla f(\boldsymbol{x}^1)\neq\boldsymbol{0}$, 则由于 $f(\boldsymbol{x})$ 连续可微,因此可选充分小 ε,

使得当 $\| \boldsymbol{x}-\boldsymbol{x}^1 \| \leqslant \varepsilon$ 时，$\nabla f(\boldsymbol{x}) \neq \boldsymbol{0}$. 若在下降算法中取步长 α_k 充分小，使得 $\| \boldsymbol{x}^{k+1} - \boldsymbol{x}^k \| \leqslant \varepsilon/2^k$，则 $\{\boldsymbol{x}^k\}$ 收敛到一点 $\boldsymbol{x}^*$，满足

$$\| \boldsymbol{x}^* - \boldsymbol{x}^1 \| \leqslant \varepsilon.$$

因而 $\nabla f(\boldsymbol{x}^*) \neq \boldsymbol{0}$.

作为具体的例子，考虑求函数 $f(x) = x^2 (x \in \mathbf{R})$ 的极小点. 设迭代算法如下：取初始点 x^1，令

$$x^{k+1} = \begin{cases} 0.5(x^k - 1) + 1, & x^k > 1, \\ 0.5x^k, & x^k \leqslant 1, \end{cases}$$

则当初始点 $x^1 \leqslant 1$ 时 $x^k \to 0$，即 $\{x^k\}$ 收敛到 $f(x)$ 的极小点；但当 $x^1 > 1$ 时，$x^k > x^{k+1} > 1$ $(k = 1, 2, \cdots)$，故 $x^k \to x^* \geqslant 1$，即 x^* 不是 f 的平稳点，但是容易看出，所述算法是一个下降算法.

发生上述情况的主要原因是，虽然每次迭代函数的值有所下降，但由于步长太小而下降得很少，以致停留在一个非平稳点上.

因此，为了使极小化序列能够收敛到一个平稳点，通常要求目标函数有“充分的”下降，这就对下降方向 $\boldsymbol{d}^k$ 与步长 α_k 提出了要求.

由 $f(\boldsymbol{x})$ 的一阶 Taylor 展开式

$$f(\boldsymbol{x}^k + \alpha_k \boldsymbol{d}^k) = f(\boldsymbol{x}^k) + \alpha_k \nabla f(\boldsymbol{x}^k)^{\mathrm{T}} \boldsymbol{d}^k + o(\| \alpha_k \boldsymbol{d}^k \|)$$

可知，当 $\boldsymbol{d}^k$ 与 $\nabla f(\boldsymbol{x}^k)$ 接近于正交时，$\nabla f(\boldsymbol{x}^k)^{\mathrm{T}} \boldsymbol{d}^k$ 接近于零，这时 $f(\boldsymbol{x})$ 下降很少. 所以，为了保证函数值在 $\boldsymbol{x}^{k+1}$ 处充分下降，要求选择远离与 $\nabla f(\boldsymbol{x}^k)$ 正交的方向.

用 θ_k 表示 $\boldsymbol{d}^k$ 与 $-\nabla f(\boldsymbol{x}^k)$ 之间的夹角，即

$$\cos \theta_k = \frac{-\nabla f(\boldsymbol{x}^k)^{\mathrm{T}} \boldsymbol{d}^k}{\| \nabla f(\boldsymbol{x}^k) \| \, \| \boldsymbol{d}^k \|},$$

则要求 $\boldsymbol{d}^k$ 满足条件：存在 $\bar{u} > 0$，使得

$$\theta_k \leqslant \frac{\pi}{2} - \bar{u}, \ \forall k. \tag{2.3.1}$$

前面讨论的下降算法是一类迭代方法，即从任意的初始点 $\boldsymbol{x}^1$ 出发，构造出点列 $\{\boldsymbol{x}^k\}$，并满足

$$f(\boldsymbol{x}^k) > f(\boldsymbol{x}^{k+1}), \ k = 1, 2, \cdots.$$

但这个条件并不能保证序列 $\{\boldsymbol{x}^k\}$ 达到或收敛到无约束问题的最优解.

所谓收敛，是指序列 $\{\boldsymbol{x}^k\}$ 或它的一个子列(不妨仍记为 $\{\boldsymbol{x}^k\}$)满足

$$\lim_{k\to\infty} \boldsymbol{x}^k = \boldsymbol{x}^*, \tag{2.3.2}$$

这里 $\boldsymbol{x}^*$ 是无约束问题的局部解. 但是,通常要获得(2.3.2)式这样强的结果是很困难的,往往只能证明$\{\boldsymbol{x}^k\}$的任一聚点是稳定点,甚至只能得到更弱的结果.

若对于某些算法来说,只有当初始点 $\boldsymbol{x}^1$ 靠近极小点 $\boldsymbol{x}^*$ 时,才能保证序列$\{\boldsymbol{x}^k\}$收敛到 $\boldsymbol{x}^*$,则称这类算法为局部收敛. 反之,若对任意的初始点 $\boldsymbol{x}^1$,产生的序列$\{\boldsymbol{x}^k\}$收敛到 $\boldsymbol{x}^*$,则称这类算法为全局收敛.

定理 2.3.1　设$\nabla f(\boldsymbol{x})$在水平集 $L(\boldsymbol{x}^0)=\{\boldsymbol{x}\mid f(\boldsymbol{x})\leqslant f(\boldsymbol{x}^0)\}$ 上存在且一致连续,下降算法的搜索方向 $\boldsymbol{d}^k$ 与$-\nabla f(\boldsymbol{x}^k)$之间的夹角 θ_k 满足(2.3.1)式,步长 α_k 由以下 3 种方法:

(1) 精确线性搜索;

(2) Glodstein 方法;

(3) Wolfe-Powell 方法

之一确定,则或者对某个 k,有 $\nabla f(\boldsymbol{x}^k)=\boldsymbol{0}$, 或者有 $f(\boldsymbol{x}^k)\to-\infty(k\to\infty)$,或者有 $\nabla f(\boldsymbol{x}^k)\to\boldsymbol{0}(k\to\infty)$.

证明　(1) α_k 由精确线性搜索确定.

假定对所有的 k, $\nabla f(\boldsymbol{x}^k)\neq\boldsymbol{0}$, $f(\boldsymbol{x}^k)$有下界. 由于$\{f(\boldsymbol{x}^k)\}$是单调下降序列,故有极限存在,因而

$$f(\boldsymbol{x}^k)-f(\boldsymbol{x}^{k+1})\to 0. \tag{2.3.3}$$

记 $\boldsymbol{g}^k=\nabla f(\boldsymbol{x}^k)$,假定 $\boldsymbol{g}^k\to\boldsymbol{0}$ 不成立,则存在常数 $\varepsilon>0$ 和子列$\{\boldsymbol{x}^k\}$(为了简便,不妨仍记子列为$\{\boldsymbol{x}^k\}$),使得 $\|\boldsymbol{g}^k\|\geqslant\varepsilon$, 从而

$$-(\boldsymbol{g}^k)^{\mathrm{T}}\boldsymbol{d}^k/\|\boldsymbol{d}^k\| = \|\boldsymbol{g}^k\|\cos\theta_k \geqslant \|\boldsymbol{g}^k\|\cos\left(\frac{\pi}{2}-\bar{u}\right)\geqslant \varepsilon\sin\bar{u}=\varepsilon_1. \tag{2.3.4}$$

又

$$\begin{aligned} f(\boldsymbol{x}^k+\alpha\boldsymbol{d}^k) &= f(\boldsymbol{x}^k)+\alpha\boldsymbol{g}(\boldsymbol{\xi}^k)^{\mathrm{T}}\boldsymbol{d}^k \\ &= f(\boldsymbol{x}^k)+\alpha(\boldsymbol{g}^k)^{\mathrm{T}}\boldsymbol{d}^k+\alpha(\boldsymbol{g}(\boldsymbol{\xi}^k)-\boldsymbol{g}^k)^{\mathrm{T}}\boldsymbol{d}^k \\ &\leqslant f(\boldsymbol{x}^k)+\alpha\|\boldsymbol{d}^k\|\left((\boldsymbol{g}^k)^{\mathrm{T}}\boldsymbol{d}^k/\|\boldsymbol{d}^k\|+\|\boldsymbol{g}(\boldsymbol{\xi}^k)-\boldsymbol{g}^k\|\right), \end{aligned} \tag{2.3.5}$$

其中 $\boldsymbol{\xi}^k=\boldsymbol{x}^k+\theta\alpha\boldsymbol{d}^k(0<\theta<1)$. 由于 $g(\boldsymbol{x})=\nabla f(\boldsymbol{x})$ 在水平集 $L(\boldsymbol{x}^0)$上一致连续,故存在 $\bar{\alpha}$,使得当 $\alpha\|\boldsymbol{d}^k\|\leqslant\bar{\alpha}$ 时,有

$$\|\boldsymbol{g}(\boldsymbol{\xi}^k)-\boldsymbol{g}^k\|\leqslant\frac{1}{2}\varepsilon_1. \tag{2.3.6}$$

所以,由(2.3.4)~(2.3.6)式,有

$$f\left(\boldsymbol{x}^k+\bar{\alpha}\frac{\boldsymbol{d}^k}{\|\boldsymbol{d}^k\|}\right)\leqslant f(\boldsymbol{x}^k)+\bar{\alpha}\left\{(\boldsymbol{g}^k)^{\mathrm{T}}\boldsymbol{d}^k/\|\boldsymbol{d}^k\|+\frac{1}{2}\varepsilon_1\right\}\leqslant f(\boldsymbol{x}^k)-\frac{1}{2}\bar{\alpha}\varepsilon_1.$$

又由 α_k 是由精确线性搜索确定可知

$$\begin{aligned}f(\boldsymbol{x}^{k+1})&=f(\boldsymbol{x}^k+\alpha_k\boldsymbol{d}^k)\\&\leqslant f\left(\boldsymbol{x}^k+\bar{\alpha}\frac{\boldsymbol{d}^k}{\|\boldsymbol{d}^k\|}\right)\\&\leqslant f(\boldsymbol{x}^k)-\frac{1}{2}\bar{\alpha}\varepsilon_1.\end{aligned}$$

这与(2.3.3)式矛盾,从而有 $\boldsymbol{g}^k\to\boldsymbol{0}$.

(2) α_k 由 Goldstein 方法确定.

利用 Goldstein 方法,选取 $\alpha_k>0$, 满足

$$0<-\mu\alpha_k(\boldsymbol{g}^k)^{\mathrm{T}}\boldsymbol{d}^k\leqslant f(\boldsymbol{x}^k)-f(\boldsymbol{x}^{k+1})\leqslant-\sigma\alpha_k(\boldsymbol{g}^k)^{\mathrm{T}}\boldsymbol{d}^k,$$

其中 $0<\mu<\sigma<1$ (通常取 $\mu\in(0,\ 0.5)$, $\sigma\in(0.5,\ 1)$).

假定对所有的 k, $\nabla f(\boldsymbol{x}^k)\neq\boldsymbol{0}$, $f(\boldsymbol{x}^k)$有下界,故

$$f(\boldsymbol{x}^k)-f(\boldsymbol{x}^{k+1})\to 0.$$

令 $\boldsymbol{\delta}^k=\boldsymbol{x}^{k+1}-\boldsymbol{x}^k=\alpha_k\boldsymbol{d}^k$, 由 Goldstein 方法的左端不等式及上式,有

$$0<-\mu\alpha_k(\boldsymbol{g}^k)^{\mathrm{T}}\boldsymbol{d}^k=-\mu(\boldsymbol{g}^k)^{\mathrm{T}}\boldsymbol{\delta}^k\leqslant f(\boldsymbol{x}^k)-f(\boldsymbol{x}^{k+1})\to 0.$$

由此可得 $-(\boldsymbol{g}^k)^{\mathrm{T}}\boldsymbol{\delta}^k\to 0$.

假定 $\boldsymbol{g}^k\nrightarrow\boldsymbol{0}$,与精确线性搜索的情况完全相同,存在一个 $\varepsilon>0$ 和一个子列 $\{\boldsymbol{x}^k\}$,使得 $\|\boldsymbol{g}^k\|\geqslant\varepsilon$. 从而

$$-(\boldsymbol{g}^k)^{\mathrm{T}}\boldsymbol{\delta}^k=\|\boldsymbol{g}^k\|\,\|\boldsymbol{\delta}^k\|\cos\theta_k\geqslant\varepsilon\|\boldsymbol{\delta}^k\|\sin\bar{u}. \tag{2.3.7}$$

由 $-(\boldsymbol{g}^k)^{\mathrm{T}}\boldsymbol{\delta}^k\to 0$,立即可得 $\|\boldsymbol{\delta}^k\|\to 0$. 由中值定理得

$$\begin{aligned}f(\boldsymbol{x}^{k+1})&=f(\boldsymbol{x}^k)+\alpha_k\boldsymbol{g}(\boldsymbol{\xi}^k)^{\mathrm{T}}\boldsymbol{d}^k\\&=f(\boldsymbol{x}^k)+g(\boldsymbol{\xi}^k)^{\mathrm{T}}\boldsymbol{\delta}^k,\end{aligned}$$

其中 $\boldsymbol{\xi}^k=\boldsymbol{x}^k+\theta\alpha_k\boldsymbol{d}^k(0<\theta<1)$. 由$\nabla f(\boldsymbol{x})$的一致连续性可知,当 $\boldsymbol{\delta}^k\to\boldsymbol{0}$ 时,$\boldsymbol{g}(\boldsymbol{\xi}^k)$ 一致地趋于 $\boldsymbol{g}^k$,故

$$f(\boldsymbol{x}^{k+1})=f(\boldsymbol{x}^k)+(\boldsymbol{g}^k)^{\mathrm{T}}\boldsymbol{\delta}^k+o(\|\boldsymbol{\delta}^k\|).$$

于是,当 $k\to\infty$时,有

$$\frac{f(\boldsymbol{x}^k)-f(\boldsymbol{x}^{k+1})}{-(\boldsymbol{g}^k)^{\mathrm{T}}\boldsymbol{\delta}^k}\to 1.$$

这与 Goldstein 方法的右端不等式

$$f(\boldsymbol{x}^k)-f(\boldsymbol{x}^{k+1})\leqslant -\sigma\alpha_k(\boldsymbol{g}^k)^{\mathrm{T}}\boldsymbol{d}^k$$

相矛盾,从而有 $\boldsymbol{g}^k\to\boldsymbol{0}$.

(3) α_k 由 Wolfe-Powell 方法确定.

Wolfe-Powell 方法的(2.2.2)式与 Goldstein 方法的左端不等式相同,故有 $-(\boldsymbol{g}^k)^{\mathrm{T}}\boldsymbol{\delta}^k\to 0$.

假定 $\boldsymbol{g}^k\nrightarrow 0$,则由(2.3.7)式可知 $\|\boldsymbol{\delta}^k\|\to 0$. 由 $g(\boldsymbol{x})$的一致连续性,有

$$(\boldsymbol{g}^{k+1})^{\mathrm{T}}\boldsymbol{\delta}^k=(\boldsymbol{g}^k)^{\mathrm{T}}\boldsymbol{\delta}^k+o(\|\boldsymbol{\delta}^k\|),$$

故有

$$(\boldsymbol{g}^{k+1})^{\mathrm{T}}\boldsymbol{\delta}^k/(\boldsymbol{g}^k)^{\mathrm{T}}\boldsymbol{\delta}^k\to 1.$$

这与 Wolfe-Powell 方法的(2.2.3)式,即与

$$(\boldsymbol{g}^{k+1})^{\mathrm{T}}\boldsymbol{\delta}^k/(\boldsymbol{g}^k)^{\mathrm{T}}\boldsymbol{\delta}^k\leqslant\sigma<1$$

相矛盾,因此有 $\boldsymbol{g}^k\to\boldsymbol{0}$.　□

如果算法产生的序列$\{\boldsymbol{x}^k\}$虽然收敛到 $\boldsymbol{x}^*$,但收敛得太慢,以至于在计算机允许的时间内仍得不到满意的结果,那么,这类算法也称不上收敛.因此,算法的收敛速率是一个十分重要的问题.

这里简单地介绍一个收敛速率的有关概念.

设序列$\{\boldsymbol{x}^k\}$收敛到 $\boldsymbol{x}^*$,若极限

$$\lim_{k\to\infty}\frac{\|\boldsymbol{x}^{k+1}-\boldsymbol{x}^*\|}{\|\boldsymbol{x}^k-\boldsymbol{x}^*\|}=\beta$$

存在,则当 $0<\beta<1$ 时,称$\{\boldsymbol{x}^k\}$为线性收敛;当 $\beta=0$ 时,称$\{\boldsymbol{x}^k\}$为超线性收敛;当 $\beta=1$ 时,称$\{\boldsymbol{x}^k\}$为次线性收敛,因为次线性收敛的收敛速度太慢,一般不予以考虑.

若存在某个 $p\geqslant 1$,有

$$\lim_{k\to\infty}\frac{\|\boldsymbol{x}^{k+1}-\boldsymbol{x}^*\|}{\|\boldsymbol{x}^k-\boldsymbol{x}^*\|^p}=\beta<+\infty,$$

则称$\{\boldsymbol{x}^k\}$为 p 阶收敛.当 $p>1$ 时,p 阶收敛必为超线性收敛,但反之不一定成立.

在最优化算法中,通常考虑线性收敛、超线性收敛和二阶收敛.说一个算法是线性(超线性或二阶)收敛的,是指算法产生的序列(在最坏情况下)是线性(超

线性或二阶)收敛的.

另外一个判定算法优劣的标准是其是否具有二次终止性.

定义 2.3.1　设 $\boldsymbol{G}$ 是 $n\times n$ 正定对称矩阵,称函数

$$f(\boldsymbol{x})=\frac{1}{2}\boldsymbol{x}^{\mathrm{T}}\boldsymbol{G}\boldsymbol{x}+\boldsymbol{r}^{\mathrm{T}}\boldsymbol{x}+\delta$$

为正定二次函数.

定义 2.3.2　若某个算法对于任意的正定二次函数,从任意的初始点出发,都能经有限步迭代达到其极小点,则称该算法具有二次终止性.

为什么用算法的二次终止性来作为判定算法优劣的标准呢? 其原因有二:

(1) 正定二次目标函数具有某些好的性质,因此一个好的算法应能够在有限步内达到其极小点;

(2) 对于一个一般的目标函数,若在其极小点处的 Hesse 矩阵$\nabla^2 f(\boldsymbol{x}^*)$正定,则由 Taylor 展开式得到

$$f(\boldsymbol{x})=f(\boldsymbol{x}^*)+\nabla f(\boldsymbol{x}^*)^{\mathrm{T}}(\boldsymbol{x}-\boldsymbol{x}^*)+\frac{1}{2}(\boldsymbol{x}-\boldsymbol{x}^*)^{\mathrm{T}}\nabla^2 f(\boldsymbol{x}^*)(\boldsymbol{x}-\boldsymbol{x}^*)+ o(\|\boldsymbol{x}-\boldsymbol{x}^*\|^2),$$

即目标函数 $f(\boldsymbol{x})$在极小点附近与一个正定二次函数相近似,因此可以猜想:对于正定二次函数好的算法,对于一般目标函数也应具有较好的性质.

因此,我们用算法是否具有二次终止性来作为一个算法好坏的评价标准,即若算法具有二次终止性,则认为其是好算法;否则认为算法的计算效果较差.二次终止性是一个很重要的性质,后面将要讲到的许多无约束优化算法是根据它设计的.

习　题　二

2.1　检验函数 $f(\boldsymbol{x})=100(x_2-x_1^2)^2+(1-x_1)^2$ 在 $\boldsymbol{x}^*=(1,1)^{\mathrm{T}}$ 处有$\nabla f(\boldsymbol{x}^*)=\boldsymbol{0}$, $\nabla^2 f(\boldsymbol{x}^*)$为正定,从而 $\boldsymbol{x}^*$ 为极小点.证明$\nabla^2 f(\boldsymbol{x})$为奇异当且仅当 $x_2-x_1^2=0.05$,从而证明对所有满足 $f(\boldsymbol{x})<0.0025$ 的 $\boldsymbol{x}$, $\nabla^2 f(\boldsymbol{x})$是正定的.

2.2　求出函数 $f(\boldsymbol{x})=2x_1^2+x_2^2-2x_1x_2+2x_1^3+x_1^4$ 的所有平稳点,问哪些是极小点? 是否为全局极小点?

2.3　$\bar{\boldsymbol{x}}=\left(\frac{1}{3},\frac{1}{3}\right)^{\mathrm{T}}$ 是否为 $f(\boldsymbol{x})=-\ln(1-x_1-x_2)-\ln x_1-\ln x_2$ 的局部解? 是否为全局解?

2.4　设

$$f(\boldsymbol{x})=\frac{1}{2}\boldsymbol{x}^{\mathrm{T}}\boldsymbol{G}\boldsymbol{x}+\boldsymbol{r}^{\mathrm{T}}\boldsymbol{x}+\delta$$

是正定二次函数,证明一维问题

$$\min \phi(\alpha) = f(\boldsymbol{x}^k + \alpha \boldsymbol{d}^k)$$

的最优步长为

$$\alpha_k = -\frac{\nabla f(\boldsymbol{x}^k)^{\mathrm{T}} \boldsymbol{d}^k}{(\boldsymbol{d}^k)^{\mathrm{T}} \boldsymbol{G} \boldsymbol{d}^k}.$$

2.5　考虑问题 $\min\{\phi(\alpha) = (\alpha+1)^2\}$,取初始点 $\mu_0 = 0$,步长 $\alpha = 0.2$,用确定搜索区间的进退法求出 $\{\mu_1, \mu_2, \mu_3\}$.

2.6　用 0.618 法,求 $f(x) = x^2 - 3x + 5$ 在[1, 2]上的极小点,取控制误差 $\varepsilon = 0.05$.

2.7　写出 Armijo 方法的计算步骤.

2.8　写出 Wolfe-Powell 方法的计算步骤.

2.9　设 $u^k = k^{-2}$, $v^k = 2^{-k}$, $w^k = k^{-k}$,而 $x^k = a^{2^k}$ $(0 < a < 1)$, 证明:

(1) 序列 u^k 的收敛阶为 1,但不是线性收敛;

(2) 序列 v^k 线性收敛,且收敛阶为 1;

(3) 序列 w^k 超线性收敛,且收敛阶为 1;

(4) 序列 x^k 二阶收敛.

2.10　分别判定序列 $s_i = \left(\frac{1}{10}\right)^i$; $s_i = \frac{1}{i!}$; $s_i = \left(\frac{1}{10}\right)^{(2^i)}$ 的收敛速率,其中 $i = 1, 2, \cdots$.

第三章　无约束规划方法

§3.1　最速下降法

最速下降法是求解无约束最优化问题最早使用的方法之一. 它是现代优化方法的基础,许多求解无约束问题的现代方法都是在这种方法基础上或在其启发下建立起来的.

假设我们要考虑的无约束规划问题为

$$\min_{x \in \mathbf{R}^n} f(\boldsymbol{x}),\ f \in \mathrm{C}^1,$$

其中 C^1 表示一阶连续可微函数的全体.

§3.1.1　最速下降法的思想

设在第 k 步得到一个点 $\boldsymbol{x}^k$,目标函数 $f(\boldsymbol{x})$在 $\boldsymbol{x}^k$ 附近连续可微,且 $\nabla f(\boldsymbol{x}^k) \neq \mathbf{0}$. 将 $f(\boldsymbol{x})$在 $\boldsymbol{x}^k$ 处按照 Taylor 级数展开

$$f(\boldsymbol{x}) = f(\boldsymbol{x}^k) + \nabla f(\boldsymbol{x}^k)^{\mathrm{T}}(\boldsymbol{x} - \boldsymbol{x}^k) + o(\| \boldsymbol{x} - \boldsymbol{x}^k \|),$$

记 $\boldsymbol{x} - \boldsymbol{x}^k = \alpha \boldsymbol{d}^k$,其中 $\alpha > 0$, $\boldsymbol{d}^k$ 是一个确定的方向向量. 上式可以写为

$$f(\boldsymbol{x}^k + \alpha \boldsymbol{d}^k) = f(\boldsymbol{x}^k) + \alpha \nabla f(\boldsymbol{x}^k)^{\mathrm{T}} \boldsymbol{d}^k + o(\| \alpha \boldsymbol{d}^k \|).$$

易知,若向量 $\boldsymbol{d}^k$ 满足 $\nabla f(\boldsymbol{x}^k)^{\mathrm{T}} \boldsymbol{d}^k < 0$, 则 $\boldsymbol{d}^k$ 是函数 $f(\boldsymbol{x})$在 $\boldsymbol{x}^k$ 处的下降方向,并且在所有满足 $\nabla f(\boldsymbol{x}^k)^{\mathrm{T}} \boldsymbol{d} < 0$ 的方向 $\boldsymbol{d}$ 中,若$\nabla f(\boldsymbol{x}^k)^{\mathrm{T}} \boldsymbol{d}$ 越小,则 $f(\boldsymbol{x})$下降的幅度就越大.

如果将上式写成

$$f(\boldsymbol{x}^k + \alpha \boldsymbol{d}^k) = f(\boldsymbol{x}^k) - \alpha(-\nabla f(\boldsymbol{x}^k)^{\mathrm{T}} \boldsymbol{d}^k) + o(\| \alpha \boldsymbol{d}^k \|),$$

可知$-\nabla f(\boldsymbol{x}^k)^{\mathrm{T}} \boldsymbol{d}^k$ 越大,则 $f(\boldsymbol{x})$下降的幅度就越大. 由

$$-\nabla f(\boldsymbol{x}^k)^{\mathrm{T}} \boldsymbol{d}^k = \| -\nabla f(\boldsymbol{x}^k) \| \, \| \boldsymbol{d}^k \| \cos \theta_k,$$

其中 θ_k 是向量 $-\nabla f(\boldsymbol{x}^k)$ 与向量 $\boldsymbol{d}^k$ 之间的夹角,可知,当 α 固定时,取 $\theta_k=0$, 即取 $\boldsymbol{d}^k=-\nabla f(\boldsymbol{x}^k)$ 时, $-\nabla f(\boldsymbol{x}^k)^{\mathrm{T}}\boldsymbol{d}^k$ 达到最大值 $\|-\nabla f(\boldsymbol{x}^k)\|\|\boldsymbol{d}^k\|$,因而 $f(\boldsymbol{x})$在点 $\boldsymbol{x}^k$ 处下降的幅度最大.故取搜索方向 $\boldsymbol{d}^k=-\nabla f(\boldsymbol{x}^k)$, 相应的方法称为最速下降法,其迭代格式为

$$\boldsymbol{x}^{k+1}=\boldsymbol{x}^k+\alpha_k\boldsymbol{d}^k,$$

α_k 由线性搜索确定.

§3.1.2　最速下降法的具体步骤

最速下降法的具体步骤如下:

(1) 选定初始点 $\boldsymbol{x}^1$ 和给定精度要求 $\varepsilon>0$,令 $k=1$.

(2) 若 $\|\nabla f(\boldsymbol{x}^k)\|<\varepsilon$, 则停, $\boldsymbol{x}^*=\boldsymbol{x}^k$; 否则,令 $\boldsymbol{d}^k=-\nabla f(\boldsymbol{x}^k)$.

(3) 在 $\boldsymbol{x}^k$ 处沿方向 $\boldsymbol{d}^k$ 作线性搜索,得 $\boldsymbol{x}^{k+1}=\boldsymbol{x}^k+\alpha_k\boldsymbol{d}^k$, $k:=k+1$, 转步骤(2).

若在第(3)步中,采用精确线性搜索,即

$$\alpha_k=\operatorname{argmin} f(\boldsymbol{x}^k+\alpha\boldsymbol{d}^k),$$

就有

$$\left.\frac{\mathrm{d}f(\boldsymbol{x}^k+\alpha\boldsymbol{d}^k)}{\mathrm{d}\alpha}\right|_{\alpha=\alpha_k}=(\boldsymbol{d}^k)^{\mathrm{T}}\nabla f(\boldsymbol{x}^{k+1})=0.$$

此式表明 $\boldsymbol{d}^k$ 与 $\boldsymbol{d}^{k+1}$是正交的.

例 3.1.1　用最速下降法求解无约束问题

$$\min\left\{f(\boldsymbol{x})=\frac{x_1^2}{2}+x_2^2\right\},$$

取初始点 $\boldsymbol{x}^1=(2,1)^{\mathrm{T}}$.

解　由于

$$\nabla f(\boldsymbol{x})=(x_1,2x_2)^{\mathrm{T}},$$

因此, $\nabla f(\boldsymbol{x}^1)=(2,2)^{\mathrm{T}}$,取 $\boldsymbol{d}^1=-\nabla f(\boldsymbol{x}^1)=(-2,-2)^{\mathrm{T}}$, 作一维搜索:构造一元函数

$$\phi(\alpha)=f(\boldsymbol{x}^1+\alpha\boldsymbol{d}^1)=2(1-\alpha)^2+(1-2\alpha)^2,$$

求导得

$$\phi'(\alpha)=-4(1-\alpha)-4(1-2\alpha).$$

解方程 $\phi'(\alpha)=0$, 得最优步长

$$\alpha_1 = \frac{2}{3},$$

从而

$$\begin{aligned} \boldsymbol{x}^2 &= \boldsymbol{x}^1 + \alpha_1 \boldsymbol{d}^1 \\ &= (2, 1)^{\mathrm{T}} + \frac{2}{3}(-2, -2)^{\mathrm{T}} \\ &= \left(\frac{2}{3}, -\frac{1}{3}\right)^{\mathrm{T}}. \end{aligned}$$

再进行下一次迭代,得到

$$\boldsymbol{x}^3 = \left(\frac{2}{3^2}, \frac{(-1)^2}{3^2}\right)^{\mathrm{T}}.$$

如此作下去,可得

$$\boldsymbol{x}^{k+1} = \left(\frac{2}{3^k}, \frac{(-1)^k}{3^k}\right)^{\mathrm{T}}.$$

当 $k \to \infty$ 时, $\boldsymbol{x}^k \to (0, 0)^{\mathrm{T}}$,得到无约束问题的最优解.

§3.2　Newton 法

Newton 法的基本思想是利用二次近似多项式的极值点近似求解原函数的极值点. 本节考虑如下无约束问题

$$\min f(\boldsymbol{x}), \ \boldsymbol{x} \in \mathbf{R}^n, \tag{3.2.1}$$

其中 $f(\boldsymbol{x})$是二次可微的.

§3.2.1　Newton 法的思想

设 $\boldsymbol{x}^*$ 是(3.2.1)式的局部解,则 $\boldsymbol{x}^*$ 满足

$$\nabla f(\boldsymbol{x}) = \mathbf{0}. \tag{3.2.2}$$

解方程组可得优化问题(3.2.1)的解. 但是该方程组一般是非线性方程组,不易求解.

选取初始点 $\boldsymbol{x}^1$(作为 $\boldsymbol{x}^*$ 的第一次近似),在 $\boldsymbol{x}^1$ 处按照 Taylor 级数展开,取二次近似多项式

$$f(\boldsymbol{x}) \approx f(\boldsymbol{x}^1) + \nabla f(\boldsymbol{x}^1)^{\mathrm{T}}(\boldsymbol{x} - \boldsymbol{x}^1) + \frac{1}{2}(\boldsymbol{x} - \boldsymbol{x}^1)^{\mathrm{T}} \nabla^2 f(\boldsymbol{x}^1)(\boldsymbol{x} - \boldsymbol{x}^1). \tag{3.2.3}$$

令近似二次函数的导数为零,得

$$\nabla f(\boldsymbol{x}^1)+\nabla^2 f(\boldsymbol{x}^1)(\boldsymbol{x}-\boldsymbol{x}^1)=\mathbf{0}. \tag{3.2.4}$$

当$\nabla^2 f(\boldsymbol{x}^1)$是非奇异矩阵时,求解线性方程组(3.2.4)得到

$$\boldsymbol{x}^2=\boldsymbol{x}^1-[\nabla^2 f(\boldsymbol{x}^1)]^{-1}\nabla f(\boldsymbol{x}^1),$$

作为$\boldsymbol{x}^*$的第二次近似.

注意,该方法只有$f(\boldsymbol{x})$在展开点处的 Hesse 矩阵$\nabla^2 f(\boldsymbol{x}^1)$非奇异时才可以使用.

如果$\boldsymbol{x}^2$不满足终止条件,可以在$\boldsymbol{x}^2$处将$f(\boldsymbol{x})$展开,求出近似二次函数的极值点$\boldsymbol{x}^3$,如此下去,可以得到点列$\boldsymbol{x}^k$,并且满足迭代公式

$$\boldsymbol{x}^{k+1}=\boldsymbol{x}^k-[\nabla^2 f(\boldsymbol{x}^k)]^{-1}\nabla f(\boldsymbol{x}^k), \tag{3.2.5}$$

称(3.2.5)式为 Newton 迭代公式.为了计算方便,将(3.2.5)式改写成

$$\boldsymbol{x}^{k+1}=\boldsymbol{x}^k+\boldsymbol{d}^k, \tag{3.2.6}$$

其中$\boldsymbol{d}^k$是线性方程组

$$\nabla^2 f(\boldsymbol{x}^k)\boldsymbol{d}=-\nabla f(\boldsymbol{x}^k) \tag{3.2.7}$$

的解向量.通常称(3.2.7)式为 Newton 方程.

按照 Newton 算法,得到的点处的梯度的长度逐渐趋于零,以至于到数步后,满足精度要求.

§3.2.2　Newton 法的步骤

由上述分析,得到如下算法.

算法 3.2.1(Newton 法)　(1) 取初始点$\boldsymbol{x}^1$,置精度要求ε,置$k=1$.

(2) 如果$\|\nabla f(\boldsymbol{x}^k)\|\leqslant\varepsilon$,则停止计算($\boldsymbol{x}^k$作为无约束问题的解);否则,求解线性方程组

$$\nabla^2 f(\boldsymbol{x}^k)\boldsymbol{d}=-\nabla f(\boldsymbol{x}^k),$$

得到$\boldsymbol{d}^k$.

(3) 置

$$\boldsymbol{x}^{k+1}=\boldsymbol{x}^k+\boldsymbol{d}^k,\ k:=k+1,$$

转步骤(2).

下面给出两个例子,对第一个例子,由于目标函数是二次多项式,故 Newton 法的迭代步骤只有一步即结束.而对第二个例子,由于目标函数是三次

多项式,是一个非凸函数,因此一般不会得到精确的最优解.

例 3.2.1　用 Newton 法求解无约束问题

$$\min\{f(\boldsymbol{x}) = x_1^2 + x_2^2 + x_1x_2 + 2x_1 - 3x_2\},$$

取初始点 $\boldsymbol{x}^1 = (0,0)$.

解　$f(\boldsymbol{x})$在初始点处的梯度为

$$\nabla f(\boldsymbol{x}^1) = (2,-3)^{\mathrm{T}};$$

$f(\boldsymbol{x})$在初始点处的 Hesse 矩阵为

$$\nabla^2 f(\boldsymbol{x}^1) = \begin{pmatrix} 2 & 1 \\ 1 & 2 \end{pmatrix}.$$

解线性方程组 $\nabla^2 f(\boldsymbol{x}^1)\boldsymbol{d} = -\nabla f(\boldsymbol{x}^1)$, 即

$$\begin{pmatrix} 2 & 1 \\ 1 & 2 \end{pmatrix}\begin{pmatrix} d_1 \\ d_2 \end{pmatrix} = \begin{pmatrix} -2 \\ 3 \end{pmatrix},$$

得

$$\boldsymbol{d}^1 = (d_1, d_2)^{\mathrm{T}} = \left(-\frac{7}{3}, \frac{8}{3}\right)^{\mathrm{T}},$$

所以

$$\boldsymbol{x}^2 = \boldsymbol{x}^1 + \boldsymbol{d}^1 = (0,0)^{\mathrm{T}} + \left(-\frac{7}{3}, \frac{8}{3}\right)^{\mathrm{T}}.$$

因为 $\|\nabla f(\boldsymbol{x}^2)\| = 0$, 所以$\left(-\frac{7}{3}, \frac{8}{3}\right)^{\mathrm{T}}$为无约束问题的解.

例 3.2.2　用 Newton 法求解无约束问题

$$\min f(\boldsymbol{x}) = 4x_1^2 + x_2^2 - x_1^2x_2,$$

分别取初始点 $\boldsymbol{x}_A = (1,1)^{\mathrm{T}}$, $\boldsymbol{x}_B = (3,4)^{\mathrm{T}}$, $\boldsymbol{x}_C = (2,0)^{\mathrm{T}}$,精度要求 $\varepsilon = 10^{-3}$.

解

$$\nabla f(\boldsymbol{x}) = (8x_1 - 2x_1x_2, 2x_2 - x_1^2)^{\mathrm{T}},$$

$$\nabla^2 f(\boldsymbol{x}) = \begin{pmatrix} 8 - 2x_2 & -2x_1 \\ -2x_1 & 2 \end{pmatrix}.$$

(1) 取 $\boldsymbol{x}^1 = \boldsymbol{x}_A = (1,1)^{\mathrm{T}}$, 得到

$$\nabla f(\boldsymbol{x}^1) = (6,1)^{\mathrm{T}},\ \nabla^2 f(\boldsymbol{x}^1) = \begin{pmatrix} 6 & -2 \\ -2 & 2 \end{pmatrix},$$

解线性方程组

$$\nabla^2 f(\boldsymbol{x}^1)\boldsymbol{d} = -\nabla f(\boldsymbol{x}^1),$$

即

$$\begin{pmatrix} 6 & -2 \\ -2 & 2 \end{pmatrix}\begin{pmatrix} d_1 \\ d_2 \end{pmatrix} = -\begin{pmatrix} 6 \\ 1 \end{pmatrix},$$

得到 $d_1 = -1.75$, $d_2 = -2.25$,即 $\boldsymbol{d}^1 = (-1.75, -2.25)^{\mathrm{T}}$. 所以

$$\boldsymbol{x}^2 = \boldsymbol{x}^1 + \boldsymbol{d}^1 = (1, 1)^{\mathrm{T}} + (-1.75, -2.25)^{\mathrm{T}} = (-0.75, -1.25)^{\mathrm{T}}.$$

再进行第二轮计算,经过 5 次迭代,$\boldsymbol{x}^k$ 收敛到问题的极小点 $\boldsymbol{x} = (0, 0)^{\mathrm{T}}$,见表 3.2.1.

表 3.2.1　$\boldsymbol{x}^1 = (1, 1)^{\mathrm{T}}$ 的计算结果

k	$\boldsymbol{x}^k$	$f(\boldsymbol{x}^k)$	$\nabla f(\boldsymbol{x}^k)$	$\Vert\nabla f(\boldsymbol{x}^k)\Vert$	$\nabla^2 f(\boldsymbol{x}^k)$
1	$\begin{pmatrix}1.0000\\1.0000\end{pmatrix}$	4.000 0	$\begin{pmatrix}6.0000\\1.0000\end{pmatrix}$	6.092 8	$\begin{pmatrix}6.0000 & -2.0000\\-2.0000 & 2.0000\end{pmatrix}$
2	$\begin{pmatrix}-0.7500\\-1.2500\end{pmatrix}$	4.515 6	$\begin{pmatrix}-7.8750\\-3.6350\end{pmatrix}$	8.449 5	$\begin{pmatrix}10.5000 & 1.5000\\1.5000 & 2.0000\end{pmatrix}$
3	$\begin{pmatrix}-0.1550\\-0.1650\end{pmatrix}$	0.127 3	$\begin{pmatrix}-1.2911\\-0.3540\end{pmatrix}$	1.338 8	$\begin{pmatrix}8.3300 & 0.3100\\0.3100 & 2.0000\end{pmatrix}$
4	$\begin{pmatrix}-0.0057\\-0.0111\end{pmatrix}$	0.000 3	$\begin{pmatrix}-0.0459\\-0.0223\end{pmatrix}$	0.051 1	$\begin{pmatrix}8.0222 & 0.0115\\0.0115 & 2.0000\end{pmatrix}$
5	$\begin{pmatrix}0.0000\\0.0000\end{pmatrix}$	0.000 0	$\begin{pmatrix}-0.0001\\-0.0000\end{pmatrix}$	0.000 1	$\begin{pmatrix}8.0000 & 0.0000\\0.0000 & 2.0000\end{pmatrix}$

以上所得各点处的 Hesse 矩阵都是保持正定的,可见收敛点 $\boldsymbol{x} = (0, 0)^{\mathrm{T}}$ 是极小点.

(2) 取 $\boldsymbol{x}^1 = \boldsymbol{x}_B = (3, 4)^{\mathrm{T}}$,计算步骤同(1),最后 $\boldsymbol{x}^k$ 收敛到$(2\sqrt{2}, 4)^{\mathrm{T}}$,此点是目标函数的鞍点,计算结果见表 3.2.2.

(3) 取 $\boldsymbol{x}^1 = \boldsymbol{x}_C = (2, 0)^{\mathrm{T}}$,得到$\nabla^2 f(\boldsymbol{x}^1) = \begin{pmatrix} 8 & -4 \\ -4 & 2 \end{pmatrix}$, Hesse 矩阵奇异,无法进行下一步计算.

表 3.2.2　$x^1=(3,4)^T$ 的计算结果

k	x^k	$f(x^k)$	$\nabla f(x^k)$	$\|\nabla f(x^k)\|$	$\nabla^2 f(x^k)$
1	$\begin{pmatrix}3.0000\\4.0000\end{pmatrix}$	16.0000	$\begin{pmatrix}0.0000\\-1.0000\end{pmatrix}$	1.0000	$\begin{pmatrix}0.0000 & -6.0000\\-6.0000 & 2.0000\end{pmatrix}$
2	$\begin{pmatrix}2.8333\\4.0000\end{pmatrix}$	16.0000	$\begin{pmatrix}0.0000\\-0.2078\end{pmatrix}$	0.0278	$\begin{pmatrix}0.0000 & -5.6667\\-5.6667 & 2.0000\end{pmatrix}$
3	$\begin{pmatrix}2.8284\\4.0000\end{pmatrix}$	16.0000	$\begin{pmatrix}0.0000\\0.0000\end{pmatrix}$	0.0000	$\begin{pmatrix}0.0000 & -5.6569\\-5.6569 & 2.0000\end{pmatrix}$

例 3.2.2 表明,用 Newton 法求解无约束问题会出现以下情况:

(1) 收敛到极小点;

(2) 收敛到鞍点;

(3) Hesse 矩阵奇异,无法继续计算.

利用 Newton 法求解最优化问题,其优点是收敛速度快,但是,它的缺点是每一步不能保证目标函数值总是下降的,且当 Hesse 矩阵奇异时无法计算,所以还要有其他相关的修正算法.

§3.3　共轭梯度法

共轭梯度法是用来求解正定二次规划的一种优化方法,它具有下述性质:

(1) 产生的搜索方向是下降方向;

(2) 不必计算 Hesse 矩阵,只计算目标函数值和梯度;

(3) 具有二次终止性.

§3.3.1　正交方向和共轭方向

首先考虑一类特殊的正定二次函数

$$f(\boldsymbol{x})=\frac{1}{2}\boldsymbol{x}^{T}\boldsymbol{x}+\boldsymbol{r}^{T}\boldsymbol{x}+\delta, \tag{3.3.1}$$

其中 $\boldsymbol{x}=(x_1,x_2,\cdots,x_n)^T$, $\boldsymbol{r}=(r_1,r_2,\cdots,r_n)^T\in\mathbf{R}^n$, $\delta\in\mathbf{R}$. 这种正定二次函数可以看成如下形式的变量分离的函数

$$f(\boldsymbol{x})=f_1(x_1)+f_2(x_2)+\cdots+f_n(x_n)+\delta,$$

其中 $f_i(x_i)=\frac{1}{2}x_i^2+r_ix_i(i=1,2,\cdots,n)$，则从任意一点 $\boldsymbol{x}^1$ 出发，依次沿着 n 个坐标轴方向进行一维搜索，就能得到 $\min f(\boldsymbol{x})$ 的最优解，因为每沿一个坐标轴进行线性搜索可求得某个函数 $f_i(x_i)$ 的最小值，同时其他函数的值保持不变.

这里 $\nabla f(\boldsymbol{x})=\boldsymbol{x}+\boldsymbol{r}$，令 $\nabla f(\boldsymbol{x})=\boldsymbol{0}$，得 $f(\boldsymbol{x})$ 的极小点 $\boldsymbol{x}^*=-\boldsymbol{r}$，由 $f(\boldsymbol{x})$ 在 $\boldsymbol{x}^*$ 的 Taylor 级数展开式得到

$$\begin{aligned} f(\boldsymbol{x}) &= f(\boldsymbol{x}^*)+\frac{1}{2}(\boldsymbol{x}-\boldsymbol{x}^*)^{\mathrm{T}}(\boldsymbol{x}-\boldsymbol{x}^*) \\ &= f(\boldsymbol{x}^*)+\frac{1}{2}\|\boldsymbol{x}-\boldsymbol{x}^*\|^2. \end{aligned} \tag{3.3.2}$$

(3.3.2)式表明，$f(\boldsymbol{x})$ 的等高面是一族(超)球面. 特别地，当 $n=2$ 时，其等高线是一族圆. 任取初始点 $\boldsymbol{x}^1$ 沿两个相互正交的方向进行精确一维搜索，得到点 $\boldsymbol{x}^3=\boldsymbol{x}^*$，即为问题的最优解.

当 $n=3$ 时，有类似的结果. 设 $\boldsymbol{q}^1,\boldsymbol{q}^2,\boldsymbol{q}^3$ 是 3 个相互正交的非零向量，则任取初始点 $\boldsymbol{x}^1$，依次沿它们进行精确一维搜索，达到极小点 $\boldsymbol{x}^4=\boldsymbol{x}^*$. 特别注意：$\boldsymbol{x}^2$ 是 $f(\boldsymbol{x})$ 沿方向 $\boldsymbol{q}^1$ 生成的直线上的极小点，$\boldsymbol{x}^3$ 是 $f(\boldsymbol{x})$ 过 $\boldsymbol{x}^1$ 由 $\{\boldsymbol{q}^1,\boldsymbol{q}^2\}$ 张成的平面 π 上的极小点，$\boldsymbol{x}^4$ 是整个空间上的极小点.

现在将上述结果推广到 n 维情况.

定义 3.3.1　若 $\mathbf{R}^n$ 中 k $(k\leqslant n)$ 个向量 $\boldsymbol{q}^1,\boldsymbol{q}^2,\cdots,\boldsymbol{q}^k$ 两两正交，即

$$\langle \boldsymbol{q}^i,\boldsymbol{q}^j\rangle=0,\ i\neq j,\ i,j=1,2,\cdots,k, \tag{3.3.3}$$

则称它们为 k 个正交方向；若又满足

$$\boldsymbol{q}^i\neq\boldsymbol{0},\ i=1,2,\cdots,k, \tag{3.3.4}$$

则称为 k 个非零正交方向.

定理 3.3.1　设目标函数为

$$f(\boldsymbol{x})=\frac{1}{2}\boldsymbol{x}^{\mathrm{T}}\boldsymbol{x}+\boldsymbol{r}^{\mathrm{T}}\boldsymbol{x}+\delta,$$

$\boldsymbol{q}^1,\boldsymbol{q}^2,\cdots,\boldsymbol{q}^k$ 是 k $(k\leqslant n)$ 个两两正交的非零向量. 从任意初始点 $\boldsymbol{x}^1$ 出发，依次沿 $\boldsymbol{q}^1,\boldsymbol{q}^2,\cdots,\boldsymbol{q}^k$ 作精确一维搜索，得到 $\boldsymbol{x}^2,\boldsymbol{x}^3,\cdots,\boldsymbol{x}^{k+1}$，则 $\boldsymbol{x}^{k+1}$ 是 $f(\boldsymbol{x})$ 在仿射集

$$\overline{X}^k=\{\boldsymbol{x}=\boldsymbol{x}^1+\sum_{i=1}^{k}\hat{\alpha}_i\boldsymbol{q}^i\mid\hat{\alpha}_i\in\mathbf{R},\ i=1,2,\cdots,k\} \tag{3.3.5}$$

上的唯一极小点. 特别地，当 $k=n$ 时，$\boldsymbol{x}^{k+1}$ 是 $f(\boldsymbol{x})$ 在整个空间上的唯一极小点.

证明 由于 $f(\boldsymbol{x})$是正定二次函数,它在仿射集 $\overline{X}^k$ 上有唯一极小点 $\hat{\boldsymbol{x}}^k$, 且满足

$$\langle \nabla f(\hat{\boldsymbol{x}}^k), \boldsymbol{q}^i \rangle = 0, \ i = 1, 2, \cdots, k, \tag{3.3.6}$$

注意 $\hat{\boldsymbol{x}}^k$ 是仿射集 $\overline{X}^k$ 上的点, 存在 $\hat{\alpha}_i (i = 1, 2, \cdots, k)$, 使得

$$\hat{\boldsymbol{x}}^k = \boldsymbol{x}^1 + \sum_{i=1}^{k} \hat{\alpha}_i \boldsymbol{q}^i, \tag{3.3.7}$$

因此得到

$$\nabla f(\hat{\boldsymbol{x}}^k) = \hat{\boldsymbol{x}}^k + \boldsymbol{r} = \boldsymbol{x}^1 + \boldsymbol{r} + \sum_{i=1}^{k} \hat{\alpha}_i \boldsymbol{q}^i.$$

由(3.3.6)式得到

$$(\boldsymbol{x}^1 + \boldsymbol{r} + \sum_{i=1}^{k} \hat{\alpha}_i \boldsymbol{q}^i)^{\mathrm{T}} \boldsymbol{q}^i = 0, \ i = 1, 2, \cdots, k,$$

即

$$(\boldsymbol{x}^1 + \boldsymbol{r})^{\mathrm{T}} \boldsymbol{q}^i + \hat{\alpha}_i \| \boldsymbol{q}^i \|^2 = 0, \ i = 1, 2, \cdots, k.$$

所以

$$\hat{\alpha}_i = -\frac{1}{\| \boldsymbol{q}^i \|^2} (\boldsymbol{x}^1 + \boldsymbol{r})^{\mathrm{T}} \boldsymbol{q}^i, \ i = 1, 2, \cdots, k. \tag{3.3.8}$$

另一方面,按定理条件得到

$$\boldsymbol{x}^{k+1} = \boldsymbol{x}^1 + \sum_{i=1}^{k} \alpha_i \boldsymbol{q}^i,$$

其中 α_i 为最优步长,经验算可得

$$\begin{aligned}
\alpha_i &= -\frac{1}{\| \boldsymbol{q}^i \|^2} (\boldsymbol{x}^{i-1} + \boldsymbol{r})^{\mathrm{T}} \boldsymbol{q}^i \\
&= -\frac{1}{\| \boldsymbol{q}^i \|^2} (\boldsymbol{x}^1 + \boldsymbol{r} + \sum_{j=1}^{i-1} \alpha_j \boldsymbol{q}^j)^{\mathrm{T}} \boldsymbol{q}^i \\
&= -\frac{1}{\| \boldsymbol{q}^i \|^2} (\boldsymbol{x}^1 + \boldsymbol{r})^{\mathrm{T}} \boldsymbol{q}^i.
\end{aligned}$$

与(3.3.8)式相同,即 $\boldsymbol{x}^{k+1} = \hat{\boldsymbol{x}}^k$. □

下面考虑一般正定二次函数

$$f(\boldsymbol{x}) = \frac{1}{2} \boldsymbol{x}^{\mathrm{T}} \boldsymbol{G} \boldsymbol{x} + \boldsymbol{r}^{\mathrm{T}} \boldsymbol{x} + \delta, \tag{3.3.9}$$

其中 $\boldsymbol{G}$ 是正定矩阵.

对于形如(3.3.9)式的二次函数,要适当选取 $\mathbf{R}^n$ 的一组基$\{\boldsymbol{p}^1, \cdots, \boldsymbol{p}^n\}$,使得 $\boldsymbol{p}^i$ 满足条件

$$(\boldsymbol{p}^i)^{\mathrm{T}}\boldsymbol{G}\boldsymbol{p}^j = 0\ (i \neq j).$$

用线性代数的知识保证可以作适当的变量替换,$f(\boldsymbol{x})$就可以成为变量分离的形式,于是,从任何一个初始点 $\boldsymbol{x}^1$ 出发,分别沿每个方向 $\boldsymbol{p}^i$ 作线性搜索,经过一轮后,就能得到最优解.我们把满足上面条件的 n 维方向称为是 $\boldsymbol{G}$ 共轭的.

定义 3.3.2　设 $\boldsymbol{G}$ 是 $n \times n$ 正定矩阵.若 $\boldsymbol{d}^1$, $\boldsymbol{d}^2$ 满足

$$(\boldsymbol{d}^1)^{\mathrm{T}}\boldsymbol{G}\boldsymbol{d}^2 = 0, \tag{3.3.10}$$

则称 $\boldsymbol{d}^1$, $\boldsymbol{d}^2$ 关于 $\boldsymbol{G}$ 共轭.若 $\boldsymbol{d}^1$, $\boldsymbol{d}^2$, $\cdots$, $\boldsymbol{d}^k(k \leqslant n)$ 两两关于 $\boldsymbol{G}$ 共轭,即

$$(\boldsymbol{d}^i)^{\mathrm{T}}\boldsymbol{G}\boldsymbol{d}^j = 0,\ i \neq j,\ i,\ j = 1,\ 2,\ \cdots,\ k, \tag{3.3.11}$$

则称 $\boldsymbol{d}^1$, $\boldsymbol{d}^2$, $\cdots$, $\boldsymbol{d}^k(k \leqslant n)$ 为 $\boldsymbol{G}$ 的 k 个共轭方向.若 $\boldsymbol{d}^i \neq \boldsymbol{0}\ (i = 1, 2, \cdots, k)$,则称为 $\boldsymbol{G}$ 的 k 个非零共轭方向.特别,当 $\boldsymbol{G} = \boldsymbol{I}$ 时,共轭方向就是正交方向.

由共轭方向的几何意义,可以把定理作如下推广.

定理 3.3.2(扩展子空间定理)　设目标函数为

$$f(\boldsymbol{x}) = \frac{1}{2}\boldsymbol{x}^{\mathrm{T}}\boldsymbol{G}\boldsymbol{x} + \boldsymbol{r}^{\mathrm{T}}\boldsymbol{x} + \delta.$$

$\boldsymbol{d}^1$, $\boldsymbol{d}^2$, $\cdots$, $\boldsymbol{d}^k$ 是 $\boldsymbol{G}$ 的 $k\ (k \leqslant n)$ 个非零共轭方向,从任意的初始点 $\boldsymbol{x}^1$ 出发,依次沿 $\boldsymbol{d}^i \neq \boldsymbol{0}\ (i = 1, 2, \cdots, k)$ 作一维精确搜索,得到 $\boldsymbol{x}^2$, $\boldsymbol{x}^3$, $\cdots$, $\boldsymbol{x}^{k+1}$,则 $\boldsymbol{x}^{k+1}$ 是 $f(\boldsymbol{x})$在仿射集

$$X^k = \{\boldsymbol{x} = \boldsymbol{x}^1 + \sum_{i=1}^{k}\alpha_i\boldsymbol{d}^i \mid \alpha_i \in \mathbf{R},\ i = 1,\ 2,\ \cdots,\ k\}$$

上的唯一极小点.特别,当 $k = n$ 时,$\boldsymbol{x}^{k+1}$是 $f(\boldsymbol{x})$在整个空间上的唯一极小点.

证明　因为 $\boldsymbol{G}$ 是正定矩阵,存在正定矩阵 $\boldsymbol{C}$,使得 $\boldsymbol{G} = \boldsymbol{C}^{\mathrm{T}}\boldsymbol{C}$, 那么

$$f(\boldsymbol{x}) = \frac{1}{2}\boldsymbol{x}^{\mathrm{T}}\boldsymbol{G}\boldsymbol{x} + \boldsymbol{r}^{\mathrm{T}}\boldsymbol{x} + \delta = \frac{1}{2}(\boldsymbol{C}\boldsymbol{x})^{\mathrm{T}}\boldsymbol{C}\boldsymbol{x} + \boldsymbol{r}^{\mathrm{T}}\boldsymbol{C}^{-1}\boldsymbol{C}\boldsymbol{x} + \delta.$$

令 $\boldsymbol{y} = \boldsymbol{C}\boldsymbol{x}$, $\bar{\boldsymbol{r}} = \boldsymbol{r}^{\mathrm{T}}\boldsymbol{C}^{-1}$, 则

$$f(\boldsymbol{x}) = g(\boldsymbol{y}) = \frac{1}{2}\boldsymbol{y}^{\mathrm{T}}\boldsymbol{y} + \bar{\boldsymbol{r}}^{\mathrm{T}}\boldsymbol{y} + \delta.$$

由定理 3.3.1 可知,存在 $k\ (k \leqslant n)$ 个两两正交的非零向量 $\boldsymbol{q}^1$, $\boldsymbol{q}^2$, $\cdots$, $\boldsymbol{q}^k$,使得目标函数 $g(\boldsymbol{y})$依次沿着这些方向进行一维搜索得 $\boldsymbol{y}^*$,使 $g(\boldsymbol{y}^*)$达到最小值.这

时,我们再令 $\boldsymbol{d}^i = \boldsymbol{C}^{-1}\boldsymbol{q}^i(i = 1, 2, \cdots, k)$,则由$(\boldsymbol{q}^i)^{\mathrm{T}}\boldsymbol{q}^j = 0$得$(\boldsymbol{d}^i)^{\mathrm{T}}\boldsymbol{C}^{\mathrm{T}}\boldsymbol{C}\boldsymbol{d}^j = 0$,即$(\boldsymbol{d}^i)^{\mathrm{T}}\boldsymbol{G}\boldsymbol{d}^j = 0$,即 $\boldsymbol{d}^1, \boldsymbol{d}^2, \cdots, \boldsymbol{d}^k$ 关于 $\boldsymbol{G}$ 是非零共轭向量. 而令 $\boldsymbol{x}^* = \boldsymbol{C}^{-1}\boldsymbol{y}^*$,则 $f(\boldsymbol{x})$在 $\boldsymbol{x}^*$ 取到最小值 $f(\boldsymbol{x}^*) = g(\boldsymbol{y}^*)$. □

推论 3.3.3 在定理 3.3.2 的假设下,有

$$\langle \nabla f(\boldsymbol{x}^{k+1}), \boldsymbol{d}^i \rangle = 0, \ i = 1, 2, \cdots, k. \tag{3.3.12}$$

证明 因为 $\boldsymbol{x}^{k+1}$是仿射集 X^k 上的极小点,所以也是 $\boldsymbol{d}^i$ 方向上的极小点,因此(3.3.12)式成立. □

§3.3.2 共轭梯度法的推导

共轭梯度法(conjugate gradient mehtod)是将共轭方向方法与梯度方法(即最速下降方法)结合起来考虑的一种优化算法.

设

$$f(\boldsymbol{x}) = \frac{1}{2}\boldsymbol{x}^{\mathrm{T}}\boldsymbol{G}\boldsymbol{x} + \boldsymbol{r}^{\mathrm{T}}\boldsymbol{x} + \delta,$$

其中 $\boldsymbol{G}$ 是正定矩阵. 由扩展子空间定理可知,若 $\boldsymbol{d}^1, \boldsymbol{d}^2, \cdots, \boldsymbol{d}^n$ 为n 个 $\boldsymbol{G}$ 共轭方向,那么从任意的初始点 $\boldsymbol{x}^1$ 出发,至多作 n 次精确一维搜索,就可以得到目标函数唯一的极小点. 根据这一思想导出对于正定二次函数的共轭梯度法.

任取初始点 $\boldsymbol{x}^1$. 若 $\nabla f(\boldsymbol{x}^1) = \boldsymbol{0}$, 则停止计算,$\boldsymbol{x}^1$ 作为无约束问题的极小点. 若 $\nabla f(\boldsymbol{x}^1) \neq \boldsymbol{0}$, 则令

$$\boldsymbol{d}^1 = -\nabla f(\boldsymbol{x}^1),$$

沿 $\boldsymbol{d}^1$ 方向进行一维搜索得到点 $\boldsymbol{x}^2$,若 $\nabla f(\boldsymbol{x}^2) \neq \boldsymbol{0}$, 则令

$$\boldsymbol{d}^2 = -\nabla f(\boldsymbol{x}^2) + \beta_1^2 \boldsymbol{d}^1, \tag{3.3.13}$$

并且使 $\boldsymbol{d}^1, \boldsymbol{d}^2$ 满足

$$(\boldsymbol{d}^1)^{\mathrm{T}}\boldsymbol{G}\boldsymbol{d}^2 = 0, \tag{3.3.14}$$

即 $\boldsymbol{d}^1, \boldsymbol{d}^2$ 关于 $\boldsymbol{G}$ 共轭. 将(3.3.13)式代入(3.3.14)式,可得到 β_1^2 的表达式:

$$\beta_1^2 = \frac{(\boldsymbol{d}^1)^{\mathrm{T}}\boldsymbol{G}\nabla f(\boldsymbol{x}^2)}{(\boldsymbol{d}^1)^{\mathrm{T}}\boldsymbol{G}\boldsymbol{d}^1}.$$

将此结果代入(3.3.13)式,这样得到的 $\boldsymbol{d}^2$ 是与 $\boldsymbol{d}^1$ 关于 $\boldsymbol{G}$ 共轭的. 再从 $\boldsymbol{x}^2$ 出发,沿 $\boldsymbol{d}^2$ 作一维搜索,得到 $\boldsymbol{x}^3$. 假设在 $\boldsymbol{x}^k$ 处, $\nabla f(\boldsymbol{x}^k) \neq \boldsymbol{0}$, 构造 $\boldsymbol{x}^k$ 处的搜索方向 $\boldsymbol{d}^k$ 如下:

$$d^k = -\nabla f(x^k) + \sum_{i=1}^{k-1} \beta_i^k d^i. \tag{3.3.15}$$

下面来确定系数 β_i^k $(i = 1, 2, \cdots, k-1)$. 因为要求构造的搜索方向是关于 G 共轭的,即满足

$$\begin{aligned} 0 &= (d^i)^{\mathrm{T}} G d^k \\ &= -(d^i)^{\mathrm{T}} G \nabla f(x^k) + \sum_{j=1}^{k-1} \beta_j^k (d^i)^{\mathrm{T}} G d^j \\ &= -(d^i)^{\mathrm{T}} G \nabla f(x^k) + \beta_i^k (d^i)^{\mathrm{T}} G d^i, \ i = 1, 2, \cdots, k-1, \end{aligned}$$

所以

$$\beta_i^k = \frac{(d^i)^{\mathrm{T}} G \nabla f(x^k)}{(d^i)^{\mathrm{T}} G d^i}.$$

将它代入(3.3.15)式,得到的 d^k 是与 $d^1, d^2, \cdots, d^{k-1}$ 关于 G 共轭的. 又由推导过程可知,前面已得到的搜索方向 $d^1, d^2, \cdots, d^{k-1}$ 已是 G 的 $k-1$ 个共轭方向,所以, $d^1, d^2, \cdots, d^k$ 是 G 的 k 个共轭方向.

由扩展子空间定理可知,当 $k = n$ 时,得到 n 个非零的 G 共轭的方向, x^{n+1} 为整个空间上的唯一极小点.

§3.3.3 计算公式的简化

由于 d^i 的表达式中第一项是相应点处的负梯度,它要与后面点处的梯度作内积,因此利用这个特点可以简化计算公式.

由于构造的搜索方向是非零的 G 共轭方向,因此由推论 3.3.3,得到

$$\nabla f(x^k)^{\mathrm{T}} d^i = 0, \ i = 1, 2, \cdots, k-1.$$

结合(3.3.15)式,有

$$\begin{aligned} &\nabla f(x^k)^{\mathrm{T}} \nabla f(x^i) \\ &= \nabla f(x^k)^{\mathrm{T}} (-d^i + \beta_1^i d^1 + \cdots + \beta_{i-1}^i d^{i-1}) \\ &= 0, \ i = 1, 2, \cdots, k-1. \end{aligned}$$

下面计算 β_i^k $(i = 1, 2, \cdots, k-2)$. 为了方便起见,引进记号

$$s^i = x^{i+1} - x^i = \alpha_i d^i, \tag{3.3.16}$$

其中 α_i 是一维搜索的最优步长. 所以

$$G s^i = G x^{i+1} - G x^i = \nabla f(x^{i+1}) - \nabla f(x^i).$$

由(3.3.16)式,有

$$\begin{aligned}(\boldsymbol{d}^i)^{\mathrm T}\boldsymbol{G}\,\nabla f(\boldsymbol{x}^k) &= \nabla f(\boldsymbol{x}^k)^{\mathrm T}\boldsymbol{G}\boldsymbol{d}^i \\ &= \frac{1}{\alpha_i}\nabla f(\boldsymbol{x}^k)^{\mathrm T}\boldsymbol{G}\boldsymbol{s}^i \\ &= \frac{1}{\alpha_i}\nabla f(\boldsymbol{x}^k)^{\mathrm T}(\nabla f(\boldsymbol{x}^{i+1})-\nabla f(\boldsymbol{x}^i)) \\ &= 0,\ i=1,\ 2,\ \cdots,\ k-2.\end{aligned} \tag{3.3.17}$$

因此

$$\beta_i^k = 0,\ i=1,\ 2,\ \cdots,\ k-2.$$

故(3.3.15)式可以写成

$$\boldsymbol{d}^k = -\nabla f(\boldsymbol{x}^k)+\beta_{k-1}\boldsymbol{d}^{k-1},$$

(此时不要 β_{k-1} 的上标)其中

$$\beta_{k-1} = \frac{(\boldsymbol{d}^{k-1})^{\mathrm T}\boldsymbol{G}\,\nabla f(\boldsymbol{x}^k)}{(\boldsymbol{d}^{k-1})^{\mathrm T}\boldsymbol{G}\boldsymbol{d}^{k-1}}.$$

再简化 β_{k-1},类似于(3.3.17)式的推导过程,可以得到

$$(\boldsymbol{d}^{k-1})^{\mathrm T}\boldsymbol{G}\,\nabla f(\boldsymbol{x}^k) = \frac{1}{\alpha_{k-1}}\nabla f(\boldsymbol{x}^k)^{\mathrm T}(\nabla f(\boldsymbol{x}^k)-\nabla f(\boldsymbol{x}^{k-1})),$$

和

$$(\boldsymbol{d}^{k-1})^{\mathrm T}\boldsymbol{G}\boldsymbol{d}^{k-1} = \frac{1}{\alpha_{k-1}}(\boldsymbol{d}^{k-1})^{\mathrm T}(\nabla f(\boldsymbol{x}^k)-\nabla f(\boldsymbol{x}^{k-1})).$$

再注意到推论 3.3.3,有

$$\begin{aligned}&(\boldsymbol{d}^{k-1})^{\mathrm T}(\nabla f(\boldsymbol{x}^k)-\nabla f(\boldsymbol{x}^{k-1})) = -(\boldsymbol{d}^{k-1})^{\mathrm T}\,\nabla f(\boldsymbol{x}^{k-1}) \\ &= (\nabla f(\boldsymbol{x}^{(k-1)})-\beta_{k-2}\boldsymbol{d}^{k-2})^{\mathrm T}\,\nabla f(\boldsymbol{x}^{k-1}) \\ &= \nabla f(\boldsymbol{x}^{k-1})^{\mathrm T}\,\nabla f(\boldsymbol{x}^{k-1}),\end{aligned}$$

所以

$$\beta_{k-1} = \frac{\nabla f(\boldsymbol{x}^k)^{\mathrm T}(\nabla f(\boldsymbol{x}^k)-\nabla f(\boldsymbol{x}^{k-1}))}{\nabla f(\boldsymbol{x}^{k-1})^{\mathrm T}\,\nabla f(\boldsymbol{x}^{k-1})}, \tag{3.3.18}$$

或

$$\beta_{k-1} = \frac{\|\ \nabla f(\boldsymbol{x}^k)\ \|^2}{\|\ \nabla f(\boldsymbol{x}^{k-1})\ \|^2}. \tag{3.3.19}$$

这样,就得到了用于一般可微函数的共轭梯度法.其搜索方向构造如下:

$$\begin{cases} \boldsymbol{d}^1 = -\nabla f(\boldsymbol{x}^1), \\ \boldsymbol{d}^k = -\nabla f(\boldsymbol{x}^k) + \beta_{k-1}\boldsymbol{d}^{k-1}. \end{cases} \tag{3.3.20}$$

由(3.3.18)式和(3.3.20)式构造的计算公式称为 Pulak-Ribiere-Polyak(PRP)公式,相应的方法称为 PRP 算法. 由(3.3.19)式和(3.3.20)式构造的公式称为 Fletcher-Reeves(FR)公式,相应的算法称为 FR 算法.

FR 算法(或 PRP 算法)　步骤如下:

(1) 取初始点 $\boldsymbol{x}^1$,置精度要求 ε,置 $k=1$.

(2) 如果 $\|\nabla f(\boldsymbol{x}^k)\| \leqslant \varepsilon$, 则停止计算($x^k$ 作为无约束问题的解);否则,置

$$\boldsymbol{d}^k = -\nabla f(\boldsymbol{x}^k) + \beta_{k-1}\boldsymbol{d}^{k-1},$$

其中

$$\beta_{k-1} = \begin{cases} 0, & k=1, \\ \dfrac{\|\nabla f(\boldsymbol{x}^k)\|^2}{\|\nabla f(\boldsymbol{x}^{k-1})\|^2}, & k>1; \end{cases}$$

或

$$\beta_{k-1} = \begin{cases} 0, & k=1, \\ \dfrac{\nabla f(\boldsymbol{x}^k)^{\mathrm{T}}(\nabla f(\boldsymbol{x}^k) - \nabla f(\boldsymbol{x}^{k-1}))}{\nabla f(\boldsymbol{x}^{k-1})^{\mathrm{T}}\nabla f(\boldsymbol{x}^{k-1})}, & k>1. \end{cases}$$

(3) 一维搜索. 求解一维问题

$$\min \phi(\alpha) = f(\boldsymbol{x}^k + \alpha\boldsymbol{d}^k),$$

得 α_k,置

$$\boldsymbol{x}^{k+1} = \boldsymbol{x}^k + \alpha_k\boldsymbol{d}^k.$$

(4) 置 $k:=k+1$, 转步骤(2).

例 3.3.1　用共轭梯度法(FR 算法)求解无约束问题:

$$\min\left\{f(\boldsymbol{x}) = \frac{3}{2}x_1^2 + \frac{1}{2}x_2^2 - x_1x_2 - 2x_1\right\},$$

取 $\boldsymbol{x}_1 = (0,\ 0)^{\mathrm{T}}$.

解

$$\nabla f(\boldsymbol{x}) = \begin{pmatrix} 3x_1 - x_2 - 2 \\ x_2 - x_1 \end{pmatrix} = \begin{pmatrix} g_1 \\ g_2 \end{pmatrix},$$

$$\nabla^2 f(\boldsymbol{x}) = \begin{pmatrix} 3 & -1 \\ -1 & 1 \end{pmatrix} = \boldsymbol{G}.$$

一维搜索步长为

$$\alpha_k = -\frac{(\boldsymbol{d}^k)^{\mathrm{T}} \nabla f(\boldsymbol{x}^k)}{(\boldsymbol{d}^k)^{\mathrm{T}} \boldsymbol{G} \boldsymbol{d}^k} = -\frac{d_1 g_1 + d_2 g_2}{3d_1^2 + d_2^2 - 2d_1 d_2}. \tag{3.3.21}$$

取 $\boldsymbol{x}^1 = (0, 0)^{\mathrm{T}}$,则$\nabla f(\boldsymbol{x}^1) = (-2, 0)^{\mathrm{T}}$, $\boldsymbol{d}^1 = -\nabla f(\boldsymbol{x}^1) = (2, 0)^{\mathrm{T}}$. 由(3.3.21)式得步长 $\alpha_1 = \frac{2^2}{3. 2^2} = \frac{1}{3}$, 因此

$$\boldsymbol{x}^2 = \boldsymbol{x}^1 + \alpha_1 \boldsymbol{d}^1 = (0, 0)^{\mathrm{T}} + \frac{1}{3}(2, 0)^{\mathrm{T}} = \left(\frac{2}{3}, 0\right)^{\mathrm{T}}.$$

再计算第二轮循环. 因为 $\nabla f(\boldsymbol{x}^2) = \left(0, -\frac{2}{3}\right)^{\mathrm{T}}$, 所以有

$$\beta_1 = \frac{\| \nabla f(\boldsymbol{x}^2) \|^2}{\| \nabla f(\boldsymbol{x}^1) \|^2} = \frac{\left(\frac{2}{3}\right)^2}{2^2} = \frac{1}{9}.$$

因此

$$\boldsymbol{d}^2 = -\nabla f(\boldsymbol{x}^2) + \beta_1 \boldsymbol{d}^1 = \left(0, \frac{2}{3}\right)^{\mathrm{T}} + \frac{1}{9}(2, 0)^{\mathrm{T}} = \left(\frac{2}{9}, \frac{2}{3}\right)^{\mathrm{T}}.$$

步长为

$$\alpha_2 = -\frac{\frac{2}{9} \cdot 0 + \frac{2}{3} \cdot \left(-\frac{2}{3}\right)}{3\left(\frac{2}{9}\right)^2 + \left(\frac{2}{3}\right)^2 - 2 \cdot \frac{2}{9} \cdot \frac{2}{3}} = \frac{3}{2}.$$

因此得到

$$\boldsymbol{x}^3 = \boldsymbol{x}^2 + \alpha_2 \boldsymbol{d}^2 = \left(\frac{2}{3}, 0\right)^{\mathrm{T}} + \frac{3}{2}\left(\frac{2}{9}, \frac{2}{3}\right)^{\mathrm{T}} = (1, 1)^{\mathrm{T}}.$$

计算梯度 $\nabla f(\boldsymbol{x}^3) = (0, 0)^{\mathrm{T}}$, $\| f(\boldsymbol{x}^3) \| = 0$. 所以 $\boldsymbol{x}^3 = (1, 1)^{\mathrm{T}}$ 为最优解,最优函数值为 $f(\boldsymbol{x}^3) = -1$.

另外,还有两个计算 β_{k-1}的公式,如

$$\beta_{k-1} = \frac{\nabla f(\boldsymbol{x}^k)^{\mathrm{T}} (\nabla f(\boldsymbol{x}^k) - \nabla f(\boldsymbol{x}^{k-1}))}{(\boldsymbol{d}^{k-1})^{\mathrm{T}} (\nabla f(\boldsymbol{x}^k) - \nabla f(\boldsymbol{x}^{k-1}))},$$

称为 Growder-Wolfe 公式,和

$$\beta_{k-1} = \frac{\nabla f(\boldsymbol{x}^k)^{\mathrm{T}} \nabla f(\boldsymbol{x}^k)}{(\boldsymbol{d}^{k-1})^{\mathrm{T}} \nabla f(\boldsymbol{x}^{k-1})},$$

称为 Dixon 公式.

§3.3.4　共轭方向的下降性和算法的二次终止性

虽然共轭梯度法是针对正定二次函数导出的,但仍适用于一般的可微函数.这里首先需要解决一个问题:共轭梯度法产生的搜索方向是否为下降方向?

定理 3.3.4　设 $f(\boldsymbol{x})$具有连续的一阶偏导数,并假设一维搜索是精确的,考虑用共轭梯度法求解无约束问题 $\min f(\boldsymbol{x}),\ \boldsymbol{x}\in\mathbf{R}^n$. 若$\nabla f(\boldsymbol{x}^k)\neq\mathbf{0}$, 则搜索方向 $\boldsymbol{d}^k$ 是 $\boldsymbol{x}^k$ 处的下降方向.

证明　考虑到 $f(\boldsymbol{x})$在 $\boldsymbol{x}^k$ 处沿 $\boldsymbol{d}^k$ 的展开式,只须证明 $\nabla f(\boldsymbol{x}^k)^{\mathrm{T}}\boldsymbol{d}^k<0$. 注意到 $\boldsymbol{x}^k$ 是 $\boldsymbol{d}^{k-1}$方向上的精确极小点,有 $\nabla f(\boldsymbol{x}^k)^{\mathrm{T}}\boldsymbol{d}^{k-1}=0$, 因此

$$\begin{aligned}\nabla f(\boldsymbol{x}^k)^{\mathrm{T}}\boldsymbol{d}^k&=-\nabla f(\boldsymbol{x}^k)^{\mathrm{T}}\,\nabla f(\boldsymbol{x}^k)+\beta_{k-1}\,\nabla f(\boldsymbol{x}^k)^{\mathrm{T}}\boldsymbol{d}^{k-1}\\&=-\|\nabla f(\boldsymbol{x}^k)\|^2<0.\end{aligned}\tag{3.3.22}$$

故 $\boldsymbol{d}^k$ 是 $\boldsymbol{x}^k$ 处的下降方向.　□

定理 3.3.5　若一维搜索是精确的,则共轭梯度法具有二次终止性.

证明　考虑用共轭梯度法求解正定二次目标函数. 若 $\nabla f(\boldsymbol{x}^k)=\mathbf{0}\ (k\leqslant n)$, 则 $\boldsymbol{x}^k$ 为无约束问题的最优解;否则,由算法得到的搜索方向 $\boldsymbol{d}^1,\ \boldsymbol{d}^2,\ \cdots,\ \boldsymbol{d}^n$ 是关于二次部分正定矩阵共轭的,由扩展子空间定理可知,$\boldsymbol{x}^{n+1}$是无约束问题的最优解.　□

由定理 3.3.5 可知,对于正定二次函数,共轭梯度法至多 n 步终止. 如果算法在 n 步没有终止,则说明目标函数不是正定二次函数,或者说目标函数没有进入一个正定二次函数的区域,因此这种共轭已经没有意义,此时,搜索方向应重新开始,即令

$$\boldsymbol{d}^k=-\nabla f(\boldsymbol{x}^k).$$

算法每 n 步重新开始一次,称为 n 步重新开始策略. 实际计算表明:n 步重新开始的 FR 算法要优越于 FR 算法. 对于 PRP 算法,当 $\nabla f(\boldsymbol{x}^k)\approx-\nabla f(\boldsymbol{x}^{k-1})$ 时,有 $\beta_{k-1}\approx 0$,因此 $\boldsymbol{d}^k\approx\nabla f(\boldsymbol{x}^k)$, 即自动重新开始. 试验表明:对于大型问题,PRP 算法优越于 FR 算法.

习　题　三

3.1　用最速下降法求解问题:

$$\min\{f(\boldsymbol{x})=(x_1-2)^2+(x_1-2x_2)^2\},$$

取初始点 $\boldsymbol{x}^1=(0,\ 3)^{\mathrm{T}}$,允许误差 $\varepsilon=0.4$.

3.2　给定 Rosenbrock 函数

$$f(\boldsymbol{x})=100(x_2-x_1)^2+(1-x_1)^2,$$

其中 $\boldsymbol{x}=(x_1, x_2)^{\mathrm{T}} \in \mathbf{R}^n$.

(1) 求出 $f(\boldsymbol{x})$在以下各点处的最速下降方向:

$$\boldsymbol{x}^1=(-1, 2)^{\mathrm{T}}, \boldsymbol{x}^2=(1.5, 1)^{\mathrm{T}};$$

(2) 求出 $f(\boldsymbol{x})$的平稳点,并判断平稳点的最优性.

3.3 用 Newton 法求解问题:

$$\min\{f(\boldsymbol{x})=x_1^2+x_2^2+x_1x_2+2x_1-3x_2\},$$

取初始点 $\boldsymbol{x}^1=(0, 0)^{\mathrm{T}}$.

3.4 设 $\boldsymbol{G}\in\mathbf{R}^{n\times n}$,为正定矩阵,$\boldsymbol{b}\in\mathbf{R}^n$, $c\in\mathbf{R}$, $\boldsymbol{d}^1, \boldsymbol{d}^2, \cdots, \boldsymbol{d}^n$ 是一组 $\boldsymbol{G}$ 共轭的非零向量. 证明:正定二次函数无约束最优化问题

$$\min\{f(\boldsymbol{x})=\frac{1}{2}\boldsymbol{x}^{\mathrm{T}}\boldsymbol{G}\boldsymbol{x}+\boldsymbol{b}^{\mathrm{T}}\boldsymbol{x}+c\}$$

的最优解为

$$\boldsymbol{x}^*=\sum_{i=1}^{n}\left(-\frac{(\boldsymbol{d}^i)^{\mathrm{T}}\boldsymbol{b}}{(\boldsymbol{d}^i)^{\mathrm{T}}\boldsymbol{G}\boldsymbol{d}^i}\boldsymbol{d}^i\right).$$

3.5 设有函数

$$f(\boldsymbol{x})=\frac{1}{2}\boldsymbol{x}^{\mathrm{T}}\boldsymbol{A}\boldsymbol{x}+\boldsymbol{b}^{\mathrm{T}}\boldsymbol{x}+c,$$

其中 $\boldsymbol{A}$ 为正定矩阵,又设 $\boldsymbol{x}^1(\neq\bar{\boldsymbol{x}})$可表示为

$$\boldsymbol{x}^1=\bar{\boldsymbol{x}}+\mu\boldsymbol{p},$$

其中$\bar{\boldsymbol{x}}$是 $f(\boldsymbol{x})$的极小点,$\boldsymbol{p}$ 是 $\boldsymbol{A}$ 的属于特征值 λ 的特征向量. 证明:

(1) $\nabla f(\boldsymbol{x}^1)=\mu\lambda\boldsymbol{p}$;

(2) 如果从 $\boldsymbol{x}^1$ 出发,沿最速下降方向作精确的一维搜索,则一步达到极小点 $\bar{\boldsymbol{x}}$.

3.6 用共轭梯度法极小化 Powell 奇异函数 $f(\boldsymbol{x})=(x_1+10x_2)^2+5(x_3-x_4)^2+(x_2-2x_3)^4+10(x_1-x_4)^4$, $\boldsymbol{x}_0=(3, -1, 0, 1)^{\mathrm{T}}$.

3.7 证明:当极小化正定二次函数时,共轭梯度法 FR 公式、PRP 公式是等价的.

3.8 设将共轭梯度法用于 3 个变量的 $f(\boldsymbol{x})$,第一次迭代的搜索方向为 $\boldsymbol{d}^1=(1, -1, 2)^{\mathrm{T}}$, 沿 $\boldsymbol{d}^1$ 作精确线性搜索,得到点 $\boldsymbol{x}^2$,又设

$$\frac{\partial f(\boldsymbol{x}^2)}{\partial x_1}=-2, \frac{\partial f(\boldsymbol{x}^2)}{\partial x_2}=-2,$$

那么按共轭梯度法的规定,从 $\boldsymbol{x}^2$ 出发的搜索方向是什么?

第四章　约束规划的最优性条件

从本章起开始讨论约束规划问题. 问题的一般形式如下:

$$
\begin{aligned}
&\min f(\boldsymbol{x}),\ \boldsymbol{x}\in \mathbf{R}^n;\\
&\text{s.t.}\quad c_i(\boldsymbol{x})=0,\ i\in E=\{1,2,\cdots,l\},\\
&\qquad\ \ c_i(\boldsymbol{x})\leqslant 0,\ i\in I=\{l+1,l+2,\cdots,l+m\}.
\end{aligned}
\tag{4.1}
$$

第一章已经对约束规划问题(4.1)作了简单的介绍,在这一章中,我们主要介绍约束规划问题解的类型及其最优性条件.

§4.1 基本概念

在第二章中,我们已经介绍了无约束规划问题的局部解和全局解的概念. 与无约束规划问题相类似,这里给出约束规划问题局部解和全局解的概念. 记问题(4.1)的可行域为

$$D=\{\boldsymbol{x}\mid c_i(\boldsymbol{x})=0,\ i\in E,\ c_i(\boldsymbol{x})\leqslant 0,\ i\in I\}.$$

定义 4.1.1　对于约束规划问题(4.1),若对 $\boldsymbol{x}^*\in D$,存在 $\varepsilon>0$,使得当 $\boldsymbol{x}\in D$ 且 $\|\boldsymbol{x}-\boldsymbol{x}^*\|\leqslant\varepsilon$ 时,总有

$$f(\boldsymbol{x})\geqslant f(\boldsymbol{x}^*),$$

则称 $\boldsymbol{x}^*$ 为约束规划问题(4.1)的局部解,或简称 $\boldsymbol{x}^*$ 为解. 若当 $\boldsymbol{x}\in D$ 且 $0<\|\boldsymbol{x}-\boldsymbol{x}^*\|\leqslant\varepsilon$ 时,总有

$$f(\boldsymbol{x})>f(\boldsymbol{x}^*),$$

则称 $\boldsymbol{x}^*$ 为约束规划问题(4.1)的严格局部解.

定义 4.1.2　对于约束规划问题(4.1),若对 $\boldsymbol{x}^*\in D$, 总有

$$f(\boldsymbol{x})\geqslant f(\boldsymbol{x}^*),$$

则称 $\boldsymbol{x}^*$ 为约束规划问题(4.1)的全局解. 若当 $\boldsymbol{x}\in D$, $\boldsymbol{x}\neq\boldsymbol{x}^*$ 时, 总有

$$f(\boldsymbol{x}) > f(\boldsymbol{x}^*),$$

则称 $\boldsymbol{x}^*$ 为约束规划问题(4.1)的严格全局解.

显然,全局解必是局部解,但反之不然.特别地,若 $D = \mathbf{R}^n$,则以上有关解的定义便是无约束规划问题相应解的定义.

例 4.1.1　试确定约束规划问题

$$\begin{aligned} &\min\{f(\boldsymbol{x}) = x_1^2 + x_2^2\}; \\ &\text{s. t.} \quad c_1(\boldsymbol{x}) = (x_1 - 1)^2 - x_2^2 - 4 = 0, \\ &\qquad\quad c_2(\boldsymbol{x}) = x_2 - 1 \leqslant 0 \end{aligned}$$

的局部解和全局解.

由图 4.1.1 可以看出问题的局部解 $\boldsymbol{x}^* = (-1, 0)^{\mathrm{T}}$ 和 $\hat{\boldsymbol{x}}^* = (3, 0)^{\mathrm{T}}$,其中 $\boldsymbol{x}^*$ 是全局解.

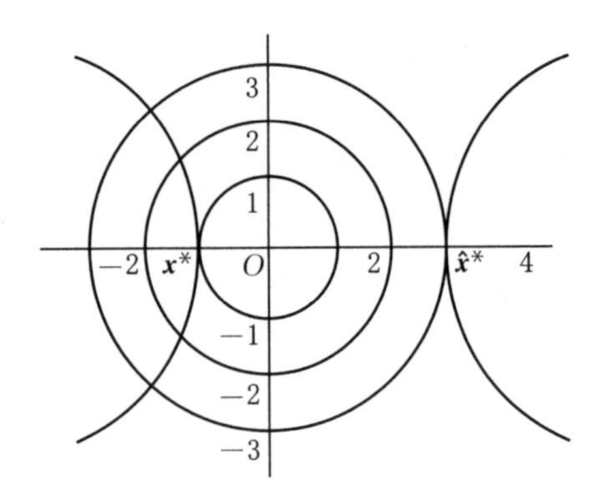

图 4.1.1　局部解和全局解

§4.2　约束规划问题局部解的必要条件

本节将给出约束规划问题(4.1)局部解所满足的条件,也称为一阶必要条件,并进行严格的数学证明.

§4.2.1　约束规划问题局部解的一阶必要条件

考虑一般约束规划问题(4.1),这里我们假设 $f(\boldsymbol{x})$, $c_i(\boldsymbol{x})$ $(i = 1, 2, \cdots, l + m)$ 是连续可微函数.

设 $\boldsymbol{x}^*$ 是约束规划问题(4.1)的可行点, $\mathbf{0} \neq \boldsymbol{d} \in \mathbf{R}^n$. 若存在正数 α,使得

$$\boldsymbol{x}^* + \delta\boldsymbol{d} \in D, \ \forall\, \delta \in [0, \alpha],$$

则称 $\boldsymbol{d}$ 为 $\boldsymbol{x}^*$ 处的可行方向(feasible direction).

记

$$FD^* = FD(\boldsymbol{x}^*) = \{\boldsymbol{d} \mid \boldsymbol{d} \text{ 是 } \boldsymbol{x}^* \text{ 处的可行方向}\}$$

为 $\boldsymbol{x}^*$ 处的全体可行方向的集合.

例 4.2.1　考虑可行域

$$D = \{\boldsymbol{x} = (x_1, x_2)^{\mathrm{T}} \mid x_2 - x_1^3 \leqslant 0, -x_2 \leqslant 0\}.$$

设 $\boldsymbol{x}^* = (0, 0)^{\mathrm{T}}$, 则 $\boldsymbol{x}^*$ 处的可行方向集 $FD^* = \{\boldsymbol{d} = (\alpha, 0)^{\mathrm{T}} \mid \alpha \geqslant 0\}$.

定义 4.2.1　设 $\hat{\boldsymbol{x}}$ 是一般约束规划问题(4.1)的可行点. 当 $i \in I$ 时,对某个约束,若 $c_i(\hat{\boldsymbol{x}}) = 0$,则称 $c_i(\boldsymbol{x}) \leqslant 0$ 为 $\hat{\boldsymbol{x}}$ 处的有效约束(active constraints);若 $c_i(\hat{\boldsymbol{x}}) < 0$, 则称约束 $c_i(\boldsymbol{x}) \leqslant 0$ 为 $\hat{\boldsymbol{x}}$ 处的非有效约束.

定义有效约束指标集

$$I(\hat{\boldsymbol{x}}) = \{i \mid c_i(\hat{\boldsymbol{x}}) = 0, i \in I\},$$

简称 $I(\hat{\boldsymbol{x}})$为 $\hat{\boldsymbol{x}}$ 处的有效集(active set).

设 $\boldsymbol{x}^*$ 是约束规划问题(4.1)的可行点,定义

$$\begin{aligned} LD^* &= LD(\boldsymbol{x}^*) \\ &= \{\boldsymbol{d} \mid \boldsymbol{d} \neq \boldsymbol{0}, \boldsymbol{d}^{\mathrm{T}} \nabla c_i(\boldsymbol{x}^*) = 0, i \in E, \boldsymbol{d}^{\mathrm{T}} \nabla c_i(\boldsymbol{x}^*) \leqslant 0, i \in I(\boldsymbol{x}^*)\}. \end{aligned}$$

显然,$LD^* \cup \{\boldsymbol{0}\}$是一个锥,称为 $\boldsymbol{x}^*$ 处的线性化锥.

引理 4.2.1　$FD^* \subset LD^*$.

证明　设 $\boldsymbol{d} \in FD^*$,则存在 $\boldsymbol{x} = \boldsymbol{x}^* + \delta \boldsymbol{d}$ 是可行点. 由 Taylor 展开式,有

$$c_i(\boldsymbol{x}) = c_i(\boldsymbol{x}^*) + \delta \boldsymbol{d}^{\mathrm{T}} \nabla c_i(\boldsymbol{x}^*) + o(\delta). \tag{4.2.1}$$

当 $i \in E$ 时,$c_i(\boldsymbol{x}) = 0$, $c_i(\boldsymbol{x}^*) = 0$, 所以(4.2.1)式化简为

$$\delta \boldsymbol{d}^{\mathrm{T}} \nabla c_i(\boldsymbol{x}^*) + o(\delta) = 0. \tag{4.2.2}$$

在(4.2.2)式两端同除以 δ,并令 $\delta \to 0$,得到

$$\boldsymbol{d}^{\mathrm{T}} \nabla c_i(\boldsymbol{x}^*) = 0.$$

当 $i \in I(\boldsymbol{x}^*)$ 时, $c_i(\boldsymbol{x}) \leqslant 0$, $c_i(\boldsymbol{x}^*) = 0$, 所以(4.2.1)式化简为

$$\delta \boldsymbol{d}^{\mathrm{T}} \nabla c_i(\boldsymbol{x}^*) + o(\delta) \leqslant 0.$$

在上式两端同除以 δ,并令 $\delta \to 0$,得到

$$\boldsymbol{d}^{\mathrm{T}} \nabla c_i(\boldsymbol{x}^*) \leqslant 0.$$

因此, $\boldsymbol{d} \in LD^*$. □

但命题反之并不成立. 我们不妨用以下例题给予说明.

例 4.2.2 继续考虑例 4.2.1 中的可行域 D, 可行点 $\boldsymbol{x}^* = (0, 0)^{\mathrm{T}}$, 则 $\nabla c_1(\boldsymbol{x}^*) = (0, 1)^{\mathrm{T}}$, $\nabla c_2(\boldsymbol{x}^*) = (0, -1)^{\mathrm{T}}$, 故

$$\begin{aligned} LD^* &= \{\boldsymbol{d} = (d_1, d_2)^{\mathrm{T}} \mid \boldsymbol{d} \neq \boldsymbol{0},\ \boldsymbol{d}^{\mathrm{T}} \nabla c_1(\boldsymbol{x}^*) \leqslant 0,\ \boldsymbol{d}^{\mathrm{T}} \nabla c_2(\boldsymbol{x}^*) \leqslant 0\} \\ &= \{\boldsymbol{d} = (d_1, d_2)^{\mathrm{T}} \mid d_1 \neq 0,\ d_2 = 0\} \\ &= \{(d_1, 0)^{\mathrm{T}} \mid d_1 \neq 0\}. \end{aligned}$$

显然, $\boldsymbol{d} = (-1, 0)^{\mathrm{T}} \in LD^*$, 但有 $\boldsymbol{d} \notin FD^*$.

在某些条件下, $LD^* = FD^*$. 任何一个保证 $LD^* = FD^*$ 成立的条件称为约束限制条件(constraint qualification).

在预备知识中谈过, 对于目标函数 $f(\boldsymbol{x})$, 若沿方向 $\boldsymbol{d}$ 的一阶方向导数小于 0, 则该方向是下降方向, 记

$$DD^* = DD(\boldsymbol{x}^*) = \{\boldsymbol{d} \mid \boldsymbol{d}^{\mathrm{T}} \nabla f(\boldsymbol{x}^*) < 0\}.$$

定理 4.2.2 若 $\boldsymbol{x}^*$ 是约束规划问题(4.1)的局部解, 则

$$FD^* \cap DD^* = \varnothing.$$

证明 任取 $\boldsymbol{d} \in FD^*$, 则存在整数 α, 使得 $\boldsymbol{x} = \boldsymbol{x}^* + \delta \boldsymbol{d} \in D$, $\delta \in [0, \alpha]$. 由 Taylor 展开式, 有

$$f(\boldsymbol{x}) = f(\boldsymbol{x}^*) + \delta \boldsymbol{d}^{\mathrm{T}} \nabla f(\boldsymbol{x}^*) + o(\delta). \tag{4.2.3}$$

因为 $\boldsymbol{x}^*$ 是局部解, 所以存在着 α_0, 当 $\delta \in [0, \alpha_0]$ 时, 有 $f(\boldsymbol{x}) \geqslant f(\boldsymbol{x}^*)$, 由(4.2.3)式得到

$$\delta \boldsymbol{d}^{\mathrm{T}} \nabla f(\boldsymbol{x}^*) + o(\delta) \geqslant 0.$$

在上式两端同除以 δ, 并令 $\delta \to 0$, 得到

$$\boldsymbol{d}^{\mathrm{T}} \nabla f(\boldsymbol{x}^*) \geqslant 0.$$

故 $\boldsymbol{d} \notin DD^*$. □

为了证明一阶必要条件, 还需要给出一个 Farkas 引理.

定理 4.2.3(Farkas 引理) 设 $\boldsymbol{A} \in \mathbf{R}^{m \times n}$ 和 $\boldsymbol{w} \in \mathbf{R}^n$.

系统 Ⅰ:

$$\boldsymbol{A}\boldsymbol{d} \leqslant 0,\ \boldsymbol{w}^{\mathrm{T}}\boldsymbol{d} > 0,\ \boldsymbol{d} \in \mathbf{R}^n;$$

系统 Ⅱ:

$$\boldsymbol{w} = \boldsymbol{A}^{\mathrm{T}}\boldsymbol{y},\ \boldsymbol{y} = (y_1, y_2, \cdots, y_m)^{\mathrm{T}} \geqslant 0,$$

$\boldsymbol{y} \geqslant 0$ 表示 $\boldsymbol{y}$ 的每个分量 $y_i(i=1, 2, \cdots, m)$ 均大于等于0；则两系统有且仅有一个有解.

证明 下面分两种情况来讨论.

(1) 若系统Ⅱ有解,则系统Ⅰ无解.

设系统Ⅱ有解,即存在 $\boldsymbol{y}=(y_1, y_2, \cdots, y_m)^{\mathrm{T}}$ 且 $y_i \geqslant 0\ (i=1, 2, \cdots, m)$,使得

$$\boldsymbol{w} = \boldsymbol{A}^{\mathrm{T}} \boldsymbol{y}.$$

若系统Ⅰ有解,则有

$$0 < \boldsymbol{w}^{\mathrm{T}} \boldsymbol{d} = \boldsymbol{y}^{\mathrm{T}} \boldsymbol{A} \boldsymbol{d} \leqslant 0.$$

矛盾,因此系统Ⅰ无解.

(2) 若系统Ⅱ无解,则系统Ⅰ有解.

设系统Ⅱ无解,构造集合

$$C = \{\boldsymbol{v} \mid \boldsymbol{v} = \boldsymbol{A}^{\mathrm{T}} \boldsymbol{y},\ y_i \geqslant 0,\ i=1, 2, \cdots, m\},$$

显然 C 是非空闭凸集. 系统Ⅱ无解表明,$\boldsymbol{w} \notin C$,由定理1.4.4可知,存在 $\boldsymbol{d}$, β,满足

$$\boldsymbol{d}^{\mathrm{T}} \boldsymbol{x} \leqslant \beta < \boldsymbol{d}^{\mathrm{T}} \boldsymbol{w},\ \forall\, \boldsymbol{x} \in C.$$

注意到 $\boldsymbol{0} \in C$,从上式可知 $\beta \geqslant 0$,因而 $\boldsymbol{d}^{\mathrm{T}} \boldsymbol{w} > 0$.

由此可得

$$\beta \geqslant \boldsymbol{d}^{\mathrm{T}} \boldsymbol{x} = \boldsymbol{d}^{\mathrm{T}} \boldsymbol{A}^{\mathrm{T}} \boldsymbol{y} = (\boldsymbol{y}^{\mathrm{T}} \boldsymbol{A} \boldsymbol{d})^{\mathrm{T}} = \boldsymbol{y}^{\mathrm{T}} \boldsymbol{A} \boldsymbol{d},\ \forall\, \boldsymbol{y} \geqslant 0.$$

由于 $\boldsymbol{y} \geqslant 0$ 可以任意大,故 $\boldsymbol{A}\boldsymbol{d} \leqslant 0$. 所以 $\boldsymbol{d}$ 是系统Ⅰ的解. □

针对问题(4.1),引进 Lagrange 函数:

$$L(\boldsymbol{x}, \boldsymbol{\lambda}) = f(\boldsymbol{x}) + \sum_{i=1}^{l+m} \lambda_i c_i(\boldsymbol{x}).$$

利用 Farkas 引理,则可以得到如下约束优化问题的一阶必要条件.

定理4.2.4(约束问题局部解的一阶必要条件) 设约束问题(4.1)中 $f(\boldsymbol{x})$, $c_i(\boldsymbol{x})\ (i=1, 2, \cdots, l+m)$ 具有连续的一阶偏导数,若 $\boldsymbol{x}^*$ 是约束问题(4.1)的局部解,并且在 $\boldsymbol{x}^*$ 处约束限制条件成立(即 $LD^* = FD^*$),则存在 $\boldsymbol{\lambda}^* = (\lambda_1^*, \lambda_2^*, \cdots, \lambda_{l+m}^*)^{\mathrm{T}}$,使得

$$\begin{gathered}
\nabla_x L(\boldsymbol{x}^*, \boldsymbol{\lambda}^*) = \nabla f(\boldsymbol{x}^*) + \sum_{i=1}^{l+m} \lambda_i^* \nabla c_i(\boldsymbol{x}^*) = \boldsymbol{0}, \\
c_i(\boldsymbol{x}^*) = 0,\ i \in E = \{1, 2, \cdots, l\}, \\
c_i(\boldsymbol{x}^*) \leqslant 0,\ i \in I = \{l+1, l+2, \cdots, l+m\},
\end{gathered}$$

$$\lambda_i^* \geqslant 0,\ i \in I = \{l+1,\ l+2,\ \cdots,\ l+m\},$$
$$\lambda_i^* c_i(\boldsymbol{x}^*) = 0,\ i \in I = \{l+1,\ l+2,\ \cdots,\ l+m\}, \tag{4.2.4}$$

其中 $L(\boldsymbol{x}, \boldsymbol{\lambda})$为 Lagrange 函数

$$L(\boldsymbol{x}, \boldsymbol{\lambda}) = f(\boldsymbol{x}) + \sum_{i=1}^{l+m} \lambda_i c_i(\boldsymbol{x}).$$

证明 因为 $\boldsymbol{x}^*$ 是约束问题(4.1)的局部解,由定理 4.2.2 得到 $FD^* \cap DD^* = \varnothing$,再由约束限制条件得到 $LD^* \cap DD^* = \varnothing$,因此系统

$$\begin{cases} \nabla c_i(\boldsymbol{x}^*)^{\mathrm{T}}\boldsymbol{d} = 0, & i \in E, \\ \nabla c_i(\boldsymbol{x}^*)^{\mathrm{T}}\boldsymbol{d} \leqslant 0, & i \in I(\boldsymbol{x}^*), \\ \nabla f(\boldsymbol{x}^*)^{\mathrm{T}}\boldsymbol{d} < 0 \end{cases}$$

无解. 为了利用 Farkas 引理,将第一个等式 $\nabla c_i(\boldsymbol{x}^*)^{\mathrm{T}}\boldsymbol{d} = 0$ 改写为

$$\nabla c_i(\boldsymbol{x}^*)^{\mathrm{T}}\boldsymbol{d} \leqslant 0, \text{且} -\nabla c_i(\boldsymbol{x}^*)^{\mathrm{T}}\boldsymbol{d} \leqslant 0,\ i \in E,$$

则系统 I 可以写成

$$\boldsymbol{A}\boldsymbol{d} \leqslant 0,\ -\nabla f(\boldsymbol{x}^*)^{\mathrm{T}}\boldsymbol{d} > 0,$$

其中 $\boldsymbol{A}$ 是以

$$\nabla c_i(\boldsymbol{x}^*)^{\mathrm{T}}(i \in E),\ -\nabla c_i(\boldsymbol{x}^*)^{\mathrm{T}}(i \in E),\ \nabla c_i(\boldsymbol{x}^*)^{\mathrm{T}}(i \in I(\boldsymbol{x}^*))$$

为行的矩阵. 由 Farkas 引理可知,存在向量

$$\boldsymbol{y} = (\boldsymbol{u}^{*+\mathrm{T}},\ \boldsymbol{u}^{*-\mathrm{T}},\ \boldsymbol{v}^{*\mathrm{T}})^{\mathrm{T}},$$

满足

$$\boldsymbol{A}^{\mathrm{T}}\boldsymbol{y} = -\nabla f(\boldsymbol{x}^*),$$

即

$$-\nabla f(\boldsymbol{x}^*) = \sum_{i \in E} u_i^{*+} \nabla c_i(\boldsymbol{x}^*) + \sum_{i \in E} u_i^{*-}[-\nabla c_i(\boldsymbol{x}^*)] + \sum_{i \in I(\boldsymbol{x}^*)} v_i^* \nabla c_i(\boldsymbol{x}^*),$$

也即

$$\nabla f(\boldsymbol{x}^*) + \sum_{i \in E}(u_i^{*+} - u_i^{*-}) \nabla c_i(\boldsymbol{x}^*) + \sum_{i \in I(\boldsymbol{x}^*)} v_i^* \nabla c_i(\boldsymbol{x}^*) = \boldsymbol{0}.$$

令

$$\lambda_i^* = u_i^{*+} - u_i^{*-},\ i \in E,$$
$$\lambda_i^* = v_i^*,\ i \in I(\boldsymbol{x}^*),$$
$$\lambda_i^* = 0,\ i \in I \backslash I(\boldsymbol{x}^*),$$

显然满足(4.2.4)式,故定理得证. □

由于这一定理是 Kuhn 和 Tucker(1951)给出的,因此称上述一阶必要条件为 Kuhn-Tucker 条件(Kuhn-Tucker conditions),或简称为 K-T 条件;称满足(4.2.4)式的点为 Kuhn-Tucker 点,或简称为 K-T 点;称 $L(\boldsymbol{x}, \boldsymbol{\lambda})$ 为 Lagrange 函数,称 $\boldsymbol{\lambda}$ 为 $\boldsymbol{x}$ 处的 Lagrange 乘子(Lagrange multiplier).

请注意,在定理 4.2.4 中增加了约束限制条件,若无此条件,则局部解不一定是 K-T 点.

事实上,考虑约束问题

$$\begin{aligned} &\min\{f(\boldsymbol{x}) = x_1\}; \\ &\text{s.t.} \quad c_1(\boldsymbol{x}) = x_2 - x_1^3 \leqslant 0, \\ &\qquad\quad c_2(\boldsymbol{x}) = -x_2 \leqslant 0, \end{aligned}$$

因为 $x_1^3 \geqslant x_2 \geqslant 0$,所以 $\boldsymbol{x}^* = (0, 0)^{\mathrm{T}}$ 是约束问题的局部解. 由例 4.2.2 可知 $LD^* \neq FD^*$,约束限制条件不成立,下面验证 $\boldsymbol{x}^*$ 不是 K-T 点.

考虑 Lagrange 函数

$$\begin{aligned} L(\boldsymbol{x}, \boldsymbol{\lambda}) &= f(\boldsymbol{x}) + \lambda_1 c_1(\boldsymbol{x}) + \lambda_2 c_2(\boldsymbol{x}) \\ &= x_1 + \lambda_1(x_2 - x_1^3) - \lambda_2 x_2, \end{aligned}$$

对一切 $\boldsymbol{\lambda} = (\lambda_1, \lambda_2)^{\mathrm{T}}$,有

$$\nabla_x L(\boldsymbol{x}^*, \boldsymbol{\lambda}) = \nabla f(\boldsymbol{x}^*) + \lambda_1 \nabla c_1(\boldsymbol{x}^*) + \lambda_2 \nabla c_2(\boldsymbol{x}^*) = \begin{pmatrix} 1 \\ \lambda_1 - \lambda_2 \end{pmatrix} \neq \boldsymbol{0},$$

所以 $\boldsymbol{x}^*$ 不是 K-T 点.

与无约束最优化问题一样,满足一阶必要条件的点并不一定是极小点. 考虑例子

$$\begin{aligned} &\min\{f(\boldsymbol{x}) = x_2\}; \\ &\text{s.t.} \quad c(\boldsymbol{x}) = -x_1^2 - x_2 \leqslant 0. \end{aligned}$$

K-T 点应满足方程组

$$-2\lambda x_1 = 0, \tag{a}$$

$$1 - \lambda = 0, \tag{b}$$

$$-x_1^2 - x_2 \leqslant 0, \tag{c}$$

$$\lambda \geqslant 0, \tag{d}$$

$$\lambda(x_1^2+x_2)=0. \tag{e}$$

由(b)得到$\lambda=1$,由(e)得到$x_1^2+x_2=0$,再由(a)得到$x_1=0$,因此K-T点为$\boldsymbol{x}^*=(0,0)^{\mathrm{T}}$,相应的乘子为$\lambda^*=1$.但$\boldsymbol{x}^*=(0,0)^{\mathrm{T}}$不是约束问题的局部解.

§4.2.2 约束限制条件

前面提到,凡能保证$LD^*=FD^*$成立的任何一组条件均称为约束限制条件.若约束问题(4.1)的约束在局部解$\boldsymbol{x}^*$处满足某种约束限制条件,则在$\boldsymbol{x}^*$处K-T条件成立.约束限制条件有许多种,这里只介绍最简单的较易验证的两种条件.

定理 4.2.5 若在约束问题(4.1)的局部解$\boldsymbol{x}^*$处下述两条件之一成立:

(1) $c_i(\boldsymbol{x})$ $(i\in E\cup I(\boldsymbol{x}^*))$是线性函数;

(2) $\nabla c_i(\boldsymbol{x}^*)$ $(i\in E\cup I(\boldsymbol{x}^*))$线性无关;

则在$\boldsymbol{x}^*$处有$FD^*=LD^*$.

证明 由引理4.2.1有

$$FD(\boldsymbol{x}^*)\subset LD(\boldsymbol{x}^*),$$

故只须在两种条件(1)和(2)下证明

$$LD(\boldsymbol{x}^*)\subset FD(\boldsymbol{x}^*).$$

我们只证明情况(1).

任取

$$\begin{aligned}\boldsymbol{d}\in LD(\boldsymbol{x}^*)=\{\boldsymbol{d}\mid \boldsymbol{d}\neq\boldsymbol{0},\ \boldsymbol{d}^{\mathrm{T}}\nabla c_i(\boldsymbol{x}^*)=0,\ i\in E;\\ \boldsymbol{d}^{\mathrm{T}}\nabla c_i(\boldsymbol{x}^*)\leqslant 0,\ i\in I(\boldsymbol{x}^*)\}.\end{aligned}$$

令

$$\boldsymbol{x}(\alpha)=\boldsymbol{x}^*+\alpha\boldsymbol{d},\ \alpha>0.$$

由于$c_i(\boldsymbol{x})$ $(i\in E\cup I(\boldsymbol{x}^*))$为线性函数,因此将$c_i(\boldsymbol{x}^*)$在$\boldsymbol{x}^*$处作一阶Taylor展开,有

$$c_i(\boldsymbol{x})=c_i(\boldsymbol{x}^*)+\alpha\boldsymbol{d}^{\mathrm{T}}\nabla c_i(\boldsymbol{x}^*)=0,\ i\in E,$$

$$c_i(\boldsymbol{x})=c_i(\boldsymbol{x}^*)+\alpha\boldsymbol{d}^{\mathrm{T}}\nabla c_i(\boldsymbol{x}^*)\leqslant 0,\ i\in I(\boldsymbol{x}^*),\text{当}\ \alpha\ \text{充分小},$$

便得到$\boldsymbol{x}$是可行点,故$\boldsymbol{d}\in FD(\boldsymbol{x}^*)$. □

从上述定理和一阶必要条件定理4.2.4立即可得以下结论.

定理 4.2.6 设$\boldsymbol{x}^*$是问题(4.1)的一个局部解,$c_i(\boldsymbol{x})$ $(i\in E\cup I(\boldsymbol{x}^*))$是线性函数或$\nabla c_i(\boldsymbol{x}^*)$ $(i\in E\cup I(\boldsymbol{x}^*))$线性无关,则必存在$\boldsymbol{\lambda}^*$,使得K-T条件(4.2.4)成立.

例 4.2.3　考虑如下约束问题：

$$\begin{aligned}&\min\{f(\boldsymbol{x})=x_1^2+x_2\};\\ \text{s.t.}\quad &c_1(\boldsymbol{x})=x_1^2+x_2^2-9\leqslant 0,\\ &c_2(\boldsymbol{x})=x_1+x_2-1\leqslant 0.\end{aligned}$$

已知 $\boldsymbol{x}^*=(0,-3)^{\mathrm{T}}$ 是上述问题的最优解，则 $I(\boldsymbol{x}^*)=\{1\}$，向量 $\nabla c_1(\boldsymbol{x}^*)$ 显然线性无关，故约束限制条件成立. 下面可以验证当 $\lambda_1=\frac{1}{6}$，$\lambda_2=0$ 时，K-T 条件成立：

$$\begin{cases}\nabla f(\boldsymbol{x}^*)+\lambda_1\nabla c_1(\boldsymbol{x}^*)+\lambda_2\nabla c_2(\boldsymbol{x}^*)=\boldsymbol{0},\\ \lambda_1,\ \lambda_2\geqslant 0,\\ \lambda_i c_i(\boldsymbol{x}^*)=0,\ i=1,2.\end{cases}$$

故 $\boldsymbol{x}^*$ 为 K-T 点.

例 4.2.4　考虑如下约束问题：

$$\begin{aligned}&\min\{f(\boldsymbol{x})=(x_1-3)^2+(x_2-2)^2\};\\ \text{s.t.}\quad &c_1(\boldsymbol{x})=x_1^2+x_2^2\leqslant 5,\\ &c_2(\boldsymbol{x})=-x_1\leqslant 0,\\ &c_3(\boldsymbol{x})=-x_2\leqslant 0,\\ &c_4(\boldsymbol{x})=x_1+2x_2=4.\end{aligned}$$

已知 $\boldsymbol{x}^*=(2,1)^{\mathrm{T}}$ 是上述问题的最优解，则 $I(\boldsymbol{x}^*)=\{1\}$，向量 $\nabla c_1(\boldsymbol{x}^*)$ 显然线性无关，故约束限制条件成立. 下面可以验证当 $\lambda_1=\frac{1}{3}$，$\lambda_2=\lambda_3=0$，$\lambda_4=\frac{2}{3}$ 时，K-T 条件成立：

$$\begin{cases}\nabla f(\boldsymbol{x}^*)+\sum_{i=1}^{4}\lambda_i\nabla c_i(\boldsymbol{x}^*)=\boldsymbol{0},\\ \lambda_i\geqslant 0,\ i=1,2,3,4,\\ \lambda_i c_i(\boldsymbol{x}^*)=0,\ i=1,2,3.\end{cases}$$

故 $\boldsymbol{x}^*$ 为 K-T 点.

§4.3　二阶充分条件

下面我们讨论一般约束问题(4.1)的二阶充分条件.

定理 4.3.1(约束问题局部解的二阶充分条件)　考虑约束问题(4.1)，设

$f(\boldsymbol{x})$, $c_i(\boldsymbol{x})$ $(i \in E \cup I)$ 具有连续的二阶偏导数. 若存在 $\boldsymbol{x}^*$ 满足下列条件:

(1) K-T 条件成立,即存在 $\boldsymbol{\lambda}^* = (\lambda_1^*, \lambda_2^*, \cdots, \lambda_{l+m}^*)^{\mathrm{T}}$, 使得

$$\nabla_x L(\boldsymbol{x}^*, \boldsymbol{\lambda}^*) = \nabla f(\boldsymbol{x}^*) + \sum_{i=1}^{l+m} \lambda_i^* \nabla c_i(\boldsymbol{x}^*) = \boldsymbol{0},$$

$$c_i(\boldsymbol{x}^*) = 0,\ i \in E = \{1, 2, \cdots, l\},$$

$$c_i(\boldsymbol{x}^*) \leqslant 0,\ i \in I = \{l+1, l+2, \cdots, l+m\},$$

$$\lambda_i^* \geqslant 0,\ i \in I = \{l+1, l+2, \cdots, l+m\},$$

$$\lambda_i^* c_i(\boldsymbol{x}^*) = 0,\ i \in I = \{l+1, l+2, \cdots, l+m\},$$

且 λ_i^* 和 $c_i(\boldsymbol{x}^*)$ $(i\in I)$不同时为0(称为严格松弛互补条件);

(2) 对于任意的 $\boldsymbol{d} \in M$, 有

$$\boldsymbol{d}^{\mathrm{T}} \nabla_x^2 L(\boldsymbol{x}^*, \boldsymbol{\lambda}^*)\boldsymbol{d} > 0, \tag{4.3.1}$$

其中 $M = \{\boldsymbol{d} \in \mathbf{R}^n \mid \boldsymbol{d} \neq \boldsymbol{0},\ \nabla c_i(\boldsymbol{x}^*)^{\mathrm{T}}\boldsymbol{d} = 0,\ i \in E \cup I(\boldsymbol{x}^*)\}$, $I(\boldsymbol{x}^*)$是 $\boldsymbol{x}^*$ 处的有效约束指标集;

则 $\boldsymbol{x}^*$ 是约束问题(4.1)的严格局部解.

证明　反证法. 若 $\boldsymbol{x}^*$ 不是约束问题的严格局部解,则存在可行点列 $\{\boldsymbol{x}^k\}$, $\boldsymbol{x}^k \to \boldsymbol{x}^*$, 使得

$$f(\boldsymbol{x}^k) \leqslant f(\boldsymbol{x}^*). \tag{4.3.2}$$

令

$$\boldsymbol{x}^k = \boldsymbol{x}^* + \delta_k \boldsymbol{d}^k,$$

其中

$$\delta_k = \| \boldsymbol{x}^k - \boldsymbol{x}^* \|,\ \boldsymbol{d}^k = \frac{\boldsymbol{x}^k - \boldsymbol{x}^*}{\| \boldsymbol{x}^k - \boldsymbol{x}^* \|},$$

因此, $\| \boldsymbol{d}^k \| = 1$ 和 $\delta_k \to 0$.

因为 $\boldsymbol{d}^k$ 有界,所以必有收敛子列,不妨仍记为 $\boldsymbol{d}^k$, 即 $\boldsymbol{d}^k \to \boldsymbol{d}$. 由 Taylor 展开式和(4.3.2)式,得到

$$0 \geqslant f(\boldsymbol{x}^k) - f(\boldsymbol{x}^*) = \delta_k \nabla f(\boldsymbol{x}^*)^{\mathrm{T}} \boldsymbol{d}^k + o(\delta_k). \tag{4.3.3}$$

在(4.3.3)式两端同除以 δ_k, 并令 $k \to \infty$, 得到

$$\nabla f(\boldsymbol{x}^*)^{\mathrm{T}} \boldsymbol{d} \leqslant 0. \tag{4.3.4}$$

用类似的方法可以得到

$$\nabla c_i(\boldsymbol{x}^*)^{\mathrm{T}} \boldsymbol{d} = 0,\ i \in E, \tag{4.3.5}$$

$$\nabla c_i(\boldsymbol{x}^*)^{\mathrm{T}} \boldsymbol{d} \leqslant 0,\ i \in I(\boldsymbol{x}^*). \tag{4.3.6}$$

(4.3.6)式表明：

① 对一切 $i \in I(\boldsymbol{x}^*)$，$\nabla c_i(\boldsymbol{x}^*)^{\mathrm{T}}\boldsymbol{d} = 0$. 或者，

② 存在 $j \in I(\boldsymbol{x}^*)$，使得$\nabla c_j(\boldsymbol{x}^*)^{\mathrm{T}}\boldsymbol{d} < 0$.

下面证明①，②两种情况均不会出现.

若情况①成立，则 $\boldsymbol{d} \in M$. 考虑 Lagrange 函数

$$L(\boldsymbol{x}, \boldsymbol{\lambda}) = f(\boldsymbol{x}) + \sum_{i=1}^{l+m} \lambda_i c_i(\boldsymbol{x})$$

在 $\boldsymbol{x}^*$ 处的 Taylor 展开式

$$\begin{aligned} L(\boldsymbol{x}^k, \boldsymbol{\lambda}^*) = {} & L(\boldsymbol{x}^*, \boldsymbol{\lambda}^*) + \delta_k \nabla_x L(\boldsymbol{x}^*, \boldsymbol{\lambda}^*)^{\mathrm{T}}\boldsymbol{d}^k \\ & + \frac{1}{2}\delta_k^2 (\boldsymbol{d}^k)^{\mathrm{T}} \nabla_x^2 L(\boldsymbol{x}^*, \boldsymbol{\lambda}^*)\boldsymbol{d}^k + o(\delta_k^2). \end{aligned} \tag{4.3.7}$$

注意到

$$\begin{aligned} L(\boldsymbol{x}^k, \boldsymbol{\lambda}^*) &= f(\boldsymbol{x}^k) + \sum_{i=1}^{l+m} \lambda_i^* c_i(\boldsymbol{x}^k) \\ &= f(\boldsymbol{x}^k) + \sum_{i \in I(\boldsymbol{x}^*)} \lambda_i^* c_i(\boldsymbol{x}^k) \\ &\leqslant f(\boldsymbol{x}^k), \end{aligned}$$

和

$$L(\boldsymbol{x}^*, \boldsymbol{\lambda}^*) = f(\boldsymbol{x}^*) + \sum_{i=1}^{l+m} \lambda_i^* c_i(\boldsymbol{x}^*) = f(\boldsymbol{x}^*),$$

因此，(4.3.7)式可写成

$$\begin{aligned} 0 \geqslant f(\boldsymbol{x}^k) - f(\boldsymbol{x}^*) &\geqslant L(\boldsymbol{x}^k, \boldsymbol{\lambda}^*) - L(\boldsymbol{x}^*, \boldsymbol{\lambda}^*) \\ &= \frac{1}{2}\delta_k^2 (\boldsymbol{d}^k)^{\mathrm{T}} \nabla_x^2 L(\boldsymbol{x}^*, \boldsymbol{\lambda}^*)\boldsymbol{d}^k + o(\delta_k^2). \end{aligned} \tag{4.3.8}$$

在(4.3.8)式两端同除以 δ_k^2，并令 $k \to \infty$，得到

$$\boldsymbol{d}^{\mathrm{T}} \nabla_x^2 L(\boldsymbol{x}^*, \boldsymbol{\lambda}^*)\boldsymbol{d} \leqslant 0,$$

这与(4.3.1)式矛盾.

再假设情况②成立. 由一阶必要条件和(4.3.5)式得到

$$\begin{aligned} \nabla f(\boldsymbol{x}^*)^{\mathrm{T}}\boldsymbol{d} &= -\sum_{i=1}^{l+m} \lambda_i^* \nabla c_i(\boldsymbol{x}^*)^{\mathrm{T}}\boldsymbol{d} \\ &= -\sum_{i \in I(\boldsymbol{x}^*)} \lambda_i^* \nabla c_i(\boldsymbol{x}^*)^{\mathrm{T}}\boldsymbol{d} \\ &\geqslant -\lambda_j^* \nabla c_j(\boldsymbol{x}^*)^{\mathrm{T}}\boldsymbol{d} > 0, \end{aligned}$$

这与(4.3.4)式矛盾. □

例 4.3.1 用约束问题局部解的一阶必要条件和二阶充分条件求解约束问题:

$$\min\{f(\boldsymbol{x}) = x_1x_2\};$$
$$\text{s.t.}\quad c(\boldsymbol{x}) = x_1^2 + x_2^2 - 1 = 0.$$

解　由约束问题的 Lagrange 函数得

$$L(\boldsymbol{x}, \boldsymbol{\lambda}) = x_1x_2 + \lambda(x_1^2 + x_2^2 - 1).$$

根据约束问题的一阶必要条件得

$$\begin{cases} x_2 + 2\lambda x_1 = 0, & \text{(a)} \\ x_1 + 2\lambda x_2 = 0, & \text{(b)} \\ x_1^2 + x_2^2 - 1 = 0. & \text{(c)} \end{cases}$$

求解该方程,分情况讨论:

当 $\lambda = 0$ 时,有 $x_1 = x_2 = 0$, 与(c)矛盾.

当 $\lambda \neq 0$ 时,由(a)与(b)可知

$$\begin{cases} (1-4\lambda^2)x_1 = 0, \\ (1-4\lambda^2)x_2 = 0. \end{cases}$$

解之,得到 $\lambda = -\frac{1}{2}$,或 $\lambda = \frac{1}{2}$, 相应的 K-T 点为

$$(x_1, x_2) = \left(-\frac{\sqrt{2}}{2}, -\frac{\sqrt{2}}{2}\right), (x_1, x_2) = \left(\frac{\sqrt{2}}{2}, \frac{\sqrt{2}}{2}\right),$$

$$(x_1, x_2) = \left(-\frac{\sqrt{2}}{2}, \frac{\sqrt{2}}{2}\right), (x_1, x_2) = \left(\frac{\sqrt{2}}{2}, -\frac{\sqrt{2}}{2}\right).$$

下面验证二阶充分条件.

(1) 当 $\lambda = -\frac{1}{2}$ 时,Lagrange 函数在$(\boldsymbol{x}^*, \boldsymbol{\lambda}^*)$处的 Hesse 矩阵为

$$\nabla_x^2 L(\boldsymbol{x}^*, \boldsymbol{\lambda}^*) = \begin{pmatrix} -1, & 1 \\ 1, & -1 \end{pmatrix},$$

不是正定矩阵. 考虑集合

$$\begin{aligned} M &= \{(\alpha, \beta)^{\mathrm{T}} \mid (\alpha, \beta)^{\mathrm{T}} \neq 0, \sqrt{2}\alpha + \sqrt{2}\beta = 0\} \\ &= \{(\alpha, -\alpha)^{\mathrm{T}} \mid \alpha \neq 0\}, \end{aligned}$$

对于 $\boldsymbol{d}\in M$,有

$$\boldsymbol{d}^{\mathrm{T}} \nabla_x^2 L(\boldsymbol{x}^*, \boldsymbol{\lambda}^*)\boldsymbol{d} = (\alpha, -\alpha)\begin{pmatrix} -1, & 1 \\ 1, & -1 \end{pmatrix}(\alpha, -\alpha)^{\mathrm{T}} = -4\alpha^2 < 0,$$

因此 $(x_1, x_2) = \left(\frac{\sqrt{2}}{2}, \frac{\sqrt{2}}{2}\right)$, $(x_1, x_2) = \left(-\frac{\sqrt{2}}{2}, -\frac{\sqrt{2}}{2}\right)$ 不一定是约束问题的局部解.

(2) 当 $\lambda = \frac{1}{2}$ 时,Lagrange 函数在 $(\boldsymbol{x}^*, \boldsymbol{\lambda}^*)$ 处的 Hesse 矩阵为

$$\nabla_x^2 L(\boldsymbol{x}^*, \boldsymbol{\lambda}^*) = \begin{pmatrix} 1 & 1 \\ 1 & 1 \end{pmatrix},$$

是半正定矩阵. 考虑集合

$$M = \{(\alpha, \alpha)^{\mathrm{T}} \mid \alpha \neq 0\},$$

对于 $\boldsymbol{d} \in M$, 有

$$\boldsymbol{d}^{\mathrm{T}} \nabla_x^2 L(\boldsymbol{x}^*, \boldsymbol{\lambda}^*)\boldsymbol{d} = (\alpha, \alpha)\begin{pmatrix} 1 & 1 \\ 1 & 1 \end{pmatrix}(\alpha, \alpha)^{\mathrm{T}} = 4\alpha^2 > 0,$$

因此 $(x_1, x_2) = \left(\frac{\sqrt{2}}{2}, -\frac{\sqrt{2}}{2}\right)$, $(x_1, x_2) = \left(-\frac{\sqrt{2}}{2}, \frac{\sqrt{2}}{2}\right)$ 是约束问题的最优解.

§4.4　凸规划的最优性条件

对于一般的非线性规划(4.1),若目标函数 $f(x)$ 是凸函数,可行域 D 是凸集,则称非线性规划(4.1)为凸规划. 如果(4.1)中只含不等式约束,又 $c_i(\boldsymbol{x})$ $(i \in I)$ 是凸函数,则 D 是凸集. 对混合约束问题,若 $c_i(\boldsymbol{x})$ $(i \in E)$ 是线性函数, $c_i(\boldsymbol{x})$ $(i \in I)$ 是凸函数,则 D 是凸集.

凸规划有很好的性质,最优性条件也比较简单,下面给出凸规划最优解的一些结论.

定理 4.4.1　凸规划的局部解必是全局解.

证明　设 $\boldsymbol{x}^*$ 是凸规划的一个局部解,由局部解的定义知,存在 $\boldsymbol{x}^*$ 的一个

$\delta > 0$ 邻域 $N_\delta(\boldsymbol{x}^*)$,使得

$$f(\boldsymbol{x}^*) \leqslant f(\boldsymbol{x}),\ \forall\, \boldsymbol{x} \in N_\delta(\boldsymbol{x}^*) \cap D$$

成立.

假定 $\boldsymbol{x}^*$ 不是全局解,则存在 $\bar{\boldsymbol{x}} \in D$, 使得

$$f(\bar{\boldsymbol{x}}) < f(\boldsymbol{x}^*).$$

令 $\tilde{\boldsymbol{x}} = \alpha\bar{\boldsymbol{x}} + (1-\alpha)\boldsymbol{x}^*\ (0<\alpha<1)$, 由约束集合 D 是凸集知 $\tilde{\boldsymbol{x}} \in D$. 今取 α 满足 $0<\alpha<\dfrac{\delta}{\|\bar{\boldsymbol{x}}-\boldsymbol{x}^*\|}$, 则有

$$\|\tilde{\boldsymbol{x}}-\boldsymbol{x}^*\| = \|\alpha\bar{\boldsymbol{x}}+(1-\alpha)\boldsymbol{x}^*-\boldsymbol{x}^*\| = \alpha\|\bar{\boldsymbol{x}}-\boldsymbol{x}^*\| < \delta,$$

从而 $\tilde{\boldsymbol{x}} \in N_\delta(\boldsymbol{x}^*)$. 故有 $\tilde{\boldsymbol{x}} \in N_\delta(\boldsymbol{x}^*) \cap D$. 再由 $f(\boldsymbol{x})$是凸函数,有

$$\begin{aligned} f(\tilde{\boldsymbol{x}}) &= f(\alpha\bar{\boldsymbol{x}}+(1-\alpha)\boldsymbol{x}^*) \\ &\leqslant \alpha f(\bar{\boldsymbol{x}})+(1-\alpha)f(\boldsymbol{x}^*) \\ &< \alpha f(\boldsymbol{x}^*)+(1-\alpha)f(\boldsymbol{x}^*) \\ &= f(\boldsymbol{x}^*). \end{aligned}$$

这与 $\boldsymbol{x}^*$ 是局部解矛盾,定理得证. □

对于一般的非线性规划问题,K-T 条件是解的一个必要条件,而对凸规划问题,下面的定理说明 K-T 条件也是解的一个充分条件.

定理 4.4.2 设目标函数 $f(\boldsymbol{x})$和约束函数 $c_i(\boldsymbol{x})$一阶连续可微,并且 $c_i(\boldsymbol{x})$ $(i \in E)$ 是线性函数, $c_i(\boldsymbol{x})$ $(i \in I)$ 是凸函数. 若凸规划(4.1)的可行点 $\boldsymbol{x}^*$ 是 K-T 点,则 $\boldsymbol{x}^*$ 必是全局解.

证明 设 $\boldsymbol{x}^*$ 是 K-T 点,$\boldsymbol{\lambda}^*$ 是相应的 Lagrange 乘子. 由 $f(\boldsymbol{x})$是凸函数,根据定理 1.4.8,有

$$f(\boldsymbol{x}) \geqslant f(\boldsymbol{x}^*) + \nabla f(\boldsymbol{x}^*)^{\mathrm{T}}(\boldsymbol{x}-\boldsymbol{x}^*).$$

由 $c_i(\boldsymbol{x})$ $(i \in E)$ 是线性函数,则有

$$c_i(\boldsymbol{x}) = c_i(\boldsymbol{x}^*) + \nabla c_i(\boldsymbol{x}^*)^{\mathrm{T}}(\boldsymbol{x}-\boldsymbol{x}^*),\ i \in E.$$

由 $c_i(\boldsymbol{x})$ $(i \in I)$ 是凸函数,则有

$$c_i(\boldsymbol{x}) \geqslant c_i(\boldsymbol{x}^*) + \nabla c_i(\boldsymbol{x}^*)^{\mathrm{T}}(\boldsymbol{x}-\boldsymbol{x}^*),\ i \in I.$$

对于任意的 $\boldsymbol{x} \in D$，$\sum_{i=1}^{l+m}\lambda_i^* c_i(\boldsymbol{x}) \leqslant 0$，有

$$\begin{aligned}
f(\boldsymbol{x}) &\geqslant f(\boldsymbol{x}) + \sum_{i=1}^{l+m}\lambda_i^* c_i(\boldsymbol{x}) \\
&\geqslant f(\boldsymbol{x}^*) + \nabla f(\boldsymbol{x}^*)^{\mathrm{T}}(\boldsymbol{x}-\boldsymbol{x}^*) + \sum_{i=1}^{l+m}\lambda_i^*[c_i(\boldsymbol{x}^*) + \nabla c_i(\boldsymbol{x}^*)^{\mathrm{T}}(\boldsymbol{x}-\boldsymbol{x}^*)] \\
&= f(\boldsymbol{x}^*) + \sum_{i=1}^{l+m}\lambda_i^* c_i(\boldsymbol{x}^*) + [\nabla f(\boldsymbol{x}^*) + \sum_{i=1}^{l+m}\lambda_i^* \nabla c_i(\boldsymbol{x}^*)]^{\mathrm{T}}(\boldsymbol{x}-\boldsymbol{x}^*) \\
&= f(\boldsymbol{x}^*) + \sum_{i=1}^{l+m}\lambda_i^* c_i(\boldsymbol{x}^*) \\
&= f(\boldsymbol{x}^*),
\end{aligned}$$

即有

$$f(\boldsymbol{x}) \geqslant f(\boldsymbol{x}^*),\ \forall\, \boldsymbol{x} \in D,$$

所以 $\boldsymbol{x}^*$ 是全局解. □

例 4.4.1 求如下约束问题的 K-T 点,并验证它是否为该约束问题的全局解:

$$\begin{aligned}
&\min\{f(\boldsymbol{x}) = 2x_1^2 + 2x_1x_2 + x_2^2 - 10x_1 - 10x_2\}; \\
&\text{s. t.}\quad c_1(\boldsymbol{x}) = x_1^2 + x_2^2 \leqslant 5, \\
&\qquad\quad c_2(\boldsymbol{x}) = 3x_1 + x_2 \leqslant 6.
\end{aligned}$$

解 已知 $\boldsymbol{x}^* = (1,\ 2)^{\mathrm{T}}$ 是问题的可行解,同时满足 K-T 条件,故该点为约束问题的 K-T 点. 又由于目标函数为凸函数,而约束函数 $c_1(\boldsymbol{x})$ 和 $c_2(\boldsymbol{x})$ 一阶连续可微,从而由定理 4.4.2 可知,点 $\boldsymbol{x}^* = (1,\ 2)^{\mathrm{T}}$ 也是约束问题的全局极小点.

习　题　四

4.1　考虑约束问题

$$\begin{aligned}
&\min\left\{f(\boldsymbol{x}) = \frac{1}{2}\alpha(x_1-2)^2 - x_1 - x_2\right\}; \\
&\text{s. t.}\quad c_1(\boldsymbol{x}) = x_2^2 - x_1 \leqslant 0, \\
&\qquad\quad c_2(\boldsymbol{x}) = x_1 + x_2 - 2 \leqslant 0.
\end{aligned}$$

(1) 求出所有的使两个约束均为有效约束的可行点;

(2) 求出 α 的取值范围,使得 α 在该范围内取值时,由(1)得到的可行点满足一阶必要条件.

4.2 考虑约束问题

$$\min\{f(\boldsymbol{x}) = x_1^2 + 2x_1 + x_2^4\};$$
$$\text{s.t.} \quad c(\boldsymbol{x}) = x_1x_2 - x_1 = 0.$$

(1) 验证 $\boldsymbol{x}^* = (0,\ 0)^{\mathrm{T}}$ 满足局部解的一阶必要条件;

(2) 试问 $\boldsymbol{x}^* = (0,\ 0)^{\mathrm{T}}$ 满足局部解的二阶充分条件吗?

(3) 验证 $\boldsymbol{x}^* = (0,\ 0)^{\mathrm{T}}$ 是否为约束问题的局部解(或全局解).

4.3 用约束问题局部解的一阶必要条件和二阶充分条件求约束问题

$$\min\{f(\boldsymbol{x}) = x_1x_2\};$$
$$\text{s.t.} \quad c(\boldsymbol{x}) = x_1^2 + x_2^2 - 3 = 0$$

的解和相应的乘子,并用图解法验证你的结论.

4.4 求解下列约束优化问题的 K-T 点,并判断是不是最优解:

(1) $\min\{f(\boldsymbol{x}) = (x_1 - 3)^2 + (x_2 - 2)^2\}$;

$$\begin{aligned} \text{s.t.} \quad & c_1(\boldsymbol{x}) = x_1^2 + x_2^2 \leqslant 5, \\ & c_2(\boldsymbol{x}) = x_1 + x_2 \leqslant 3, \\ & c_3(\boldsymbol{x}) = x_1 \geqslant 0, \\ & c_4(\boldsymbol{x}) = x_2 \geqslant 0. \end{aligned}$$

(2) $\min\{f(\boldsymbol{x}) = (x_1 - 1)^2 + (x_2 - 2)^2\}$;

$$\begin{aligned} \text{s.t.} \quad & c_1(\boldsymbol{x}) = (x_1 + x_2 - 1)^3 \leqslant 0, \\ & c_2(\boldsymbol{x}) = x_1 \geqslant 0, \\ & c_3(\boldsymbol{x}) = x_2 \geqslant 0. \end{aligned}$$

(3) $\min\{f(\boldsymbol{x}) = (x_1 - 4)^2 + (x_2 - 3)^2\}$;

$$\begin{aligned} \text{s.t.} \quad & c_1(\boldsymbol{x}) = x_1^2 + x_2^2 \leqslant 5, \\ & c_2(\boldsymbol{x}) = x_1 + 2x_2 \leqslant 4, \\ & c_3(\boldsymbol{x}) = -x_1 \leqslant 0, \\ & c_4(\boldsymbol{x}) = -x_2 \leqslant 0. \end{aligned}$$

(4) $\min\{f(\boldsymbol{x}) = 2x_1^2 + 2x_1x_2 + x_2^2 - 10x_1 - 10x_2\}$;

$$\begin{aligned} \text{s.t.} \quad & c_1(\boldsymbol{x}) = x_1^2 + x_2^2 \leqslant 5, \\ & c_2(\boldsymbol{x}) = 3x_1 + x_2 \leqslant 6. \end{aligned}$$

(5) $\min\{f(\boldsymbol{x}) = (x_1 + x_2)^2 + 2x_1 + x_2^2\}$;

$$\text{s.t.}\quad c_1(\boldsymbol{x}) = x_1 + 3x_2 \leqslant 4,$$
$$c_2(\boldsymbol{x}) = 2x_1 + x_2 \leqslant 3,$$
$$c_3(\boldsymbol{x}) = x_1,\ x_2 \geqslant 0.$$

4.5　考虑约束问题

$$\min\{f(\boldsymbol{x}) = -x_1\};$$
$$\text{s.t.}\quad c_1(\boldsymbol{x}) = 1 - x_1^2 - x_2^2 \geqslant 0,$$
$$c_2(\boldsymbol{x}) = x_2 - (x_1 - 1)^3 \geqslant 0.$$

试证点 $\boldsymbol{x}^* = (1,\ 0)^{\mathrm{T}}$ 是 K-T 点,而点 $\tilde{\boldsymbol{x}} = (0,\ -1)^{\mathrm{T}}$ 不是 K-T 点.

4.6　试写出下列约束问题的 K-T 最优性条件,并利用所得到的表达式求出它们的解:

(1) $\min\{f(\boldsymbol{x}) = (x_1 - 2)^2 + (x_2 - 1)^2\}$;

$$\text{s.t.}\quad c(\boldsymbol{x}) = 1 - x_1^2 - x_2^2 \geqslant 0.$$

(2) $\min\{f(\boldsymbol{x}) = (x_1 - 2)^2 + (x_2 - 1)^2\}$;

$$\text{s.t.}\quad c(\boldsymbol{x}) = 9 - x_1^2 - x_2^2 \geqslant 0.$$

4.7　用一阶必要条件确定问题

$$\min\{f(\boldsymbol{x}) = (x_1 + 1)^2 + (x_2 - 1)^2\};$$
$$\text{s.t.}\quad c_1(\boldsymbol{x}) = (x_1 - 1)(4 - x_1^2 - x_2^2) \geqslant 0,$$
$$c_2(\boldsymbol{x}) = 100 - 2x_1^2 - x_2^2 \geqslant 0,$$
$$c_3(\boldsymbol{x}) = x_2 - \frac{1}{2} = 0$$

的局部最小点.

4.8　考虑约束问题

$$\min\{f(\boldsymbol{x}) = x_1^2 - x_2^2 - 4x_2\};$$
$$\text{s.t.}\quad c(\boldsymbol{x}) = x_2^2 = 0.$$

(1) 试用图解法说明 $\boldsymbol{x}^* = (0,\ 0)^{\mathrm{T}}$ 是该问题的解.

(2) 验证在 $\boldsymbol{x}^*$ 处解的一阶必要条件不成立.

4.9　考虑约束问题

$$\min\{f(\boldsymbol{x}) = -x_2\};$$
$$\text{s.t.}\quad c_1(\boldsymbol{x}) = (3 - x_1)^3 - (x_2 - 2) \geqslant 0,$$
$$c_2(\boldsymbol{x}) = 3x_1 + x_2 \geqslant 9.$$

(1) 写出解的一阶必要条件,求出所有满足该条件的点.

(2) 用图解法求解该问题.

(3) 增加约束条件 $2x_1 - 3x_2 \geqslant 0$ 后,重新进行(1)和(2)的工作.

4.10 考察如下问题

$$\begin{aligned} \min\{ & f(\boldsymbol{x}) = x_1^2 + x_2^2\}; \\ \text{s.t.} \quad & c_1(\boldsymbol{x}) = x_1^2 + x_2^2 \leqslant 5, \\ & c_2(\boldsymbol{x}) = x_1 + 2x_2 = 4, \\ & c_3(\boldsymbol{x}) = x_1,\ x_2 \geqslant 0. \end{aligned}$$

验证在最优点 $\boldsymbol{x}^* = \left(\frac{4}{5}, \frac{8}{5}\right)^{\mathrm{T}}$ 处,K-T 条件成立,并求在点 $\boldsymbol{x}^*$ 的 Lagrange 乘子.

第五章　约束规划的对偶理论

对偶理论是约束规划理论的重要组成部分,它是分析和求解约束规划问题的有力工具.本章将简单介绍约束规划的对偶理论.

§5.1　Lagrange 对偶问题

考虑如下形式的约束规划问题:

$$\begin{aligned} \min \quad & f(\boldsymbol{x}); \\ \text{s.t.} \quad & c_i(\boldsymbol{x}) = 0,\ i \in E = \{1,\ 2,\ \cdots,\ l\}, \\ & c_i(\boldsymbol{x}) \leqslant 0,\ i \in I = \{l+1,\ l+2,\ \cdots,\ l+m\}, \\ & \boldsymbol{x} \in X. \end{aligned} \tag{5.1.1}$$

在问题(5.1.1)中,集合 X 通常是由简单约束条件所定义的集合,如 $X=\{\boldsymbol{x}\in \mathbf{R}^n \mid \boldsymbol{x}\geqslant 0\}$, $X=\{\boldsymbol{x}\in \mathbf{R}^n \mid \boldsymbol{e}^{\mathrm{T}}\boldsymbol{x}=1,\ \boldsymbol{x}\geqslant 0\}$,等等.当 $X=\mathbf{R}^n$,问题(5.1.1)即问题(4.1).问题(5.1.1)的可行域记为

$$D=\{\boldsymbol{x} \mid c_i(\boldsymbol{x})=0,\ i\in E,\ c_i(\boldsymbol{x})\leqslant 0,\ i\in I,\ \boldsymbol{x}\in X\}.$$

本章中,我们称问题(5.1.1)为原问题(primal problem),以下我们将引入原问题(5.1.1)的对偶问题(dual problem).

首先针对原问题(5.1.1)引进 Lagrange 函数:

$$L(\boldsymbol{x},\ \boldsymbol{\lambda}) = f(\boldsymbol{x}) + \sum_{i=1}^{l+m} \lambda_i c_i(\boldsymbol{x}).$$

定义如下 Lagrange 对偶函数(简称对偶函数):

$$d(\boldsymbol{\lambda}) = \inf\{f(\boldsymbol{x}) + \sum_{i=1}^{l+m} \lambda_i c_i(\boldsymbol{x}) \mid \boldsymbol{x} \in X\}. \tag{5.1.2}$$

根据定义,给定 $\boldsymbol{\lambda} \in \mathbf{R}^{l+m}$,函数值 $d(\boldsymbol{\lambda})$ 通过求解优化问题 $\inf\{f(\boldsymbol{x}) + \sum_{i=1}^{l+m} \lambda_i c_i(\boldsymbol{x}) \mid \boldsymbol{x} \in X\}$ 得到,该优化问题通常称为对偶子问题.易知,对于满足 $\lambda_i \geqslant$

0, $i\in I$ 的 $\boldsymbol{\lambda}\in\mathbf{R}^{l+m}$,以及问题(5.1.1)的任意可行解 $\boldsymbol{x}$,均有 $d(\boldsymbol{\lambda})\leqslant f(\boldsymbol{x})$ 成立,故 $d(\boldsymbol{\lambda})$ 是问题(5.1.1)最优值的下界.由最大化下界 $d(\boldsymbol{\lambda})$ 可得如下 Lagrange 对偶问题(简称对偶问题):

$$\begin{aligned} \max\quad & d(\boldsymbol{\lambda});\\ \text{s.t.}\quad & \lambda_i\geqslant 0,\ i\in I. \end{aligned} \tag{5.1.3}$$

考虑如下带有单个不等式约束的优化问题:

$$\begin{aligned} \min\quad & f(\boldsymbol{x});\\ \text{s.t.}\quad & g(\boldsymbol{x})\leqslant 0,\\ & \boldsymbol{x}\in X. \end{aligned}$$

令 $G=\{(y,z)\mid y=g(\boldsymbol{x}),\ z=f(\boldsymbol{x}),\ \boldsymbol{x}\in X\}$.借助图 5.1.1 可知,原问题相当于在 G 中寻找一点(y,z),满足 $y\leqslant 0$ 同时 z 最小,由图易知最小值为 f^*.对于给定的 $\lambda\geqslant 0$, $d(\lambda)$为 $z+\lambda y$ 在区域 G 上可取到的最小值.令 $z+\lambda y=\alpha$,易知该式刻画的是斜率为 $-\lambda$ 及截距为 α 的直线.当 α 取不同值时,可得到一组平行线,$d(\lambda)$即经过 G 的所有平行线所产生的最小截距.而对偶问题即寻找最优的 $\lambda\geqslant 0$,使得相应的最小截距尽可能大,最优截距 d^* 即对偶问题的最优值.

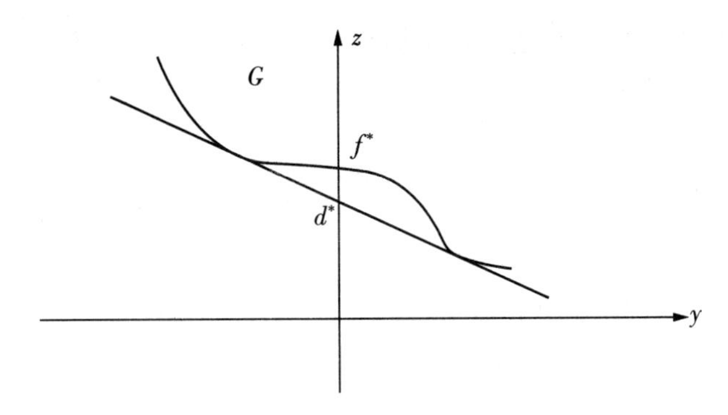

图 5.1.1　带有单个不等式约束的优化问题

例 5.1.1　给出如下线性规划问题的对偶问题:

$$\begin{aligned} \min\quad & \boldsymbol{c}^{\mathrm{T}}\boldsymbol{x};\\ \text{s.t.}\quad & \boldsymbol{A}\boldsymbol{x}=\boldsymbol{b},\\ & \boldsymbol{x}\geqslant 0, \end{aligned}$$

其中,$\boldsymbol{c}\in\mathbf{R}^n$, $\boldsymbol{A}\in\mathbf{R}^{m\times n}$, $\boldsymbol{b}\in\mathbf{R}^m$.

记 $X=\{\boldsymbol{x}\mid\boldsymbol{x}\geqslant 0\}$.该问题的 Lagrange 函数为

$$L(\boldsymbol{x},\ \boldsymbol{\lambda})=\boldsymbol{c}^{\mathrm{T}}\boldsymbol{x}+\boldsymbol{\lambda}^{\mathrm{T}}(\boldsymbol{b}-\boldsymbol{A}\boldsymbol{x}),$$

其对偶函数为

$$\begin{aligned}d(\boldsymbol{\lambda})&=\inf\{\boldsymbol{c}^{\mathrm{T}}\boldsymbol{x}+\boldsymbol{\lambda}^{\mathrm{T}}(\boldsymbol{b}-\boldsymbol{A}\boldsymbol{x})\mid\boldsymbol{x}\geqslant 0\}\\&=\begin{cases}\boldsymbol{b}^{\mathrm{T}}\boldsymbol{\lambda},\ \text{当 }\boldsymbol{c}-\boldsymbol{A}^{\mathrm{T}}\boldsymbol{\lambda}\geqslant 0;\\-\infty,\text{否则}.\end{cases}\end{aligned}$$

因此，对偶问题为

$$\begin{aligned}\max\quad&\boldsymbol{b}^{\mathrm{T}}\boldsymbol{\lambda};\\\text{s. t.}\quad&\boldsymbol{A}^{\mathrm{T}}\boldsymbol{\lambda}\leqslant\boldsymbol{c}.\end{aligned}$$

例 5.1.2　试写出如下约束规划问题的对偶问题：

$$\begin{aligned}\min\quad&f(\boldsymbol{x})=x_1^2+x_2^2;\\\text{s. t.}\quad&c_1(\boldsymbol{x})=-x_1+x_2+2\leqslant 0,\\&c_2(\boldsymbol{x})=\frac{1}{2}x_1+x_2+1\leqslant 0.\end{aligned}$$

令 $\boldsymbol{\lambda}\in\mathbf{R}_+^2$，定义对偶函数：

$$\begin{aligned}d(\boldsymbol{\lambda})&=\inf\left\{x_1^2+x_2^2+\lambda_1(-x_1+x_2+2)+\lambda_2\left(\frac{1}{2}x_1+x_2+1\right)\right\}\\&=\frac{1}{2}\lambda_1^2-\frac{1}{4}\lambda_1\lambda_2-\frac{5}{16}\lambda_2^2+2\lambda_1+\lambda_2.\end{aligned}$$

故上述问题的对偶问题为

$$\begin{aligned}\max\quad&-\frac{1}{2}\lambda_1^2-\frac{1}{4}\lambda_1\lambda_2-\frac{5}{16}\lambda_2^2+2\lambda_1+\lambda_2;\\\text{s. t.}\quad&\lambda_1\geqslant 0,\ \lambda_2\geqslant 0.\end{aligned}$$

§5.2　对偶定理

本小节将主要讨论原问题与对偶问题之间的关系．我们首先给出如下弱对偶定理．

定理 5.2.1(弱对偶定理)　设 $\bar{\boldsymbol{x}}$ 是原问题(5.1.1)的可行解，$\bar{\boldsymbol{\lambda}}$ 是其对偶问题(5.1.3)的可行解，则 $f(\bar{\boldsymbol{x}})\geqslant d(\bar{\boldsymbol{\lambda}})$．

证明　由于 $\bar{\boldsymbol{x}}$ 是问题(5.1.1)的可行解，则 $c_i(\bar{\boldsymbol{x}})=0,\ i\in E=\{1,\ \cdots,\ l\}$，$c_i(\bar{\boldsymbol{x}})\leqslant 0,\ i\in I=\{l+1,\ l+2,\ \cdots,\ l+m\}$．因 $\bar{\boldsymbol{\lambda}}$ 是对偶问题(5.1.3)的可行解，

则 $\bar{\lambda}_i \geq 0$, $i \in I$. 根据对偶函数 $d(\bar{\boldsymbol{\lambda}})$ 的定义可知,

$$\begin{aligned} d(\bar{\boldsymbol{\lambda}}) &= \inf_{\boldsymbol{x} \in X} \{ f(\boldsymbol{x}) + \sum_{i=1}^{l+m} \bar{\lambda}_i c_i(\boldsymbol{x}) \} \\ &\leq f(\bar{\boldsymbol{x}}) + \sum_{i=1}^{l+m} \bar{\lambda}_i c_i(\bar{\boldsymbol{x}}) \\ &\leq f(\bar{\boldsymbol{x}}). \quad \square \end{aligned}$$

根据弱对偶定理, 我们可得如下推论.

推论 5.2.2　$\min\{f(\boldsymbol{x}) \mid \boldsymbol{x} \in D\} \geq \max\{d(\boldsymbol{\lambda}) \mid \lambda_i \geq 0,\ i \in I\}$.

推论 5.2.3　设 $\boldsymbol{x}^*$ 是原问题(5.1.1)的可行解, $\boldsymbol{\lambda}^*$ 是其对偶问题(5.1.3)的可行解. 若 $f(\boldsymbol{x}^*) = d(\boldsymbol{\lambda}^*)$, 则 $\boldsymbol{x}^*$ 和 $\boldsymbol{\lambda}^*$ 分别是原问题(5.1.1)和对偶问题(5.1.3)的最优解, 且最优值相等.

推论 5.2.4　若原问题(5.1.1)是无界的, 则对于任意满足 $\boldsymbol{\lambda}_i \geq 0$, $i \in I$ 的 $\boldsymbol{\lambda} \in \mathbf{R}^{l+m}$, 均有 $d(\boldsymbol{\lambda}) = -\infty$; 若对偶问题(5.1.3) 是无界的, 则原问题(5.1.1) 不可行.

例 5.2.1　考虑下列约束优化问题:

$$\begin{aligned} \min \quad & x_1^2 + x_2^2; \\ \text{s. t.} \quad & -x_1 - x_2 \leq -\frac{1}{2}, \\ & \boldsymbol{x} \in \mathbf{Z}_+^2. \end{aligned}$$

借助图形易知, (1,0)和(0,1)均为最优解, 该问题的最优值为 1. 对偶函数为

$$d(\lambda) = \min_{\boldsymbol{x} \in \mathbf{Z}_+^2} \left\{ x_1^2 + x_1^2 - \lambda \left(x_1 + x_2 - \frac{1}{2} \right) \right\}.$$

根据约束条件 $\boldsymbol{x} \in \mathbf{Z}_+^2$ 可知, $d(\lambda)$ 具有如下形式:

$$d(\lambda) = \begin{cases} \dfrac{\lambda}{2}, & \text{当 } 0 \leq \lambda < 1; \\ 2 - \dfrac{3}{2}\lambda, & \text{当 } 1 \leq \lambda < 3; \\ \cdots, & \cdots. \end{cases}$$

易知, 对偶问题 $\max\{d(\lambda) \mid \lambda \geq 0\}$ 的最优值为 $\frac{1}{2}$.

上例中, 原问题最优值严格大于其对偶问题最优值. 记原问题的最优值为 $v(\mathrm{P})$, 其对偶问题的最优值为 $v(\mathrm{D})$, 则 $v(\mathrm{P}) - v(\mathrm{D})$ 通常称为对偶间隙(duality gap). 若对偶间隙为零, 即 $v(\mathrm{P}) = v(\mathrm{D})$, 则称强对偶成立. 当原问题中目标函数

$f(\boldsymbol{x})$,约束函数 $c_i(\boldsymbol{x})$, $i\in E\cup I$ 及集合 X 满足一定条件时,强对偶成立.

定理 5.2.5 设集合 X 为非空凸集,$f(\boldsymbol{x})$及 $c_i(\boldsymbol{x})$, $i\in I$ 是凸函数, $c_i(\boldsymbol{x})$, $i\in E$ 均为线性函数. 假设存在 $\hat{\boldsymbol{x}}\in X$ 使得 $c_i(\hat{\boldsymbol{x}})=0$, $i\in E$, $c_i(\hat{\boldsymbol{x}})<0$, $i\in I$, 且 $\boldsymbol{0}\in \mathrm{int}S(X)$,其中 $S(X)=\{(c_1(\boldsymbol{x}), \cdots, c_l(\boldsymbol{x}))^{\mathrm{T}}\mid \boldsymbol{x}\in X\}$,则强对偶成立,即

$$\begin{aligned}\min\{f(\boldsymbol{x})\mid c_i(\boldsymbol{x})=0,\ i\in E,\ c_i(\boldsymbol{x})\leqslant 0,\ i\in I,\ \boldsymbol{x}\in X\}\\ =\max\{d(\boldsymbol{\lambda})\mid \lambda_i\geqslant 0,\ i\in I,\ \boldsymbol{\lambda}\in \mathbf{R}^{l+m}\}.\end{aligned}\tag{5.2.1}$$

证明 记 $\gamma=\min\{f(\boldsymbol{x})\mid c_i(\boldsymbol{x})=0,\ i\in E,\ c_i(\boldsymbol{x})\leqslant 0,\ i\in I\}$. 若 $\gamma=-\infty$,则由弱对偶定理可知,$\max\{d(\boldsymbol{\lambda})\mid \lambda_i\geqslant 0,\ i\in I\}=-\infty$. 现假设 γ 为有界值,我们将分两步证明定理 5.2.5.

首先,我们将证明存在 $\boldsymbol{\lambda}=(\lambda_0, \lambda_1, \cdots, \lambda_{l+m})^{\mathrm{T}}$,其中 $\lambda_0, \lambda_1, \cdots, \lambda_l\geqslant 0$, 使得

$$\lambda_0(f(\boldsymbol{x})-\gamma)+\sum_{i=1}^{l+m}\lambda_i c_i(\boldsymbol{x})\geqslant 0,\ \forall\, \boldsymbol{x}\in X.$$

由 γ 的定义可知,不存在 $\boldsymbol{x}\in X$ 使得下式成立:

$$f(\boldsymbol{x})-\gamma<0,\ c_i(\boldsymbol{x})=0,\ i\in E,\ c_i(\boldsymbol{x})\leqslant 0,\ i\in I.$$

令 $S=\{(p_0, p_1, \cdots, p_{l+m})\mid f(\boldsymbol{x})-\gamma<p_0,\ c_i(\boldsymbol{x})=p_i,\ i\in E,\ c_i(\boldsymbol{x})\leqslant p_i,\ i\in I,\ \boldsymbol{x}\in X\}$,则 S 为凸集合,且$(0, 0, \cdots, 0)\notin S$. 根据定理 1.4.4 及定理 1.4.5,存在非零向量 $\boldsymbol{\lambda}=(\lambda_0, \lambda_1, \cdots, \lambda_{l+m})^{\mathrm{T}}$,使得

$$\lambda_0 p_0+\sum_{i=1}^{l+m}\lambda_i p_i\geqslant 0,\ \forall\,(p_0, p_1, \cdots, p_{l+m})\in \mathrm{cl}S.$$

由于 p_0, p_i, $i\in I$ 可取任意大, 则必有

$$\lambda_0\geqslant 0,\ \lambda_i\geqslant 0,\ i\in I.$$

对于 $\boldsymbol{x}\in X$, $(f(\boldsymbol{x})-\gamma,\ c_1(\boldsymbol{x}),\ c_2(\boldsymbol{x}),\ \cdots,\ c_{l+m}(\boldsymbol{x}))^{\mathrm{T}}\in \mathrm{cl}S$, 则

$$\lambda_0(f(\boldsymbol{x})-\gamma)+\sum_{i=1}^{l+m}\lambda_i c_i(\boldsymbol{x})\geqslant 0,\ \forall\, \boldsymbol{x}\in X.\tag{5.2.2}$$

下面证明 $\lambda_0>0$. 不妨假设 $\lambda_0=0$, 则

$$\sum_{i=1}^{l+m}\lambda_i c_i(\boldsymbol{x})\geqslant 0,\ \forall\, \boldsymbol{x}\in X.\tag{5.2.3}$$

因存在 $\hat{\boldsymbol{x}}\in X$ 使得 $c_i(\hat{\boldsymbol{x}})=0$, $i\in E$, $c_i(\hat{\boldsymbol{x}})<0$, $i\in I$,将 $\hat{\boldsymbol{x}}$ 代入上式得 $\sum_{i=l+1}^{l+m}\lambda_i c_i(\hat{\boldsymbol{x}})$

$\geqslant 0$. 由于 $\lambda_i \geqslant 0,\ i \in I$,则必有 $\lambda_i = 0,\ i \in I$. 所以,(5.2.3)式即

$$\sum_{i=1}^{l} \lambda_i c_i(\boldsymbol{x}) \geqslant 0,\ \forall \boldsymbol{x} \in X.$$

因 $\mathbf{0} \in \operatorname{int} S(X)$,则存在 $\tilde{\boldsymbol{x}} \in X$ 使得 $(c_1(\tilde{\boldsymbol{x}}), \cdots, c_l(\tilde{\boldsymbol{x}})) = -\theta(\lambda_1, \cdots, \lambda_l)$,其中 $\theta > 0$. 因此, $\sum_{i=1}^{l} \lambda_i c_i(\tilde{\boldsymbol{x}}) = -\theta \sum_{i=1}^{l} \lambda_i^2 < 0$,矛盾. 所以 $\lambda_0 > 0$.

令 $\bar{\lambda}_i = \lambda_i / \lambda_0,\ i = 1, \cdots, l+m$,由(5.2.2)式可得

$$f(\boldsymbol{x}) + \sum_{i=1}^{l+m} \bar{\lambda}_i c_i(\boldsymbol{x}) \geqslant \gamma,\ \forall \boldsymbol{x} \in X.$$

因此

$$d(\bar{\boldsymbol{\lambda}}) = \inf\{f(\boldsymbol{x}) + \sum_{i=1}^{l+m} \bar{\lambda}_i c_i(\boldsymbol{x}) \mid \boldsymbol{x} \in X\} \geqslant \gamma,$$

其中 $\bar{\boldsymbol{\lambda}} = (\bar{\lambda}_1, \cdots, \bar{\lambda}_{l+m})^{\mathrm{T}}$. 由弱对偶定理知,$d(\bar{\boldsymbol{\lambda}}) = \gamma$,且 $\bar{\boldsymbol{\lambda}}$ 为对偶问题的最优解. □

例 5.2.2 考虑如下线性规划问题:

$$\begin{aligned} \min\quad & -5x_1 + 6x_2; \\ \text{s.t.}\quad & 2x_1 + x_2 \leqslant 2, \\ & x_1 + 2x_2 \leqslant 2, \\ & x_1 \geqslant 0,\ x_2 \geqslant 0. \end{aligned}$$

借助图形求得其最优解 $\boldsymbol{x}^* = (1, 0)^{\mathrm{T}}$,最优值为$-5$.

针对以上问题中的两个不等式约束分别引入乘子 λ_1 和 λ_2,则对偶函数可表示为

$$\begin{aligned} d(\boldsymbol{\lambda}) &= \min_{x_1 \geqslant 0,\ x_2 \geqslant 0} (-5 + 2\lambda_1 + \lambda_2)x_1 + (6 + \lambda_1 + 2\lambda_2)x_2 - 2\lambda_1 - 2\lambda_2 \\ &= \begin{cases} -2\lambda_1 - 2\lambda_2, & \text{当} -5 + 2\lambda_1 + \lambda_2 \geqslant 0,\ 6 + \lambda_1 + 2\lambda_2 \geqslant 0, \\ -\infty, & \text{否则}. \end{cases} \end{aligned}$$

对偶问题为

$$\begin{aligned} \max\quad & -2\lambda_1 - 2\lambda_2; \\ \text{s.t.}\quad & 2\lambda_1 + \lambda_2 \geqslant 5, \\ & \lambda_1 + 2\lambda_2 \geqslant -6, \\ & \lambda_1 \geqslant 0,\ \lambda_2 \geqslant 0. \end{aligned}$$

容易验证对偶问题的最优解为 $\boldsymbol{\lambda}=\left(\frac{5}{2}, 0\right)$,其最优值为$-5$,可知强对偶成立.

在下一章中我们将证明，若线性规划存在最优解，则其对偶问题也存在最优解,并且二者强对偶成立.

§5.3　对偶问题的性质及求解

上一节我们讨论了原问题和对偶问题之间的关系,尤其在一定条件下,二者强对偶定理成立,即原问题和对偶问题的最优值相等.求解对偶问题可帮助我们进一步求解原问题.本小节我们将讨论对偶问题(5.1.3)的主要性质,并介绍其求解方法.

定理 5.3.1　设 X 为非空紧集,$f(\boldsymbol{x})$, $c_i(\boldsymbol{x})$, $i\in E\cup I$ 是连续函数.对偶函数 $d(\boldsymbol{\lambda})$是凹函数.

证明　设 $\boldsymbol{\lambda}_1$, $\boldsymbol{\lambda}_2\in\mathbf{R}^{l+m}$.令 $\alpha\in(0, 1)$, 则

$$
\begin{aligned}
d(\alpha\boldsymbol{\lambda}_1+(1-\alpha)\boldsymbol{\lambda}^2) &= \inf\{f(\boldsymbol{x})+\sum_{i=1}^{l+m}(\alpha\lambda_i^1+(1-\alpha)\lambda_i^2)c_i(\boldsymbol{x}) \mid \boldsymbol{x}\in X\} \\
&= \inf\{\alpha(f(\boldsymbol{x})+\sum_{i=1}^{l+m}\lambda_i^1 c_i(\boldsymbol{x}))+(1-\alpha)(f(\boldsymbol{x}) \\
&\quad +\sum_{i=1}^{l+m}\lambda_i^2 c_i(\boldsymbol{x})) \mid \boldsymbol{x}\in X\} \\
&\geqslant \alpha\inf\{f(\boldsymbol{x})+\sum_{i=1}^{l+m}\lambda_i^1 c_i(\boldsymbol{x}) \mid \boldsymbol{x}\in X\}+(1-\alpha)\inf\{f(\boldsymbol{x}) \\
&\quad +\sum_{i=1}^{l+m}\lambda_i^2 c_i(\boldsymbol{x}) \mid \boldsymbol{x}\in X\} \\
&= \alpha d(\boldsymbol{\lambda}^1)+(1-\alpha)d(\boldsymbol{\lambda}^2).
\end{aligned}
$$

因此,$d(\boldsymbol{\lambda})$是凹函数.　□

由于对偶函数 $d(\boldsymbol{\lambda})$是凹函数,则对偶问题(5.1.3)是凸优化问题,其局部最优解即全局最优解.文献中求解对偶问题的方法有多种,包括次梯度方法,外逼近方法,bundle 方法等.以下我们将对次梯度方法和外逼近方法进行简要介绍.

§5.3.1　次梯度方法

根据定义,对偶函数未必是连续可微函数,梯度不一定存在.我们首先给出凹函数的次梯度定义.

定义 5.3.1　设 $f(\boldsymbol{x})$是定义在 $\mathbf{R}^n$ 上的凹函数.设 $\boldsymbol{x}\in\mathbf{R}^n$,若对于任意 $\boldsymbol{y}\in$

$\mathbf{R}^n$,均有 $f(\boldsymbol{y})\leqslant f(\boldsymbol{x})+\boldsymbol{\xi}^{\mathrm{T}}(\boldsymbol{y}-\boldsymbol{x})$成立,则称 $\boldsymbol{\xi}$ 是函数 $f(\boldsymbol{x})$在 $\boldsymbol{x}$ 处的次梯度.

与梯度不同,次梯度不一定是凹函数 $f(\boldsymbol{x})$的上升方向,但可以证明沿次梯度方向迭代可更靠近对偶问题最优解(见参考文献[8]).

定理 5.3.2 考虑对偶子问题(5.1.2),设其最优解为 $\boldsymbol{x}_\lambda$,则 $\boldsymbol{c}(\boldsymbol{x}_\lambda)$是 $d(\boldsymbol{\lambda})$在 $\boldsymbol{\lambda}$ 处的次梯度,其中 $\boldsymbol{c}(\boldsymbol{x}_\lambda)=(c_1(\boldsymbol{x}_\lambda),\ c_2(\boldsymbol{x}_\lambda),\ \cdots,\ c_{l+m}(\boldsymbol{x}_\lambda))^{\mathrm{T}}$.

证明 因 $\boldsymbol{x}_\lambda$ 是(5.1.2)的最优解,则对于任意 $\boldsymbol{\mu}\in\mathbf{R}^{l+m}$,有

$$
\begin{aligned}
d(\boldsymbol{\mu}) &= \inf_{x\in X}\{f(\boldsymbol{x})+\sum_{i=1}^{l+m}\mu_i c_i(\boldsymbol{x})\}\\
&\leqslant f(\boldsymbol{x}_\lambda)+\sum_{i=1}^{l+m}\mu_i c_i(\boldsymbol{x}_\lambda)\\
&= f(\boldsymbol{x}_\lambda)+\sum_{i=1}^{l+m}\lambda_i c_i(\boldsymbol{x}_\lambda)+\sum_{i=1}^{l+m}(\mu_i-\lambda_i)c_i(\boldsymbol{x}_\lambda)\\
&= d(\boldsymbol{\lambda})+\boldsymbol{c}(\boldsymbol{x}_\lambda)^{\mathrm{T}}(\boldsymbol{\mu}-\boldsymbol{\lambda}).
\end{aligned}
$$

因此,$\boldsymbol{c}(\boldsymbol{x}_\lambda)$是 $d(\boldsymbol{\lambda})$在 $\boldsymbol{\lambda}$ 处的次梯度. □

次梯度算法

(1) 选取 $\boldsymbol{\lambda}^1\in\mathbf{R}^l\times\mathbf{R}^m$. 令 $v^1=-\infty$,精度要求为 $\varepsilon>0$. 令 $k=1$.

(2) 求解对偶子问题

$$
\begin{aligned}
\min\quad & f(\boldsymbol{x})+\sum_{i=1}^{l+m}\lambda_i^k c_i(\boldsymbol{x});\\
\text{s.t.}\quad & \boldsymbol{x}\in X,
\end{aligned}
$$

其最优值为 $d(\boldsymbol{\lambda}^k)$,其最优解为 $\boldsymbol{x}^k$. 令 $\boldsymbol{\xi}^k=(c_1(\boldsymbol{x}^k),\ c_2(\boldsymbol{x}^k),\ \cdots,\ c_{l+m}(\boldsymbol{x}^k))^{\mathrm{T}}$, $v^{k+1}=\max\{v^k,\ d(\boldsymbol{\lambda}^k)\}$. 若 $\|\boldsymbol{\xi}^k\|\leqslant\varepsilon$,则算法终止,$\boldsymbol{\lambda}^k$ 是对偶问题的最优解.

(3) 计算 $\boldsymbol{\lambda}^{k+1}$,其中

$\lambda_i^{k+1}=\lambda_i^k+s_k\xi_i^k,\ i\in E;\ \lambda_i^{k+1}=\max\{0,\ \lambda_i^k+s_k\xi_i^k\},\ i\in I,\ s_k$ 为步长.

(4) 令 $k:=k+1$,转(1).

次梯度算法思想较为简单且容易实现,其关键在于如何选取步长 s_k.

定理 5.3.3 记$\{(\boldsymbol{\lambda}^k,\ \boldsymbol{\xi}^k,\ v^k)\}$为次梯度算法所产生的序列. 若 λ^* 为对偶问题(D)的最优解,则对于任意的 k,下式成立:

$$
d(\boldsymbol{\lambda}^*)-v^k\leqslant\frac{\|\boldsymbol{\lambda}^1-\boldsymbol{\lambda}^*\|^2+\sum_{i=1}^k s_i^2\|\boldsymbol{\xi}^i\|^2}{2\sum_{i=1}^k s_i}.
$$

证明　因 $\boldsymbol{\xi}^i$ 是函数 $d(\boldsymbol{\lambda})$ 在 $\boldsymbol{\lambda}^i$ 处的次梯度,则有

$$d(\boldsymbol{\lambda}^*) \leqslant d(\boldsymbol{\lambda}^i) + (\boldsymbol{\xi}^i)^{\mathrm{T}}(\boldsymbol{\lambda}^* - \boldsymbol{\lambda}^i).$$

根据 $\boldsymbol{\lambda}^{i+1}$ 的定义可得

$$\begin{aligned}\|\boldsymbol{\lambda}^{i+1} - \boldsymbol{\lambda}^*\| &\leqslant \|\boldsymbol{\lambda}^i + s_i\boldsymbol{\xi}^i - \boldsymbol{\lambda}^*\| \\ &= \|\boldsymbol{\lambda}^i - \boldsymbol{\lambda}^*\| + 2s_i(\boldsymbol{\xi}_i)^{\mathrm{T}}(\boldsymbol{\lambda}^i - \boldsymbol{\lambda}^*) + s_i^2\|\boldsymbol{\xi}^i\|^2 \\ &\leqslant \|\boldsymbol{\lambda}^i - \boldsymbol{\lambda}^*\| + 2s_i(d(\boldsymbol{\lambda}^i) - d(\boldsymbol{\lambda}^*)) + s_i^2\|\boldsymbol{\xi}^i\|^2.\end{aligned}$$

将上式两端对 $i=1, \cdots, k$ 求和可得

$$\|\boldsymbol{\lambda}^{k+1} - \boldsymbol{\lambda}^*\| \leqslant \|\boldsymbol{\lambda}^1 - \boldsymbol{\lambda}^*\| + 2\sum_{i=1}^{k} s_i(d(\boldsymbol{\lambda}^i) - d(\boldsymbol{\lambda}^*)) + \sum_{i=1}^{k} s_i^2\|\boldsymbol{\xi}^i\|^2.$$

因此

$$\begin{aligned}d(\boldsymbol{\lambda}^*) - v^k &= d(\boldsymbol{\lambda}^*) - \max_{i=1,\cdots,k}\{d(\boldsymbol{\lambda}^i)\} \\ &\leqslant \frac{\sum_{i=1}^{k} s_i(d(\boldsymbol{\lambda}^*) - d(\boldsymbol{\lambda}^i))}{\sum_{i=1}^{k} s_i} \\ &\leqslant \frac{\|\boldsymbol{\lambda}^1 - \boldsymbol{\lambda}^*\| + \sum_{i=1}^{k} s_i^2\|\boldsymbol{\xi}^i\|^2}{2\sum_{i=1}^{k} s_i}.\end{aligned}$$ □

根据以上定理可知,只要适当选取步长即可保证次梯度方法的收敛性. 例如,选取步长 $\{s_k\}$ 满足

$$\sum_{k=1}^{\infty} s_k^2 < +\infty, \sum_{k=1}^{\infty} s_k = +\infty.$$

§5.3.2　外逼近方法

根据对偶函数 $d(\boldsymbol{\lambda})$ 的定义,我们可将对偶问题(5.1.3)等价表述为

$$\begin{aligned}\max\quad & t; \\ \text{s.t.}\quad & f(\boldsymbol{x}) + \sum_{i=1}^{m+l}\lambda_i c_i(\boldsymbol{x}) \geqslant t,\ \forall\, \boldsymbol{x} \in X, \\ & \lambda_i \geqslant 0,\ i = l+1, \cdots, l+m.\end{aligned} \tag{5.3.1}$$

设 $(\boldsymbol{x}^*, \boldsymbol{\lambda}^*, t^*)$ 为上述问题的最优解,则必有如下关系成立:

$$
\begin{aligned}
t^* &= f(\boldsymbol{x}^*) + \sum_{i=1}^{m+l} \lambda_i^* c_i(\boldsymbol{x}^*) \\
&= \min\{ f(\boldsymbol{x}) + \sum_{i=1}^{m+l} \lambda_i^* c_i(\boldsymbol{x}) \mid \boldsymbol{x} \in X \} \\
&= \max d(\boldsymbol{\lambda}).
\end{aligned}
$$

因此,$\boldsymbol{\lambda}^*$ 是对偶问题(5.1.3)的最优解,并且 $d(\boldsymbol{\lambda}^*) = f(\boldsymbol{x}^*) + \sum_{i=1}^{m+l} \lambda_i^* c_i(\boldsymbol{x}^*)$.

若集合 X 为有限集,即包含有限个点,则问题(5.3.1)包含有限个线性约束条件. 但当集合 X 中有无穷多个点时,问题(5.3.1)具有无穷多个约束条件,导致直接求解较为困难. 我们可用如下问题对其进行逼近:

$$
\begin{aligned}
\max \quad & t; \\
\text{s.t.} \quad & f(\boldsymbol{x}) + \sum_{i=1}^{m+l} \lambda_i c_i(\boldsymbol{x}) \geqslant t, \ \forall\, \boldsymbol{x} \in X^k, \\
& \lambda_i \geqslant 0, \ i = l+1, \cdots, l+m,
\end{aligned} \tag{5.3.2}
$$

其中,集合 $X^k \subseteq X$ 且只包含有限个点. 易知,问题(5.3.2)是问题(5.3.1)的逼近,并且当 X^k 越接近 X 时,问题(5.3.2)越接近问题(5.3.1). 因此,我们可通过不断向集合 X^k 添加元素的方法,也就是对问题(5.3.2)添加约束条件,最终求解问题(5.3.1).

设$(\boldsymbol{\lambda}^k, t^k)$是问题(5.3.2)的最优解,易知 $t^k \geqslant t^*$. 求解相应的对偶子问题

$$
\min\{ f(\boldsymbol{x}) + \sum_{i=1}^{l+m} \lambda_i^k c_i(\boldsymbol{x}) \mid \boldsymbol{x} \in X \},
$$

其最优值为 $d(\boldsymbol{\lambda}^k)$,其最优解为 $\boldsymbol{x}^k$. 考虑两种情况:

(1) 若 $\boldsymbol{x}^k$ 满足

$$
c_i(\boldsymbol{x}^k) = 0, \ i \in E; \ c_i(\boldsymbol{x}^k) \leqslant 0, \ i \in I; \ \sum_{i=l+1}^{l+m} \lambda_i^k c_i(\boldsymbol{x}^k) = 0,
$$

则下式成立:

$$
d(\boldsymbol{\lambda}^k) = f(\boldsymbol{x}^k) + \sum_{i=1}^{l+m} \lambda_i^k c_i(\boldsymbol{x}^k) = f(\boldsymbol{x}^k).
$$

此时,$\boldsymbol{x}^k$ 是原问题(5.1.1)的最优解,且 $\boldsymbol{\lambda}^k$ 是对偶问题(5.1.3)的最优解.

(2) 若 $t^k = d(\boldsymbol{\lambda}^k)$,则 $\boldsymbol{\lambda}^k$ 是对偶问题(5.1.3)的最优解.

若以上两种情况均未发生,则更新 $X^{k+1} = X^k \cup \{\boldsymbol{x}^k\}$,重新求解问题(5.3.2).

外逼近法可描述为：

(1) 选取 X 的非空子集 X^1，其中 X^1 包含有限个元素. 令 $k=1$.

(2) 求解线性规划问题(5.3.2)，记最优解为$(\boldsymbol{\lambda}^k,\ t^k)$.

(3) 求解相应的对偶子问题

$$\min\{f(\boldsymbol{x})+\sum_{i=1}^{l+m}\lambda_i^k c_i(\boldsymbol{x})\mid \boldsymbol{x}\in X\},$$

记其最优解为 $\boldsymbol{x}^k$，最优值为 $d(\boldsymbol{\lambda}^k)$.

(4) 若

$$c_i(\boldsymbol{x}^k)=0,\ i\in E,\ c_i(\boldsymbol{x}^k)\leqslant 0,\ i\in I,\ \sum_{i=l+1}^{l+m}\lambda_i^k c_i(\boldsymbol{x}^k)=0,$$

则算法终止，$\boldsymbol{x}^k$ 和 $\boldsymbol{\lambda}^k$ 分别是原问题(5.1.1)和对偶问题(5.1.3)的最优解，且最优值相等.

若

$$t^k=d(\boldsymbol{\lambda}^k),$$

则算法终止，$\boldsymbol{\lambda}^k$ 即对偶问题(5.1.3)的最优解，且最优值为 t^k.

(5) 令 $X^{k+1}=X^k\cup\{\boldsymbol{x}^k\}$, $k:=k+1$，转(2).

在上述外逼近算法中，每一次迭代都增加一个线性约束，本质上是用超平面将不包含最优解的部分割掉. 因此，外逼近方法也称为割平面法. 我们用下例阐述外逼近算法的过程.

例 5.3.1 给定下列约束优化问题：

$$\begin{aligned}\min\quad & 3x_1^2+2x_2^2;\\ \text{s.t.}\quad & -5x_1-2x_2+3\leqslant 0,\\ & \boldsymbol{x}\in X=\{\boldsymbol{x}\in \boldsymbol{Z}^n\mid 8x_1+8x_2\geqslant 1,\ 0\leqslant x_1\leqslant 1,\ 0\leqslant x_2\leqslant 2\}.\end{aligned}$$

给定 $X^1=\{(1,\ 1)^{\mathrm{T}}\}$，利用外逼近法求解其对偶问题.

解 令 $X^1=\{(1,\ 1)^{\mathrm{T}}\}$, $k=1$.

第一次迭代：

(1) 求解线性规划问题：

$$\begin{aligned}\max\quad & t;\\ \text{s.t.}\quad & 5-4\lambda\geqslant t,\\ & \lambda\geqslant 0,\end{aligned}$$

得最优解 $\lambda^1=0$, $t^1=5$.

(2) 求解 $d(\lambda^1)=\min\{3x_1^2+2x_2^2 \mid \boldsymbol{x}\in X\}$,得 $d(\lambda^1)=2$,最优解 $\boldsymbol{x}^1=(0,\ 1)^{\mathrm{T}}$.

(3) $t^1>d(\lambda^1)$.

(4) $X^2=X^1\cup\{\boldsymbol{x}^1\}$.

第二次迭代:

(1) 求解线性规划问题:

$$\begin{aligned} \max\quad & t; \\ \text{s. t.}\quad & 5-4\lambda\geqslant t, \\ & 2+\lambda\geqslant t, \\ & \lambda\geqslant 0, \end{aligned}$$

得最优解 $\lambda^2=\dfrac{3}{5}$, $t^2=2\ \dfrac{3}{5}$.

(2) 求解 $d(\lambda^2)=\min\left\{3x_1^2+2x_2^2+\dfrac{3}{5}(-5x_1-2x_2+3) \mid \boldsymbol{x}\in X\right\}$,得 $d(\lambda^2)=1\ \dfrac{3}{5}$,最优解 $\boldsymbol{x}^2=(1,\ 0)^{\mathrm{T}}$.

(3) $t^2>d(\lambda^2)$.

(4) $X^3=X^2\cup\{\boldsymbol{x}^2\}$.

第三次迭代:

(1) 求解线性规划问题:

$$\begin{aligned} \max\quad & t; \\ \text{s. t.}\quad & 5-4\lambda\geqslant t, \\ & 2 \mid \lambda\geqslant t, \\ & 3-2\lambda\geqslant t, \\ & \lambda\geqslant 0, \end{aligned}$$

得最优解 $\lambda^3=\dfrac{1}{3}$, $t^3=2\ \dfrac{1}{3}$.

(2) 求解 $d(\lambda^3)=\min\left\{3x_1^2+2x_2^2+\dfrac{1}{3}(-5x_1-2x_2+3) \mid \boldsymbol{x}\in X\right\}$,得 $d(\lambda^3)=2\ \dfrac{1}{3}$,最优解 $\boldsymbol{x}^3=(0,\ 1)^{\mathrm{T}}$.

(3) $t^3=d(\lambda^3)$,算法终止.最优解为 $\lambda^*=\dfrac{1}{3}$.

习　题　五

5.1　考虑如下二次规划问题：

$$\begin{aligned} \min \quad & \frac{1}{2}\boldsymbol{x}^{\mathrm{T}}\boldsymbol{G}\boldsymbol{x}+\boldsymbol{c}^{\mathrm{T}}\boldsymbol{x}; \\ \text{s.t.} \quad & \boldsymbol{A}\boldsymbol{x}\leqslant \boldsymbol{b}, \end{aligned}$$

其中，$\boldsymbol{G}$ 为半正定对称矩阵. 令 $X=\mathbf{R}^n$，写出该问题的对偶问题.

5.2　考虑如下线性规划问题：

$$\begin{aligned} \max \quad & 3x_1+2x_2+x_3; \\ \text{s.t.} \quad & 2x_1+x_2-x_3\leqslant 2, \\ & x_1+2x_2\leqslant 4, \\ & x_3\leqslant 3, \\ & x_1,\ x_2,\ x_3\geqslant 0. \end{aligned}$$

写出集合 X 分别为如下情况时该问题的对偶问题：

(1) $X=\{(x_1,\ x_2,\ x_3)\mid 2x_1+x_2-x_3\leqslant 2,\ x_1,\ x_2,\ x_3\geqslant 0\}$；

(2) $X=\{(x_1,\ x_2,\ x_3)\mid x_1+2x_2\leqslant 4,\ x_1,\ x_2,\ x_3\geqslant 0\}$.

5.3　考虑二次规划问题：

$$\begin{aligned} \min \quad & (x_1-2)^2+(x_2-6)^2; \\ \text{s.t.} \quad & x_1^2-x_2\leqslant 0, \\ & -x_1\leqslant 1, \\ & 2x_1+3x_2\leqslant 18, \\ & x_1,\ x_2\geqslant 0. \end{aligned}$$

(1) 令 $X=\{(x_1,\ x_2)^{\mathrm{T}}\mid 2x_1+3x_2\leqslant 18,\ x_1,\ x_2\geqslant 0\}$，写出其对偶问题；

(2) 令 $X^1=\{(0,0)^{\mathrm{T}}\}$，写出利用割平面算法求解对偶问题的前 3 次迭代.

5.4　考虑问题 $\min\{x_1^2+x_2^2\mid x_1+x_2-4\geqslant 0,\ x_1,\ x_2\geqslant 0\}$.

(1) 验证 $\boldsymbol{x}=(2,2)^{\mathrm{T}}$ 是其最优解；

(2) 令 $X=\{(x_1,\ x_2)\mid x_1\geqslant 0,\ x_2\geqslant 0\}$，写出其对偶问题；

(3) 令 $X^1=\{(3,3)^{\mathrm{T}}\}$，利用割平面法求解对偶问题.

第六章　线 性 规 划

线性规划是约束规划中最具代表性且最简单的一类问题. 本章将简单介绍线性规划的基本性质和常用求解方法.

§6.1　线性规划及相关概念

在约束规划中,若目标函数为决策变量的线性函数,同时约束条件为线性等式或线性不等式约束,此时我们称之为线性规划. 线性规划问题通常具有如下形式:

$$
\begin{aligned}
\min\quad & \boldsymbol{c}^{\mathrm{T}}\boldsymbol{x};\\
\text{s.t.}\quad & \boldsymbol{a}_i^{\mathrm{T}}\boldsymbol{x}=\boldsymbol{b}_i,\ i=1,\ \cdots,\ l,\\
& \boldsymbol{a}_i^{\mathrm{T}}\boldsymbol{x}\leqslant\boldsymbol{b}_i,\ i=l+1,\ \cdots,\ l+m,\\
& x_j\geqslant 0,\ j=1,\ 2,\ \cdots,\ n,
\end{aligned}
$$

其中,$\boldsymbol{x}=(x_1,\ \cdots,\ x_n)^{\mathrm{T}}\in\mathbf{R}^n$ 为决策变量, $\boldsymbol{c}\in\mathbf{R}^n$, $\boldsymbol{a}_i\in\mathbf{R}^n$, $i=1,\ \cdots,\ l+m$.

在生产实践中,许多决策问题可建模为线性规划问题,比如生产计划问题、运输问题等.

例 6.1.1(运输问题)　假设某种产品有 m 个产地,第 i 个产地的生产量为 a_i, $i=1,\ \cdots,\ m$. 该产品共有 n 个销售地,第 j 个销售地的销量为 b_j, $j=1,\ \cdots,\ n$. 假设从产地 i 向销售地 j 运输每单位产品的运费为 c_{ij}. 试建立线性规划求解最优运输方案,使得总运费最低.

解　令 x_{ij} 表示由产地 i 到销售地 j 的运输量,则总运费为 $\sum\limits_{i=1}^{m}\sum\limits_{j=1}^{n}c_{ij}x_{ij}$. 每个产地的产品需要全部运出,则要求 $\sum\limits_{j=1}^{n}x_{ij}=a_i$, $i=1,\ \cdots,\ m$. 每个销售地的销量需要满足,则要求 $\sum\limits_{i=1}^{m}x_{ij}=b_j$, $j=1,\ \cdots,\ n$. 该问题可建模为如下线性规划问题:

$$
\begin{aligned}
\min \quad & \sum_{i=1}^{m}\sum_{j=1}^{n} c_{ij}x_{ij};\\
\text{s.t.} \quad & \sum_{j=1}^{n} x_{ij} = a_i,\ i=1,\cdots,m,\\
& \sum_{i=1}^{m} x_{ij} = b_j,\ j=1,\cdots,n,\\
& x_{ij} \geqslant 0,\ i=1,\cdots,m,\ j=1,\cdots,n.
\end{aligned}
$$

§6.1.1　线性规划的标准形式

具有如下形式的线性规划称为标准形式的线性规划:

$$
\begin{aligned}
\min \quad & \boldsymbol{c}^{\mathrm{T}}\boldsymbol{x};\\
\text{s.t.} \quad & \boldsymbol{A}\boldsymbol{x}=\boldsymbol{b},\\
& \boldsymbol{x}\geqslant 0,
\end{aligned}
$$

其中,$\boldsymbol{c}\in\mathbf{R}^n$, $\boldsymbol{A}\in\mathbf{R}^{m\times n}$, $\boldsymbol{b}\in\mathbf{R}^m$. 通常假设系数矩阵 $\boldsymbol{A}$ 行满秩,即 $r(\boldsymbol{A})=m$.

任意形式的线性规划问题均可通过引入变量等方法等价转化为标准形式.如果线性规划中包含无符号要求的决策变量 x_i,可引入两个非负变量 x_i^+, x_i^-,并用 $x_i^+-x_i^-$ 代替 x_i. 如果问题中具有不等式约束 $\boldsymbol{a}_i^{\mathrm{T}}\boldsymbol{x}\leqslant b_i$,可引入非负松弛变量 s_i 将其等价表示为

$$\boldsymbol{a}_i^{\mathrm{T}}\boldsymbol{x}+s_i=b_i,\ s_i\geqslant 0.$$

若问题中具有形如 $\boldsymbol{a}_i^{\mathrm{T}}\boldsymbol{x}\geqslant b_i$ 的不等式约束,则可引入非负剩余变量 s_i 将其等价表示为

$$\boldsymbol{a}_i^{\mathrm{T}}\boldsymbol{x}-s_i=b_i,\ s_i\geqslant 0.$$

§6.1.2　线性规划可行域的几何特点

本小节将讨论线性规划可行域的基本性质. 线性规划的可行域是由一组线性等式和不等式约束构成的,因此属于凸集. 我们首先介绍凸集的两个非常重要的概念,即极点和极方向.

定义 6.1.1　给定非空凸集 $C\subset\mathbf{R}^n$, $\boldsymbol{x}\in C$. 若对于 $\lambda\in(0,1)$以及 $\boldsymbol{x}_1$, $\boldsymbol{x}_2\in C$,由 $\boldsymbol{x}=\lambda\boldsymbol{x}_1+(1-\lambda)\boldsymbol{x}_2$ 可推出 $\boldsymbol{x}_1=\boldsymbol{x}_2=\boldsymbol{x}$,则称 $\boldsymbol{x}$ 为集合 C 的极点.

定义 6.1.2　给定非空凸集 $C\subset\mathbf{R}^n$,非零向量 $\boldsymbol{d}\in\mathbf{R}^n$. 若对于 $\boldsymbol{x}\in C$ 和 $\lambda>0$ 都有 $\boldsymbol{x}+\lambda\boldsymbol{d}\in C$,则称 $\boldsymbol{d}$ 为集合 C 的一个方向. 若对 $\lambda_1,\lambda_2>0$ 以及 C 的方向 $\boldsymbol{d}_1$, $\boldsymbol{d}_2$,由 $\boldsymbol{d}=\lambda_1\boldsymbol{d}_1+\lambda_2\boldsymbol{d}_2$ 可推出 $\boldsymbol{d}_1=\alpha_1\boldsymbol{d}$, $\boldsymbol{d}_2=\alpha_2\boldsymbol{d}$,其中 $\alpha_1>0$, $\alpha_2>0$,则称 $\boldsymbol{d}$ 为集合 C 的极

方向.

注意,若 $\boldsymbol{d}_1$, $\boldsymbol{d}_2$ 是集合 C 的两个方向,且满足 $\boldsymbol{d}_1=\alpha\boldsymbol{d}_2$,其中 $\alpha>0$,则将 $\boldsymbol{d}_1$, $\boldsymbol{d}_2$ 看作同一个方向. 以集合 $C=\{(x_1,\ x_2)^{\mathrm{T}}\mid x_1\geqslant 0,\ x_2\geqslant 0\}$ 为例,易知该集合具有唯一的极点 $(0,\ 0)$,任意非负向量 $\boldsymbol{d}=(d_1,\ d_2)^{\mathrm{T}}\neq(0,\ 0)^{\mathrm{T}}$ 均为该集合的方向,其中 $(1,\ 0)^{\mathrm{T}}$ 和 $(0,\ 1)^{\mathrm{T}}$ 为该集合的极方向.

考虑具有标准形式的线性规划问题,记其可行域 $S=\{\boldsymbol{x}\mid \boldsymbol{A}\boldsymbol{x}=\boldsymbol{b},\ \boldsymbol{x}\geqslant 0\}$. 以下我们讨论集合 S 的极点和极方向.

定理 6.1.1　设 $S=\{\boldsymbol{x}\mid \boldsymbol{A}\boldsymbol{x}=\boldsymbol{b},\ \boldsymbol{x}\geqslant 0\}$ 非空,其中 $\boldsymbol{A}$ 行满秩. $\boldsymbol{x}\in S$ 是 S 的极点当且仅当 $\boldsymbol{x}$ 可表示为 $\boldsymbol{x}=\begin{pmatrix}\boldsymbol{B}^{-1}\boldsymbol{b}\\ \boldsymbol{0}\end{pmatrix}$,其中 $\boldsymbol{A}=(\boldsymbol{B},\ \boldsymbol{N})$,$\boldsymbol{B}$ 可逆且 $\boldsymbol{B}^{-1}\boldsymbol{b}\geqslant 0$.

证明　充分性. 假设 $\boldsymbol{x}$ 可表示为 $\boldsymbol{x}=\begin{pmatrix}\boldsymbol{B}^{-1}\boldsymbol{b}\\ \boldsymbol{0}\end{pmatrix}$,其中 $\boldsymbol{A}=(\boldsymbol{B},\ \boldsymbol{N})$,$\boldsymbol{B}$ 可逆且 $\boldsymbol{B}^{-1}\boldsymbol{b}\geqslant 0$. 现假设 $\boldsymbol{x}=\lambda\boldsymbol{x}_1+(1-\lambda)\boldsymbol{x}_2$,其中 $\lambda\in(0,\ 1)$, $\boldsymbol{x}_1$, $\boldsymbol{x}_2\in S$. 记 $\boldsymbol{x}_1=\begin{pmatrix}\boldsymbol{x}_{11}\\ \boldsymbol{x}_{12}\end{pmatrix}$, $\boldsymbol{x}_2=\begin{pmatrix}\boldsymbol{x}_{21}\\ \boldsymbol{x}_{22}\end{pmatrix}$,则

$$\begin{pmatrix}\boldsymbol{B}^{-1}\boldsymbol{b}\\ \boldsymbol{0}\end{pmatrix}=\lambda\begin{pmatrix}\boldsymbol{x}_{11}\\ \boldsymbol{x}_{12}\end{pmatrix}+(1-\lambda)\begin{pmatrix}\boldsymbol{x}_{21}\\ \boldsymbol{x}_{22}\end{pmatrix}.$$

由于 $\boldsymbol{x}_{12}$, $\boldsymbol{x}_{22}\geqslant 0$, $\lambda\in(0,\ 1)$,则 $\boldsymbol{x}_{12}=\boldsymbol{x}_{22}=\boldsymbol{0}$. 由于 $\boldsymbol{x}_1$, $\boldsymbol{x}_2\in S$,则有 $\boldsymbol{x}_{11}=\boldsymbol{x}_{21}=\boldsymbol{B}^{-1}\boldsymbol{b}$. 因此,$\boldsymbol{x}_1=\boldsymbol{x}_2=\boldsymbol{x}$, $\boldsymbol{x}$ 是集合 S 的极点.

必要性. 设 $\boldsymbol{x}\in S$ 是集合 S 的极点. 不妨假设 $\boldsymbol{x}=(x_1,\ \cdots,\ x_k,\ 0,\ \cdots,\ 0)^{\mathrm{T}}$,其中 $x_i>0$, $i=1,\ \cdots,\ k$. 设 $\boldsymbol{A}=(\boldsymbol{a}_1,\ \boldsymbol{a}_2,\ \cdots,\ \boldsymbol{a}_n)$. 下证列向量 $\boldsymbol{a}_1$, $\cdots$, $\boldsymbol{a}_k$ 线性无关. 假设存在不全为零的 λ_1, $\cdots$, λ_k,使得 $\lambda_1\boldsymbol{a}_1+\lambda_2\boldsymbol{a}_2+\cdots+\lambda_k\boldsymbol{a}_k=\boldsymbol{0}$. 记 $\boldsymbol{\lambda}=(\lambda_1,\ \cdots,\ \lambda_k,\ 0,\ \cdots,\ 0)^{\mathrm{T}}$. 令

$$\boldsymbol{x}_1=\boldsymbol{x}+\alpha\boldsymbol{\lambda},\ \boldsymbol{x}_2=\boldsymbol{x}-\alpha\boldsymbol{\lambda}.$$

可适当选取 α 使得 $\boldsymbol{x}_1$, $\boldsymbol{x}_2\geqslant 0$. 另一方面,

$$\boldsymbol{A}\boldsymbol{x}_1=\boldsymbol{A}\boldsymbol{x}+\alpha\boldsymbol{A}\boldsymbol{\lambda}=\boldsymbol{b},\ \boldsymbol{A}\boldsymbol{x}_2=\boldsymbol{A}\boldsymbol{x}-\alpha\boldsymbol{A}\boldsymbol{\lambda}=\boldsymbol{b},$$

则 $\boldsymbol{x}_1$, $\boldsymbol{x}_2\in S$. 由于 $\boldsymbol{x}=\frac{1}{2}\boldsymbol{x}_1+\frac{1}{2}\boldsymbol{x}_2$,与 $\boldsymbol{x}$ 是极点矛盾. 因此,$\boldsymbol{a}_1$, $\cdots$, $\boldsymbol{a}_k$ 线性无关,且 $k\leqslant m$. 由于 $r(\boldsymbol{A})=m$,则 $\boldsymbol{a}_{k+1}$, $\cdots$, $\boldsymbol{a}_n$ 中必存在 $m-k$ 个列与 $\boldsymbol{a}_1$, $\cdots$, $\boldsymbol{a}_k$ 构成线性无关的向量组. 不妨记为 $\boldsymbol{a}_{k+1}$, $\cdots$, $\boldsymbol{a}_m$. 令 $\boldsymbol{B}=(\boldsymbol{a}_1,\ \boldsymbol{a}_2,\ \cdots,\ \boldsymbol{a}_m)$,则此

时 $\boldsymbol{x}=\begin{pmatrix}\boldsymbol{B}^{-1}\boldsymbol{b}\\ \boldsymbol{0}\end{pmatrix}$,其中 $\boldsymbol{B}^{-1}\boldsymbol{b}=(x_1, \cdots, x_k, 0, \cdots, 0)^{\mathrm{T}}\geqslant 0$. □

由于矩阵 $\boldsymbol{A}$ 的 m 阶可逆子矩阵 $\boldsymbol{B}$ 至多存在 C_n^m 个,根据上述定理可知,集合 S 只有有限多个极点.下面我们将说明集合 S 只要非空则必存在极点.

定理 6.1.2　设 $S=\{\boldsymbol{x}\mid \boldsymbol{A}\boldsymbol{x}=\boldsymbol{b}, \boldsymbol{x}\geqslant 0\}$ 非空,其中 $\boldsymbol{A}$ 行满秩,则集合 S 至少存在一个极点.

证明　取 $\boldsymbol{x}\in S$. 不失一般性,假设 $\boldsymbol{x}=(x_1, \cdots, x_k, 0, \cdots, 0)^{\mathrm{T}}$,其中 $x_k>0$, $i=1, \cdots, k$. 记 $\boldsymbol{A}=(\boldsymbol{a}_1, \boldsymbol{a}_2, \cdots, \boldsymbol{a}_n)$.

若 $\boldsymbol{a}_1, \cdots, \boldsymbol{a}_k$ 线性无关,则根据定理 6.1.1 及其证明可知,$\boldsymbol{x}$ 是 S 的一个极点.

若 $\boldsymbol{a}_1, \cdots, \boldsymbol{a}_k$ 线性相关,则存在不全为零的 $\lambda_1, \cdots, \lambda_k$,使得 $\lambda_1\boldsymbol{a}_1+\cdots+\lambda_k\boldsymbol{a}_k=\boldsymbol{0}$,且至少有一个 $\lambda_i>0$. 令

$$\begin{aligned}\alpha &=\min\left\{\frac{x_i}{\lambda_i}\mid \lambda_i>0, i=1, \cdots, k\right\}\\ &=\frac{x_j}{\lambda_j}.\end{aligned}$$

构造 $\boldsymbol{x}'$ 满足

$$x_i'=\begin{cases}x_i-\alpha\lambda_i, & i=1, \cdots, k,\\ 0, & i=k+1, \cdots, n.\end{cases}$$

易知 $\boldsymbol{x}'\geqslant 0$,且 $x_i'=0$, $i=j, k+1, \cdots, n$,并且

$$\boldsymbol{A}\boldsymbol{x}'=\sum_{i=0}^{n}\boldsymbol{a}_i x_i'=\sum_{i=0}^{k}\boldsymbol{a}_i(x_i-\alpha\lambda_i)=\boldsymbol{b}.$$

因此 $\boldsymbol{x}'\in S$,其非零分量至多有 $k-1$ 个. 重复该过程直至得到点 $\tilde{\boldsymbol{x}}\in S$,其非零分量对应的 $\boldsymbol{A}$ 的列线性无关,此时 $\tilde{\boldsymbol{x}}$ 是 S 的一个极点. □

以下我们将讨论集合 S 的极方向的相关性质. 根据凸集方向的定义 6.1.2 可知,$\boldsymbol{d}\neq\boldsymbol{0}$ 是 S 的方向当且仅当 $\boldsymbol{A}\boldsymbol{d}=\boldsymbol{0}$, $\boldsymbol{d}\geqslant 0$.

定理 6.1.3　设 $S=\{\boldsymbol{x}\mid \boldsymbol{A}\boldsymbol{x}=\boldsymbol{b}, \boldsymbol{x}\geqslant 0\}$ 非空,其中 $\boldsymbol{A}$ 行满秩. $\boldsymbol{d}\in\mathbf{R}^n$ 是 S 的极方向当且仅当存在矩阵 $\boldsymbol{A}$ 的分解 $\boldsymbol{A}=(\boldsymbol{B}, \boldsymbol{N})$,使得

$$\boldsymbol{d}=t\begin{pmatrix}-\boldsymbol{B}^{-1}\boldsymbol{a}_j\\ \boldsymbol{e}_j\end{pmatrix},$$

其中,$t>0$, $\boldsymbol{B}^{-1}\boldsymbol{a}_j\leqslant 0$, $\boldsymbol{a}_j$ 为矩阵 $\boldsymbol{N}$ 的第 j 列, $\boldsymbol{e}_j\in\mathbf{R}^{n-m}$ 的第 j 个分量为 1,其余分量为零.

证明 充分性. 由于 $\boldsymbol{B}^{-1}\boldsymbol{a}_j\leqslant 0$,则 $\boldsymbol{d}\geqslant 0$. 由于 $\boldsymbol{A}\boldsymbol{d}=\boldsymbol{0}$,因此 $\boldsymbol{d}$ 为 S 的方向. 设 $\boldsymbol{d}=\lambda_1\boldsymbol{d}_1+\lambda_2\boldsymbol{d}_2$,其中 $\lambda_1, \lambda_2>0$, $\boldsymbol{d}_1, \boldsymbol{d}_2$ 为 S 的方向. 由于 $\boldsymbol{d}$ 有 $n-m-1$ 个零分量,则 $\boldsymbol{d}_1, \boldsymbol{d}_2$ 对应的分量也均为零. 因此存在 $\alpha_1, \alpha_2>0$,使得

$$\boldsymbol{d}_1=\alpha_1\begin{pmatrix}\boldsymbol{d}_{11}\\ \boldsymbol{e}_j\end{pmatrix},\ \boldsymbol{d}_2=\alpha_1\begin{pmatrix}\boldsymbol{d}_{21}\\ \boldsymbol{e}_j\end{pmatrix}.$$

由于 $\boldsymbol{A}\boldsymbol{d}_1=\boldsymbol{A}\boldsymbol{d}_2=\boldsymbol{0}$,则 $\boldsymbol{d}_{11}=\boldsymbol{d}_{21}=-\boldsymbol{B}^{-1}\boldsymbol{a}_j$. 因此,$\boldsymbol{d}$ 为集合 S 的极方向.

必要性. 设 $\boldsymbol{d}$ 是 $\boldsymbol{A}$ 的极方向. 不失一般性,假设 $\boldsymbol{d}=(d_1, \cdots, d_k, 0, \cdots, d_j, \cdots, 0)^{\mathrm{T}}$,其中 $d_i>0$, $i=1, \cdots, k$, $d_j>0$. 下证 $\boldsymbol{a}_1, \cdots, \boldsymbol{a}_k$ 线性无关. 不妨假设 $\boldsymbol{a}_1, \cdots, \boldsymbol{a}_k$ 线性相关,则存在不全为零的 $\lambda_1, \cdots, \lambda_k$,使得 $\lambda_1\boldsymbol{a}_1+\cdots+\lambda_k\boldsymbol{a}_k=\boldsymbol{0}$. 记 $\boldsymbol{\lambda}=(\lambda_1, \cdots, \lambda_k, 0, \cdots, 0)^{\mathrm{T}}$,适当选取 $\alpha>0$,使得 $\boldsymbol{d}+\alpha\boldsymbol{\lambda}\geqslant 0$ 且 $\boldsymbol{d}-\alpha\boldsymbol{\lambda}\geqslant 0$. 记 $\boldsymbol{d}_1=\boldsymbol{d}+\alpha\boldsymbol{\lambda}$, $\boldsymbol{d}_2=\boldsymbol{d}-\alpha\boldsymbol{\lambda}$. 容易验证 $\boldsymbol{A}\boldsymbol{d}_1=\boldsymbol{A}\boldsymbol{d}_2=\boldsymbol{0}$,可知 $\boldsymbol{d}_1, \boldsymbol{d}_2$ 为 S 的方向. 而 $\boldsymbol{d}=\frac{1}{2}\boldsymbol{d}_1+\frac{1}{2}\boldsymbol{d}_2$,与 $\boldsymbol{d}$ 是极方向矛盾. 因此,$\boldsymbol{a}_1, \cdots, \boldsymbol{a}_k$ 线性无关. 由于 $r(\boldsymbol{A})=m$,则可从 $\boldsymbol{a}_{k+1}, \cdots, \boldsymbol{a}_n$ 中选取 $m-k$ 个与 $\boldsymbol{a}_1, \cdots, \boldsymbol{a}_k$ 构成线性无关的向量组,不妨设为 $\boldsymbol{a}_{k+1}, \cdots, \boldsymbol{a}_m$. 记 $\boldsymbol{B}=(\boldsymbol{a}_1, \cdots, \boldsymbol{a}_m)$. 若 $j\leqslant m$,则 $\boldsymbol{B}\tilde{\boldsymbol{d}}=\boldsymbol{A}\boldsymbol{d}=\boldsymbol{0}$,其中 $\tilde{\boldsymbol{d}}$ 由 $\boldsymbol{d}$ 的前 m 个分量构成,因而 $\boldsymbol{d}=\boldsymbol{0}$,矛盾. 因此,$j>m$. 由于 $\boldsymbol{B}\tilde{\boldsymbol{d}}+d_j\boldsymbol{a}_j=\boldsymbol{A}\boldsymbol{d}=\boldsymbol{0}$,则 $\tilde{\boldsymbol{d}}=-d_j\boldsymbol{B}^{-1}\boldsymbol{a}_j$, $\boldsymbol{d}=d_j\begin{pmatrix}\boldsymbol{B}^{-1}\boldsymbol{a}_j\\ \boldsymbol{e}_j\end{pmatrix}$,且 $\boldsymbol{B}^{-1}\boldsymbol{a}_j\leqslant 0$. □

定理 6.1.1—6.1.3 分别讨论了集合 $S=\{\boldsymbol{x}\,|\,\boldsymbol{A}\boldsymbol{x}=\boldsymbol{b},\ \boldsymbol{x}\geqslant 0\}$ 的极点和极方向的性质. 若集合 S 的所有极点和极方向已知,以下定理表明集合 S 的任意一点均可表示为极点和极方向的某种线性组合形式.

定理 6.1.4 设 $S=\{\boldsymbol{x}\,|\,\boldsymbol{A}\boldsymbol{x}=\boldsymbol{b},\ \boldsymbol{x}\geqslant 0\}$ 非空,其中 $\boldsymbol{A}$ 行满秩. 假设 S 的极点为 $\boldsymbol{x}_1, \cdots, \boldsymbol{x}_k$,极方向为 $\boldsymbol{d}_1, \cdots, \boldsymbol{d}_l$,则 $\boldsymbol{x}\in S$ 当且仅当 $\boldsymbol{x}$ 具有如下形式:

$$\boldsymbol{x}=\sum_{i=1}^{k}\lambda_i\boldsymbol{x}_i+\sum_{j=1}^{l}\mu_j\boldsymbol{d}_j,\text{其中}\sum_{i=1}^{k}\lambda_i=1,\ \lambda_i\geqslant 0,\ i=1, \cdots, k,\ \mu_j\geqslant 0,\ j=1, \cdots, l.$$

该定理的证明从略,有兴趣的读者可参考文献[11][13]. 由该定理可知,集合 S 无界当且仅当 S 至少存在一个极方向;集合 S 有界当且仅当它可表示为有限个极点的凸组合.

§6.2 单纯形方法

本节将介绍求解线性规划问题的重要方法——单纯形方法. 考虑如下标准

形式的线性规划：

$$\text{(LP)}\quad \min\ \ \boldsymbol{c}^{\mathrm{T}}\boldsymbol{x};\quad \text{s. t.}\ \ \boldsymbol{A}\boldsymbol{x}=\boldsymbol{b},\ \ \boldsymbol{x}\geqslant 0,$$

其中，$\boldsymbol{A}$ 行满秩. 记其可行集为 $S=\{\boldsymbol{x}\mid \boldsymbol{A}\boldsymbol{x}=\boldsymbol{b},\ \boldsymbol{x}\geqslant 0\}$.

定理 6.2.1　假设 $S=\{\boldsymbol{x}\mid \boldsymbol{A}\boldsymbol{x}=\boldsymbol{b},\ \boldsymbol{x}\geqslant 0\}$，其极点分别为 $\boldsymbol{x}_1,\ \cdots,\ \boldsymbol{x}_k$，其极方向分别为 $\boldsymbol{d}_1,\ \cdots,\ \boldsymbol{d}_l$，则

(1) 线性规划(LP)有最优解当且仅当 $\boldsymbol{c}^{\mathrm{T}}\boldsymbol{d}_j\geqslant 0,\ j=1,\ \cdots,\ l$;

(2) 若线性规划(LP)有最优解，则必可在某个极点上达到.

证明　根据定理 6.1.4 可知，线性规划(LP)相当于以下线性规划问题：

$$\begin{aligned} \min\quad & \boldsymbol{c}^{\mathrm{T}}\boldsymbol{x}=\sum_{i=1}^{k}\lambda_i\boldsymbol{c}^{\mathrm{T}}\boldsymbol{x}_i+\sum_{j=1}^{l}\mu_j\boldsymbol{c}^{\mathrm{T}}\boldsymbol{d}_j;\\ \text{s. t.}\quad & \sum_{i=1}^{k}\lambda_i=1,\\ & \lambda_i\geqslant 0,\ i=1,\ \cdots,\ k,\\ & \mu_j\geqslant 0,\ j=1,\ \cdots,\ l. \end{aligned}$$

若 $\boldsymbol{c}^{\mathrm{T}}\boldsymbol{d}_j<0$，由于 μ_j 可以取任意大，则 $\boldsymbol{c}^{\mathrm{T}}\boldsymbol{x}\rightarrow-\infty$，即不存在最优解.

若 $\boldsymbol{c}^{\mathrm{T}}\boldsymbol{d}_j\geqslant 0,\ j=1,\ \cdots,\ l$，记 $\boldsymbol{c}^{\mathrm{T}}\boldsymbol{x}_t=\min_{i=1,\ \cdots,\ k}\boldsymbol{c}^{\mathrm{T}}\boldsymbol{x}_i$，由于 $\mu_j\geqslant 0$，则 $\boldsymbol{c}^{T}\boldsymbol{x}\geqslant\sum_{i=1}^{k}\lambda_i\boldsymbol{c}^{\mathrm{T}}\boldsymbol{x}_i\geqslant\min_{i=1,\cdots k}\boldsymbol{c}^{\mathrm{T}}\boldsymbol{x}_i=\boldsymbol{c}^{\mathrm{T}}\boldsymbol{x}_t$，即 $\boldsymbol{x}_t$ 是线性规划(LP) 的最优解.　□

由于线性规划问题若存在最优解，必可在某个极点上达到，那么在求解线性规划时可从极点处着手.

§6.2.1　单纯形算法的基本思想

首先我们给出基本可行解的概念.

定义 6.2.1　记线性规划可行集 $S=\{\boldsymbol{x}\mid \boldsymbol{A}\boldsymbol{x}=\boldsymbol{b},\ \boldsymbol{x}\geqslant 0\}$，其中 $\boldsymbol{A}$ 行满秩. 设 $\boldsymbol{A}$ 可分解为 $\boldsymbol{A}=(\boldsymbol{B},\ \boldsymbol{N})$，其中 $\boldsymbol{B}$ 可逆，则称 $\boldsymbol{B}$ 为 $\boldsymbol{A}$ 的一组基. $\boldsymbol{x}$ 对应地分解为 $\boldsymbol{x}=\begin{pmatrix}\boldsymbol{x}_B\\ \boldsymbol{x}_N\end{pmatrix}$，称 $\boldsymbol{x}_B$ 为基变量，$\boldsymbol{x}_N$ 为非基变量. 令非基变量 $\boldsymbol{x}_N=\boldsymbol{0}$，可知基变量 $\boldsymbol{x}_B=\boldsymbol{B}^{-1}\boldsymbol{b}$，此时 $\boldsymbol{x}=\begin{pmatrix}\boldsymbol{B}^{-1}\boldsymbol{b}\\ \boldsymbol{0}\end{pmatrix}$ 称为基本解. 若 $\boldsymbol{B}^{-1}\boldsymbol{b}\geqslant 0$，则 $\boldsymbol{x}=\begin{pmatrix}\boldsymbol{B}^{-1}\boldsymbol{b}\\ \boldsymbol{0}\end{pmatrix}$ 称为基本可行解，此时，$\boldsymbol{B}$ 称为可行基.

根据以上定义和定理 6.1.1 可知,可行集 S 的极点和基本可行解具有一一对应的关系.

假设已知某个基本可行解 $\bar{\boldsymbol{x}}=\begin{pmatrix}\boldsymbol{B}^{-1}\boldsymbol{b}\\ \boldsymbol{0}\end{pmatrix}$,其中 $\boldsymbol{A}=(\boldsymbol{B},\ \boldsymbol{N})$,$\boldsymbol{B}$ 可逆,我们需要判断 $\bar{\boldsymbol{x}}$ 是不是线性规划的最优解. 若不是,则需要找到另一个使得目标函数值更优的基本可行解.

根据 $\boldsymbol{A}=(\boldsymbol{B},\ \boldsymbol{N})$,对 $\boldsymbol{c}$ 进行分解:$\boldsymbol{c}=\begin{pmatrix}\boldsymbol{c}_B\\ \boldsymbol{c}_N\end{pmatrix}$,则 $\boldsymbol{c}^{\mathrm{T}}\bar{\boldsymbol{x}}=\boldsymbol{c}_B^{\mathrm{T}}\boldsymbol{B}^{-1}\boldsymbol{b}$. 现任取 $\boldsymbol{x}\in S$,将 $\boldsymbol{x}$ 分解为 $\boldsymbol{x}=\begin{pmatrix}\boldsymbol{x}_B\\ \boldsymbol{x}_N\end{pmatrix}$. 由于 $\boldsymbol{A}\boldsymbol{x}=\boldsymbol{B}\boldsymbol{x}_B+\boldsymbol{N}\boldsymbol{x}_N=\boldsymbol{b}$,则 $\boldsymbol{x}_B=\boldsymbol{B}^{-1}\boldsymbol{b}-\boldsymbol{B}^{-1}\boldsymbol{N}\boldsymbol{x}_N$. 因此

$$\begin{aligned}\boldsymbol{c}^{\mathrm{T}}\boldsymbol{x}&=\boldsymbol{c}_B^{\mathrm{T}}\boldsymbol{x}_B+\boldsymbol{c}_N^{\mathrm{T}}\boldsymbol{x}_N\\&=\boldsymbol{c}_B^{\mathrm{T}}\boldsymbol{B}^{-1}\boldsymbol{b}+(\boldsymbol{c}_N^{\mathrm{T}}-\boldsymbol{c}_B^{\mathrm{T}}\boldsymbol{B}^{-1}\boldsymbol{N})^{\mathrm{T}}\boldsymbol{x}_N\\&=\boldsymbol{c}^{\mathrm{T}}\bar{\boldsymbol{x}}+(\boldsymbol{c}_N^{\mathrm{T}}-\boldsymbol{c}_B^{\mathrm{T}}\boldsymbol{B}^{-1}\boldsymbol{N})\boldsymbol{x}_N.\end{aligned}$$

由于 $\boldsymbol{x}_N\geqslant 0$,根据上式可得 $\bar{\boldsymbol{x}}$ 为最优解的等价判断条件.

定理 6.2.2 考虑线性规划的基本可行解 $\bar{\boldsymbol{x}}=\begin{pmatrix}\boldsymbol{B}^{-1}\boldsymbol{b}\\ \boldsymbol{0}\end{pmatrix}$. $\bar{\boldsymbol{x}}$ 是最优解当且仅当 $\boldsymbol{c}_N^{\mathrm{T}}-\boldsymbol{c}_B^{\mathrm{T}}\boldsymbol{B}^{-1}\boldsymbol{N}\geqslant 0$.

因此,$\bar{\boldsymbol{c}}=\boldsymbol{c}_N^{\mathrm{T}}-\boldsymbol{c}_B^{\mathrm{T}}\boldsymbol{B}^{-1}\boldsymbol{N}$ 通常称为检验数(reduced cost).

若 $\bar{\boldsymbol{x}}$ 非最优解,即 $\boldsymbol{c}_N^{\mathrm{T}}-\boldsymbol{c}_B^{\mathrm{T}}\boldsymbol{B}^{-1}\boldsymbol{N}\ngeqslant 0$,则存在某个 j 使得 $\boldsymbol{c}_j-\boldsymbol{c}_B^{\mathrm{T}}\boldsymbol{B}^{-1}\boldsymbol{a}_j<0$. 记 $\boldsymbol{d}_j=\begin{pmatrix}-\boldsymbol{B}^{-1}\boldsymbol{a}_j\\ \boldsymbol{e}_j\end{pmatrix}$,则 $\boldsymbol{A}\boldsymbol{d}_j=\boldsymbol{0}$,同时 $\boldsymbol{c}^{\mathrm{T}}\boldsymbol{d}_j<0$. 考虑 $\boldsymbol{x}=\bar{\boldsymbol{x}}+\lambda\boldsymbol{d}_j$,其中 $\lambda>0$,易知 $\boldsymbol{A}\boldsymbol{x}=\boldsymbol{b}$, $\boldsymbol{c}^{\mathrm{T}}\boldsymbol{x}=\boldsymbol{c}^{\mathrm{T}}\bar{\boldsymbol{x}}+\lambda\boldsymbol{c}^{\mathrm{T}}\boldsymbol{d}_j<\boldsymbol{c}^{\mathrm{T}}\bar{\boldsymbol{x}}$. 因此,若 $\boldsymbol{x}\geqslant 0$,则 $\boldsymbol{x}$ 是使得目标函数值更优的可行解.

记 $\bar{\boldsymbol{a}}_j=\boldsymbol{B}^{-1}\boldsymbol{a}_j$,分两种情况讨论:

(1) 若 $\bar{\boldsymbol{a}}_j\leqslant 0$,则 $\boldsymbol{d}_j\geqslant 0$ 为可行集 S 的一个极方向. 此时,对于任意 $\lambda>0$,均有 $\boldsymbol{x}\geqslant 0$. 当 $\lambda\to+\infty$ 时, $\boldsymbol{c}^{\mathrm{T}}\boldsymbol{x}=\boldsymbol{c}^{\mathrm{T}}\bar{\boldsymbol{x}}+\lambda\boldsymbol{c}^{\mathrm{T}}\boldsymbol{d}_j\to-\infty$,线性规划不存在最优解(即无界).

(2) 若 $\bar{\boldsymbol{a}}_j\nleqslant 0$,为保证 $\boldsymbol{x}=\bar{\boldsymbol{x}}+\lambda\boldsymbol{d}_j\geqslant 0$,只须 $\boldsymbol{B}^{-1}\boldsymbol{b}-\lambda\bar{\boldsymbol{a}}_j\geqslant 0$ 即可. 记 $\bar{\boldsymbol{b}}=\boldsymbol{B}^{-1}\boldsymbol{b}$,并计算

$$\bar{\lambda}=\min\left\{\frac{\bar{b}_i}{\bar{a}_{ij}}\,\middle|\,\bar{a}_{ij}>0,\ i=1,\ \cdots,\ m\right\}=\frac{\bar{b}_r}{\bar{a}_{rj}}>0.$$

令 $\boldsymbol{x}=\bar{\boldsymbol{x}}+\bar{\lambda}\boldsymbol{d}_j$,则 $x_r=0$, $x_j=\bar{\lambda}$,且 $\boldsymbol{x}$ 至多有 m 个非零分量. 易验证,$\boldsymbol{x}$ 的非零分量所对应的 $\boldsymbol{A}$ 的列向量线性无关,$\boldsymbol{x}$ 为基本可行解且 $\boldsymbol{c}^{\mathrm{T}}\boldsymbol{x}<\boldsymbol{c}^{\mathrm{T}}\bar{\boldsymbol{x}}$. 在该过程中,称 x_r 为出基,x_j 为进基.

根据讨论,对于给定的基本可行解 $\bar{\boldsymbol{x}}$ 会有 3 种情况发生:

(1) 检验数 $\bar{\boldsymbol{c}}=\boldsymbol{c}_N^{\mathrm{T}}-\boldsymbol{c}_B^{\mathrm{T}}\boldsymbol{B}^{-1}\boldsymbol{N}\geqslant 0$,$\bar{\boldsymbol{x}}$ 为最优解;

(2) 找到一个目标函数值下降的极方向,问题无下界;

(3) 找到一个使得目标函数值更优的基本可行解.

若情况(3)发生,则继续迭代. 以上即单纯形算法的主要思想.

§6.2.2　单纯形算法的迭代步骤

(1) 给定基本可行解 $\boldsymbol{x}=\begin{pmatrix}\boldsymbol{B}^{-1}\boldsymbol{b}\\ \boldsymbol{0}\end{pmatrix}$,其中可逆矩阵 $\boldsymbol{B}$ 为矩阵 $\boldsymbol{A}$ 的一组基.

(2) 计算检验数 $\bar{\boldsymbol{c}}=\boldsymbol{c}_N^{\mathrm{T}}-\boldsymbol{c}_B^{\mathrm{T}}\boldsymbol{B}^{-1}\boldsymbol{N}$. 若 $\bar{\boldsymbol{c}}\geqslant 0$,则当前解 $\boldsymbol{x}$ 即最优解,算法结束.

(3) 选取 j 满足

$$c_j-\boldsymbol{c}_B^{\mathrm{T}}\boldsymbol{B}^{-1}\boldsymbol{a}_j=\min\{c_i-\boldsymbol{c}_B^{\mathrm{T}}\boldsymbol{B}^{-1}\boldsymbol{a}_i \mid c_i-\boldsymbol{c}_B^{\mathrm{T}}\boldsymbol{B}^{-1}\boldsymbol{a}_i<0\}.$$

记 $\bar{\boldsymbol{a}}_j=\boldsymbol{B}^{-1}\boldsymbol{a}_j$. 若 $\bar{\boldsymbol{a}}_j\leqslant 0$,则无界,算法结束;否则,$x_j$ 为进基变量,转(4).

(4) 记 $\bar{\boldsymbol{b}}=\boldsymbol{B}^{-1}\boldsymbol{b}$,计算

$$\begin{aligned}\bar{\lambda}&=\min\left\{\frac{\bar{b}_i}{\bar{a}_{ij}} \mid \bar{a}_{ij}>0,\ i=1,\ \cdots,\ m\right\}\\&=\frac{\bar{b}_r}{\bar{a}_{rj}}.\end{aligned}$$

x_r 为出基变量. 令 $\boldsymbol{x}:=\boldsymbol{x}+\bar{\lambda}\boldsymbol{d}_j$,其中,$\boldsymbol{d}_j=\begin{pmatrix}-\boldsymbol{B}^{-1}\boldsymbol{a}_j\\ \boldsymbol{e}_j\end{pmatrix}$. 转(2).

以上即单纯形算法的迭代步骤. 在每次迭代过程中,要么因找到最优解或验证问题无下界而终止,要么找到新的更优的基本可行解. 根据之前的讨论可知,基本可行解至多有限个,因此单纯形算法必在有限步内终止.

当线性规划问题的变量较少时,单纯形算法可利用表格形式实现. 给定线性规划问题(LP)的一组基 $\boldsymbol{B}$ 及初始基本可行解 $\boldsymbol{x}=\begin{pmatrix}\boldsymbol{B}^{-1}\boldsymbol{b}\\ \boldsymbol{0}\end{pmatrix}$,产生初始单纯形表格(见表 6.2.1).

表 6.2.1　初始单纯形表

	$\boldsymbol{x}_B^{\mathrm{T}}$	$\boldsymbol{x}_N^{\mathrm{T}}$	
f	$\boldsymbol{c}_B$	$\boldsymbol{c}_N$	$\mathbf{0}$
$\boldsymbol{x}_B$	$\boldsymbol{B}$	$\boldsymbol{N}$	$\boldsymbol{b}$

表 6.2.1 中第二行为目标行，第三行为约束行，对其进行两次初等行变换：

(1) 约束行左乘 $\boldsymbol{B}^{-1}$；

(2) 将更新后的约束行左乘 $-\boldsymbol{c}_B^{\mathrm{T}}$ 加到目标行.

可得如下单纯形表格(见表 6.2.2).

表 6.2.2　变换后的单纯形表

	$\boldsymbol{x}_B^{\mathrm{T}}$	$\boldsymbol{x}_N^{\mathrm{T}}$	
f	$\mathbf{0}$	$\boldsymbol{c}_N-\boldsymbol{c}_B^{\mathrm{T}}\boldsymbol{B}^{-1}\boldsymbol{N}$	$-\boldsymbol{c}_B^{\mathrm{T}}\boldsymbol{B}^{-1}\boldsymbol{b}$
$\boldsymbol{x}_B$	$\boldsymbol{I}$	$\boldsymbol{B}^{-1}\boldsymbol{N}$	$\boldsymbol{B}^{-1}\boldsymbol{b}$

根据表 6.2.2，我们可对当前基本可行解进行判断. 若 $\boldsymbol{c}_N^{\mathrm{T}}-\boldsymbol{c}_B^{\mathrm{T}}\boldsymbol{B}^{-1}\boldsymbol{N}\geqslant 0$，则 $\begin{pmatrix}\boldsymbol{B}^{-1}\boldsymbol{b}\\ \mathbf{0}\end{pmatrix}$ 为最优解，其最优值为 $\boldsymbol{c}_B^{\mathrm{T}}\boldsymbol{B}^{-1}\boldsymbol{b}$；否则，选择某个 $\boldsymbol{c}_j-\boldsymbol{c}_B^{\mathrm{T}}\boldsymbol{B}^{-1}\boldsymbol{a}_j<0$. 若对应的 $\boldsymbol{B}^{-1}\boldsymbol{N}$ 中的列 $\boldsymbol{B}^{-1}\boldsymbol{a}_j\leqslant 0$，则算法无界；否则迭代到下一个基本可行解. 我们借助下例进行说明.

例 6.2.1　利用单纯形算法求解线性规划问题：

$$
\begin{aligned}
\max\quad & 2x_1+3x_2-5x_3;\\
\text{s. t.}\quad & 3x_1+4x_2-2x_3\leqslant 10,\\
& x_1+2x_2+5x_3\leqslant 4,\\
& x_i\geqslant 0,\ i=1,\ 2,\ 3.
\end{aligned}
$$

解　首先将问题转化为标准形式：

$$
\begin{aligned}
\min\quad & -2x_1-3x_2+5x_3;\\
\text{s. t.}\quad & 3x_1+4x_2-2x_3+x_4=10,\\
& x_1+2x_2+5x_3+x_5=4,\\
& x_i\geqslant 0,\ i=1,\ \cdots,\ 5,
\end{aligned}
$$

则 $\boldsymbol{c}=(-2, -3, 5, 0, 0)^{\mathrm{T}}$, $\boldsymbol{b}=(10, 4)^{\mathrm{T}}$, $\boldsymbol{A}=\begin{pmatrix}3 & 4 & -2 & 1 & 0\\ 1 & 2 & 5 & 0 & 1\end{pmatrix}$. 取基 $\boldsymbol{B}=(\boldsymbol{a}_4, \boldsymbol{a}_5)=\begin{pmatrix}1 & 0\\ 0 & 1\end{pmatrix}$,初始基本可行解 $\boldsymbol{x}=(0, 0, 0, 10, 4)^{\mathrm{T}}$. 初始单纯形表格见表 6.2.3.

表 6.2.3　初始单纯形表

	x_1	x_2	x_3	x_4	x_5	
f	-2	-3	5	0	0	0
x_4	3	4	-2	1	0	10
x_5	1	2^*	5	0	1	4

由于 $\bar{\boldsymbol{c}}=\boldsymbol{c}_N-\boldsymbol{c}_B^{\mathrm{T}}\boldsymbol{B}^{-1}\boldsymbol{N}=(-2, -3, 5)$,选取 x_2 进基. 根据 $\min\left\{\frac{10}{4}, \frac{4}{2}\right\}$,选取 x_5 出基,新的基 $\boldsymbol{B}=(\boldsymbol{a}_3, \boldsymbol{a}_4)$. 将表 6.2.3 中 2^* 所在的行乘以 $\frac{1}{2}$,并将该行的倍数加至其他行使得 2^* 所在列的其他元素消成 0,得新的基本可行解为 $\boldsymbol{x}=(0, 2, 0, 2, 0)^{\mathrm{T}}$,相应的单纯形表如表 6.2.4 所示.

表 6.2.4　变换后的单纯形表

	x_1	x_2	x_3	x_4	x_5	
f	$-\frac{1}{2}$	0	$\frac{25}{2}$	0	$\frac{2}{3}$	6
x_4	1^*	0	-12	1	-2	2
x_2	$\frac{1}{2}$	1	$\frac{5}{2}$	0	$\frac{1}{2}$	2

此时检验数 $\bar{\boldsymbol{c}}=\boldsymbol{c}_N-\boldsymbol{c}_B^{\mathrm{T}}\boldsymbol{B}^{-1}\boldsymbol{N}=\left(-\frac{1}{2}, \frac{25}{2}, \frac{3}{2}\right)$,选取 x_1 进基. 根据 $\min\left\{\frac{2}{2}, \frac{2}{\frac{1}{2}}\right\}$,选取 x_4 出基. 新的基 $\boldsymbol{B}=(\boldsymbol{a}_1, \boldsymbol{a}_2)$,基本可行解 $\boldsymbol{x}=(2, 1, 0, 0, 0)^{\mathrm{T}}$,单纯形表见表 6.2.5.

表 6.2.5　最终单纯形表

	x_1	x_2	x_3	x_4	x_5	
f	0	0	$\frac{13}{2}$	$\frac{1}{2}$	$\frac{1}{2}$	7
x_1	1	0	$-\frac{1}{2}$	1	-2	2
x_2	0	1	$\frac{17}{2}$	$-\frac{1}{2}$	$\frac{3}{2}$	1

由于检验数均大于 0,则 $\boldsymbol{x}=(2,1,0,0,0)^{\mathrm{T}}$ 为最优解,最优值为 -7.

§6.2.3　初始基本可行解

在单纯形算法中,起始步需要选择一个基本可行解. 在上例中,基本可行解容易找到. 对一般问题而言,寻找其基本可行解并不容易,我们可采用人工变量法解决. 考虑标准形式的线性规划:

$$\begin{aligned} \min\quad & \boldsymbol{c}^{\mathrm{T}}\boldsymbol{x}; \\ \text{s. t.}\quad & \boldsymbol{A}\boldsymbol{x}=\boldsymbol{b}, \\ & \boldsymbol{x}\geqslant 0. \end{aligned}$$

这里不妨假设 $\boldsymbol{b}\geqslant 0$. 对每个等式约束中添加一个非负人工变量,则约束条件变为

$$\boldsymbol{A}\boldsymbol{x}+\boldsymbol{s}=\boldsymbol{b},\ \boldsymbol{x}\geqslant 0,\ \boldsymbol{s}\geqslant 0,$$

其中 $\boldsymbol{s}\in\mathbf{R}^m$ 为人工变量组构成的向量. 此时,$\begin{pmatrix}\boldsymbol{x}\\ \boldsymbol{s}\end{pmatrix}=\begin{pmatrix}\boldsymbol{0}\\ \boldsymbol{b}\end{pmatrix}$ 构成一个基本可行解.

以下我们将简单介绍两类人工变量法:大 M 法和两阶段法.

1. **大 M 法**

对每个人工变量引入系数 M 可得如下线性规划问题:

$$\begin{aligned} \min\quad & \boldsymbol{c}^{\mathrm{T}}\boldsymbol{x}+M\boldsymbol{e}^{\mathrm{T}}\boldsymbol{s}; \\ \text{s. t.}\quad & \boldsymbol{A}\boldsymbol{x}+\boldsymbol{s}=\boldsymbol{b}, \\ & \boldsymbol{x}\geqslant 0,\ \boldsymbol{s}\geqslant 0, \end{aligned}$$

其中 M 为充分大的数. 以 $\begin{pmatrix}\boldsymbol{x}\\ \boldsymbol{s}\end{pmatrix}=\begin{pmatrix}\boldsymbol{0}\\ \boldsymbol{b}\end{pmatrix}$ 为初始基本可行解,利用单纯形算法对该问题进行求解. 令 $\begin{pmatrix}\boldsymbol{x}^*\\ \boldsymbol{s}^*\end{pmatrix}$ 表示其最优解. 若 $\boldsymbol{s}^*\neq\boldsymbol{0}$,则原问题(LP)不存在可行解. 若

$s^* = \mathbf{0}$,此时 x^* 满足 $Ax^* = b$ 且为原问题的最优解.

2. 两阶段法

两阶段法,顾名思义,即将问题分解为两个步骤进行求解.首先构造如下线性规划问题:

$$\begin{aligned} \min \quad & e^{\mathrm{T}} s; \\ \text{s.t.} \quad & Ax + s = b, \\ & x \geqslant 0,\ s \geqslant 0. \end{aligned}$$

以 $\begin{pmatrix} x \\ s \end{pmatrix} = \begin{pmatrix} \mathbf{0} \\ b \end{pmatrix}$ 为初始基本可行解,利用单纯形算法进行求解,记其最优解为 $\begin{pmatrix} \bar{x} \\ \bar{s} \end{pmatrix}$. 若 $\bar{s} \neq \mathbf{0}$,则原问题(LP)不存在可行解.若 $\bar{s} = \mathbf{0}$,此时 $\bar{x}$ 为原问题(LP)的基本可行解.在第二阶段,以 $\bar{x}$ 为初始基本可行解,继续采用单纯形方法对原问题(LP)进行求解.

§6.3　对偶单纯形方法

本小节我们主要讨论线性规划的对偶问题及对偶单纯形算法.

§6.3.1　线性规划对偶问题

考虑标准形式的线性规划问题

$$\text{(LP)} \quad \min\{c^{\mathrm{T}} x \mid Ax = b,\ x \geqslant 0\}.$$

根据对偶理论,问题(LP)的对偶问题为

$$\text{(LD)} \quad \max\{b^{\mathrm{T}} y \mid A^{\mathrm{T}} y \leqslant c\}.$$

容易验证,问题(LD)的对偶问题即原问题(LP).

根据上一章中相关知识,我们有如下对偶定理:

定理 6.3.1(弱对偶定理)　设 x 和 y 分别为问题(LP)和对偶问题(LD)的可行解,则 $c^{\mathrm{T}} x \geqslant b^{\mathrm{T}} y$.

证明　由于 x 和 y 分别为问题(LP)和对偶问题(LD)的可行解,则有 $Ax = b,\ x \geqslant 0,\ A^{\mathrm{T}} y \leqslant c$. 因此,

$$c^{\mathrm{T}} x \geqslant (A^{\mathrm{T}} y)^{\mathrm{T}} x = y^{\mathrm{T}} A x = y^{\mathrm{T}} b. \quad \square$$

因此,问题(LP)和(LD)之中若有一个无界,则另一个必无可行解.

定理 6.3.2(强对偶定理)　设问题(LP)或(LD)存在最优解,则另一个也存在最优解,且 $v(\mathrm{LP})=v(\mathrm{LD})$,其中 $v(\mathrm{LP})$, $v(\mathrm{LD})$ 分别为问题(LP)和(LD)的最优值.

证明　不妨假设原问题(LP)存在最优解,可知其最优解可在某个基本可行解取到.不妨设最优基本可行解为 $\bar{\boldsymbol{x}}=\begin{pmatrix}\boldsymbol{B}^{-1}\boldsymbol{b}\\ \boldsymbol{0}\end{pmatrix}$,其中 $\boldsymbol{A}=(\boldsymbol{B},\ \boldsymbol{N})$, $\boldsymbol{B}$ 为一组基.对系数向量 $\boldsymbol{c}$ 也相应分解为 $\boldsymbol{c}=\begin{pmatrix}\boldsymbol{c}_B\\ \boldsymbol{c}_N\end{pmatrix}$,则问题(LP)的最优值为 $\boldsymbol{c}^{\mathrm{T}}\bar{\boldsymbol{x}}=\boldsymbol{c}_B^{\mathrm{T}}\boldsymbol{B}^{-1}\boldsymbol{b}$.

根据单纯形算法可知,检验数 $\boldsymbol{c}_N^{\mathrm{T}}-\boldsymbol{c}_B^{\mathrm{T}}\boldsymbol{B}^{-1}\boldsymbol{N}\geqslant 0$.记 $\bar{\boldsymbol{y}}^{\mathrm{T}}=\boldsymbol{c}_B^{\mathrm{T}}\boldsymbol{B}^{-1}$,则

$$\bar{\boldsymbol{y}}^{\mathrm{T}}\boldsymbol{A}=\boldsymbol{c}_B^{\mathrm{T}}\boldsymbol{B}^{-1}(\boldsymbol{B},\ \boldsymbol{N})=(\boldsymbol{c}_B^{\mathrm{T}},\ \boldsymbol{c}_B^{\mathrm{T}}\boldsymbol{B}^{-1}\boldsymbol{N})\leqslant(\boldsymbol{c}_B^{\mathrm{T}},\ \boldsymbol{c}_N^{\mathrm{T}}),$$

即 $\boldsymbol{A}^{\mathrm{T}}\bar{\boldsymbol{y}}\leqslant\boldsymbol{c}$.又 $\boldsymbol{b}^{\mathrm{T}}\bar{\boldsymbol{y}}=\boldsymbol{c}_B^{\mathrm{T}}\boldsymbol{B}^{-1}\boldsymbol{b}=\boldsymbol{c}^{\mathrm{T}}\bar{\boldsymbol{x}}$,因此 $\bar{\boldsymbol{y}}$ 为(LD)的最优解,并且 $v(\mathrm{LP})=v(\mathrm{LD})$. □

以上定理的证明过程也表明,单纯形算法在找到原问题(LP)最优解的同时,也找到了对偶问题的最优解.在例 6.2.1 中,利用单纯形算法得到最优解 $\boldsymbol{x}=(2,\ 1,\ 0,\ 0,\ 0)^{\mathrm{T}}$,对应的最优基 $\boldsymbol{B}=(\boldsymbol{a}_1,\ \boldsymbol{a}_2)=\begin{pmatrix}3&4\\1&2\end{pmatrix}$,那么 $\boldsymbol{y}^{\mathrm{T}}=\boldsymbol{c}_B^{\mathrm{T}}\boldsymbol{B}^{-1}=\left(-\frac{1}{2},\ -\frac{1}{2}\right)$即其对偶问题的最优解.

定理 6.3.3(互补松弛条件)　设 $\boldsymbol{x}$ 和 $\boldsymbol{y}$ 分别为问题(LP)和对偶问题(LD)的可行解,记 $\boldsymbol{u}=\boldsymbol{c}-\boldsymbol{A}^{\mathrm{T}}\boldsymbol{y}$. $\boldsymbol{x}$ 和 $\boldsymbol{y}$ 分别是问题(LP)和(LD)的最优解当且仅当 $u_i x_i=0$, $i=1,\ \cdots,\ n$.

证明　由于 $\boldsymbol{x}$ 和 $\boldsymbol{y}$ 分别为问题(LP)和(LD)的可行解,则 $\boldsymbol{A}\boldsymbol{x}=\boldsymbol{b}$, $\boldsymbol{x}\geqslant 0$, $\boldsymbol{A}^{\mathrm{T}}\boldsymbol{y}\leqslant\boldsymbol{c}$.因此,$\boldsymbol{c}^{\mathrm{T}}\boldsymbol{x}-\boldsymbol{b}^{\mathrm{T}}\boldsymbol{y}=\boldsymbol{c}^{\mathrm{T}}\boldsymbol{x}-\boldsymbol{x}^{\mathrm{T}}\boldsymbol{A}\boldsymbol{y}=(\boldsymbol{c}-\boldsymbol{A}^{\mathrm{T}}\boldsymbol{y})^{\mathrm{T}}\boldsymbol{x}=\boldsymbol{u}^{\mathrm{T}}\boldsymbol{x}$.根据对偶定理,$\boldsymbol{x}$ 和 $\boldsymbol{y}$ 分别是问题(LP)和(LD)的最优解当且仅当 $\boldsymbol{c}^{\mathrm{T}}\boldsymbol{x}-\boldsymbol{b}^{\mathrm{T}}\boldsymbol{y}=0$,即 $u_i x_i=0$, $i=1,\ \cdots,\ n$. □

§6.3.2　对偶单纯形算法

本小节我们将讨论另一类求解线性规划的常用方法,即对偶单纯形方法.

根据之前的讨论可知,线性规划若存在最优解,则可在某个基本可行解达到.因此,求解线性规划(LP)即寻找 $\boldsymbol{A}$ 的一组基 $\boldsymbol{B}$ 同时满足两个条件:可行性 $\boldsymbol{B}^{-1}\boldsymbol{b}\geqslant 0$ 和最优性 $\boldsymbol{c}_N^{\mathrm{T}}-\boldsymbol{c}_B^{\mathrm{T}}\boldsymbol{B}^{-1}\boldsymbol{N}\geqslant 0$,其中 $\boldsymbol{A}=(\boldsymbol{B},\ \boldsymbol{N})$,$\boldsymbol{c}=\begin{pmatrix}\boldsymbol{c}_B\\ \boldsymbol{c}_N\end{pmatrix}$.单纯形算法即在满足可行性的基中迭代直至找到一组同时满足最优性条件的基.

若 $\boldsymbol{A}$ 的一组基 $\boldsymbol{B}$ 满足最优性条件 $\boldsymbol{c}_N^{\mathrm{T}}-\boldsymbol{c}_B^{\mathrm{T}}\boldsymbol{B}^{-1}\boldsymbol{N}\geqslant 0$,记 $\boldsymbol{y}^{\mathrm{T}}=\boldsymbol{c}_B^{\mathrm{T}}\boldsymbol{B}^{-1}$,则 $\boldsymbol{A}^{\mathrm{T}}\boldsymbol{y}\leqslant \boldsymbol{c}$ 成立,$\boldsymbol{y}$ 是对偶问题的可行解. 因此,满足最优性条件 $\boldsymbol{c}_N^{\mathrm{T}}-\boldsymbol{c}_B^{\mathrm{T}}\boldsymbol{B}^{-1}\boldsymbol{N}\geqslant 0$ 的基 $\boldsymbol{B}$ 也称为对偶可行(为与之区分,可行性条件 $\boldsymbol{B}^{-1}\boldsymbol{b}\geqslant 0$ 常称为原始可行性条件). 对偶单纯形算法的主要思想即在满足对偶可行的基中迭代直至找到一组同时满足原始可行性的基,从而找到最优基本可行解.

假设 $\boldsymbol{B}$ 是一组对偶可行基,即 $\bar{\boldsymbol{c}}=\boldsymbol{c}_N^{\mathrm{T}}-\boldsymbol{c}_B^{\mathrm{T}}\boldsymbol{B}^{-1}\boldsymbol{N}\geqslant 0$ 成立. 若 $\boldsymbol{B}^{-1}\boldsymbol{b}\geqslant 0$,则 $\bar{\boldsymbol{x}}=\begin{pmatrix}\boldsymbol{B}^{-1}\boldsymbol{b}\\ \boldsymbol{0}\end{pmatrix}$ 和 $\bar{\boldsymbol{y}}=\boldsymbol{c}_B^{\mathrm{T}}\boldsymbol{B}^{-1}$分别为原问题(LP)和对偶问题(LD)的最优解,且 $\boldsymbol{c}^{\mathrm{T}}\bar{\boldsymbol{x}}=\boldsymbol{b}^{\mathrm{T}}\bar{\boldsymbol{y}}=\boldsymbol{c}_B^{\mathrm{T}}\boldsymbol{B}^{-1}\boldsymbol{b}$.

若 $\boldsymbol{B}^{-1}\boldsymbol{b}\ngeqslant 0$,记 $\bar{\boldsymbol{b}}=\boldsymbol{B}^{-1}\boldsymbol{b}$,则存在某个 r 满足 $\bar{b}_r<0$. 令 $\mathscr{B}$, $\mathscr{N}$分别表示 $\boldsymbol{B}$ 和 $\boldsymbol{N}$ 所对应的列标集合,记 $\bar{\boldsymbol{a}}_i=\boldsymbol{B}^{-1}\boldsymbol{a}_i$, 考虑以下两种情况:

(1) 若对于任意 $i\in\mathscr{N}$,均有 $\bar{a}_{ir}\geqslant 0$,由于 $x_r+\sum\limits_{i\in\mathscr{N}}\bar{a}_{ir}x_i=\bar{b}_r$,则原问题(LP) 无可行解.

(2) 若存在某些 $i\in\mathscr{N}$满足 $\bar{a}_{ir}<0$,计算

$$\begin{aligned}\lambda&=\min\left\{\frac{\bar{c}_i}{|\bar{a}_{ir}|}\,\middle|\,\bar{a}_{ir}<0,\ i\in\mathscr{N}\right\}\\&=\frac{\bar{c}_j}{|\bar{a}_{jr}|}.\end{aligned}$$

构造一组新基 $\widetilde{\boldsymbol{B}}$,其指标集 $\widetilde{\mathscr{B}}=\mathscr{B}\cup\{j\}\backslash\{r\}$. 记 $\boldsymbol{A}=(\widetilde{\boldsymbol{B}},\ \widetilde{\boldsymbol{N}})$, $\widetilde{\boldsymbol{N}}$ 的指标集为 $\widetilde{\mathscr{N}}=\mathscr{N}\cup\{r\}\backslash\{j\}$. 记新的检验数 $\tilde{\boldsymbol{c}}=\boldsymbol{c}_{\widetilde{N}}^{\mathrm{T}}-\boldsymbol{c}_{\widetilde{B}}^{\mathrm{T}}\widetilde{\boldsymbol{B}}^{-1}\widetilde{\boldsymbol{N}}$,易知 $\tilde{c}_i=\bar{c}_i+\lambda\bar{a}_{ir}\geqslant 0,\ \forall i\in\mathscr{N}\backslash\{j\}$,且 $\tilde{c}_r=\lambda$. 因此,基 $\widetilde{\boldsymbol{B}}$ 为一组对偶可行基.

基于以上讨论,我们给出对偶单纯形算法的迭代过程.

对偶单纯形算法

(1) 给定一组对偶可行基 $\boldsymbol{B}$. 令 $\mathscr{B}$, $\mathscr{N}$分别表示 $\boldsymbol{B}$ 和 $\boldsymbol{N}$ 所对应的列标集合.

(2) 计算 $\bar{\boldsymbol{b}}=\boldsymbol{B}^{-1}\boldsymbol{b}$. 若 $\bar{\boldsymbol{b}}\geqslant 0$,则 $\boldsymbol{x}=\begin{pmatrix}\bar{\boldsymbol{b}}\\ \boldsymbol{0}\end{pmatrix}$ 即原问题最优解. 否则,转(3).

(3) 选取 r 满足

$$\bar{b}_r=\min\{\bar{b}_i\mid\bar{b}_i<0\}.$$

记 $\bar{\boldsymbol{a}}_i=\widetilde{\boldsymbol{B}}^{-1}\boldsymbol{a}_i$, $i\in\mathscr{N}$. 若对于任意 $i\in\mathscr{N}$ 均有 $\bar{a}_{ir}\geqslant 0$,则原问题不可行;否则,

令 x_r 为出基变量,转(4).

(4) 记检验数 $\bar{\boldsymbol{c}}=\boldsymbol{c}_N^{\mathrm{T}}-\boldsymbol{c}_B^{\mathrm{T}}\boldsymbol{B}^{-1}\boldsymbol{N}$. 计算

$$\lambda=\min\left\{\frac{\bar{c}_i}{|\bar{a}_{ir}|}\mid \bar{a}_{ir}<0,\ i\in\mathcal{N}\right\}=\frac{\bar{c}_j}{|\bar{a}_{jr}|}.$$

选择 x_j 为进基变量. 令 $\mathcal{B}:=\mathcal{B}\cup\{j\}\setminus\{r\}$,对应的列组成一组新基 $\boldsymbol{B}$. 令 $\mathcal{N}:=\mathcal{N}\cup\{r\}\setminus\{j\}$. 转(2).

当决策变量较少时,对偶单纯形算法也可借助表格来实现,我们利用下例进行说明.

例 6.3.1　用对偶单纯形法求解以下线性规划问题:

$$\begin{aligned}\min\quad & 15x_1+24x_2+5x_3;\\ \text{s.t.}\quad & 6x_2+x_3\geqslant 2,\\ & 5x_1+2x_2+x_3\geqslant 1,\\ & x_i\geqslant 0,\ i=1,\ 2,\ 3.\end{aligned}$$

解　首先将问题转化为标准形式:

$$\begin{aligned}\min\quad & 15x_1+24x_2+5x_3;\\ \text{s.t.}\quad & 6x_2+x_3-x_4=2,\\ & 5x_1+2x_2+x_3-x_5=1,\\ & x_i\geqslant 0,\ i=1,\ \cdots,\ 5.\end{aligned}$$

初始单纯形表格见表 6.3.1.

表 6.3.1　初始单纯形表

	x_1	x_2	x_3	x_4	x_5	
f	15	24	5	0	0	0
x_4	0	6	1	−1	0	2
x_5	5	2	1	0	−1	1

选取基 $\boldsymbol{B}=(\boldsymbol{a}_4,\ \boldsymbol{a}_5)$,得如下单纯形表格(见表 6.3.2).

表 6.3.2　选取基后的单纯形表

	x_1	x_2	x_3	x_4	x_5	
f	15	24	5	0	0	0
x_4	0	-6^*	-1	1	0	-2
x_5	-5	-2	-1	0	1	-1

由于检验数=(15, 24, 5),因此 $\boldsymbol{B}$ 为对偶可行基. 由 $\min\{-2, -1\}$,选取 x_4 为出基. 由 $\min\left\{\frac{24}{|-6|}, \frac{5}{|-1|}\right\}$,选取 x_2 为进基变量. 将表 6.3.2 中 -6^* 所在行乘以 $-\frac{1}{6}$,并将该行的倍数加到其他行使得 -6^* 所在列的其他元素消成 0,得表 6.3.3.

表 6.3.3　变换后的单纯形表

	x_1	x_2	x_3	x_4	x_5	
f	15	0	1	4	0	-8
x_2	0	1	$\frac{1}{6}$	$-\frac{1}{6}$	0	$\frac{1}{3}$
x_5	-5	0	$-\frac{2}{3}^*$	$-\frac{1}{3}$	1	$-\frac{1}{3}$

新基 $\boldsymbol{B}=(\boldsymbol{a}_2, \boldsymbol{a}_5)$仍为对偶可行基. 根据表 6.3.3 选取 x_5 为出基变量. 由 $\min\left\{\frac{15}{|-5|}, \frac{1}{\left|-\frac{2}{3}\right|}, \frac{4}{\left|-\frac{1}{3}\right|}\right\}$,选取 x_3 进基,可得如下单纯形表(表 6.3.4).

表 6.3.4　最终单纯形表

	x_1	x_2	x_3	x_4	x_5	
f	$\frac{15}{2}$	0	0	$\frac{7}{2}$	$\frac{3}{2}$	$-8\frac{1}{2}$
x_2	$-\frac{5}{4}$	1	0	$-\frac{1}{4}$	$\frac{1}{4}$	$\frac{1}{4}$
x_3	$\frac{15}{2}$	0	1	$\frac{1}{2}$	$-\frac{3}{2}$	$\frac{1}{2}$

由表 6.3.4 可知,基 $\boldsymbol{B}=(\boldsymbol{a}_2, \boldsymbol{a}_3)$为最优基,最优解为$\left(0, \frac{1}{4}, \frac{1}{2}\right)^{\mathrm{T}}$,最优值为 $8\frac{1}{2}$.

习　题　六

6.1　将以下问题转化为标准形式的线性规划:

(1)
$$\begin{aligned} \max\quad & 3x_1-2x_2+x_3; \\ \text{s.t.}\quad & -x_1-2x_2+x_3\leqslant 6, \\ & x_1-x_2+4x_3\geqslant 3, \\ & x_1\geqslant 0,\ x_2\geqslant 0. \end{aligned}$$

(2)
$$\begin{aligned} \min\quad & |x_1|+|x_2|+3|x_3|; \\ \text{s.t.}\quad & x_1+3x_2-2x_3\leqslant 4, \\ & x_1-2x_2+x_3\geqslant 5. \end{aligned}$$

6.2　给定如下形式的多面体:

$$P=\{\boldsymbol{x}\in\mathbf{R}^n \mid \boldsymbol{a}_i^T\boldsymbol{x}\leqslant b_i,\ i=1,\ \cdots,\ m\}.$$

试建立线性规划模型寻找包含于多面体 P 的最大的球体.

6.3　给定多面体 $C=\{\boldsymbol{x}\mid \mathbf{A}\boldsymbol{x}\leqslant 0\}$,其中 $\mathbf{A}\in\mathbf{R}^{m\times n}$. 证明若 C 包含极点,则该极点为原点.

6.4　给定线性规划问题:

$$\begin{aligned} \min\quad & cx_1+dx_2; \\ \text{s.t.}\quad & x_1+x_3=4, \\ & 2x_2+x_4=12, \\ & 3x_1+2x_2+x_5=18, \\ & x_i\geqslant 0,\ i=1,\ \cdots,\ 5. \end{aligned}$$

(1) 找出该问题的所有基本解,并指出哪些是基本可行解;

(2) 针对目标函数中 c,d 的不同取值,讨论该问题的最优解情况.

6.5　利用单纯形算法求解以下线性规划问题;若存在最优解,则根据最优解情况写出对偶问题的最优解:

(1)
$$\begin{aligned} \min\quad & x_1-3x_2; \\ \text{s.t.}\quad & x_1+2x_2\leqslant 6, \\ & x_1+x_2\leqslant 5, \\ & x_1\geqslant 0,\ x_2\geqslant 0. \end{aligned}$$

(2)
$$\begin{aligned} \min\quad & 2x_1+3x_2+x_3; \\ \text{s.t.}\quad & -x_1+4x_2+2x_3\geqslant 8, \\ & 3x_1+2x_2\geqslant 6, \\ & x_i\geqslant 0,\ i=1,\ 2,\ 3. \end{aligned}$$

6.6　判断以下说法是否正确,并给出原因:

(1) 若线性规划问题存在最优解,则该最优解必为基本可行解;

(2) 若线性规划存在可行解,则其对偶问题一定存在可行解;

(3) 若线性规划的对偶问题无可行解,则原问题也一定无可行解.

6.7　举例说明线性规划及其对偶问题可同时无可行解.

6.8　考虑标准形式的线性规划问题:

$$\min\{\boldsymbol{c}^{\mathrm{T}}\boldsymbol{x} \mid \boldsymbol{A}\boldsymbol{x}=\boldsymbol{b},\ \boldsymbol{x}\geqslant 0\},$$

假设最优解存在,记为 $\boldsymbol{x}^*$. 令 $\boldsymbol{y}^*$ 表示其对偶问题的最优解.

(1) 用 $\tilde{\boldsymbol{c}}$ 代替目标函数中的 $\boldsymbol{c}$,相应的最优解记为 $\tilde{\boldsymbol{x}}$. 证明 $(\tilde{\boldsymbol{c}}-\boldsymbol{c})^{\mathrm{T}}(\tilde{\boldsymbol{x}}-\boldsymbol{x}^*)\leqslant 0$.

(2) 保持 $\boldsymbol{c}$ 不变,用 $\tilde{\boldsymbol{b}}$ 代替约束右端项 $\boldsymbol{b}$,相应的最优解仍记为 $\tilde{\boldsymbol{x}}$. 证明 $(\boldsymbol{y}^*)^{\mathrm{T}}(\tilde{\boldsymbol{b}}-\boldsymbol{b})\leqslant \boldsymbol{c}^{\mathrm{T}}(\tilde{\boldsymbol{x}}-\boldsymbol{x}^*)$.

6.9　利用对偶单纯形算法求解以下问题:

(1)
$$\begin{aligned}\min\quad & 3x_1+4x_2+5x_3;\\ \text{s. t.}\quad & x_1+2x_2+3x_3\geqslant 5,\\ & 2x_1+2x_2+x_3\geqslant 6,\\ & x_1\geqslant 0,\ x_2\geqslant 0,\ x_3\geqslant 0.\end{aligned}$$

(2)
$$\begin{aligned}\min\quad & 4x_1+12x_2+18x_3;\\ \text{s. t.}\quad & x_1+3x_3\geqslant 3,\\ & 2x_2+2x_3\geqslant 5,\\ & x_1\geqslant 0,\ x_2\geqslant 0,\ x_3\geqslant 0.\end{aligned}$$

6.10　考虑如下线性规划问题:

$$\begin{aligned}\min\quad & 60x_1+40x_2+80x_3;\\ \text{s. t.}\quad & 3x_1+2x_2+x_3\geqslant 2,\\ & 4x_1+x_2+3x_3\geqslant 4,\\ & 2x_1+2x_2+2x_3\geqslant 3,\\ & x_i\geqslant 0,\ i=1,\ 2,\ 3.\end{aligned}$$

(1) 用对偶单纯形算法进行求解;

(2) 写出对偶问题,并用单纯形算法进行求解;

(3) 对比(1)与(2)每次迭代的结果.

第七章　二次规划

本章介绍简单的凸二次规划问题的求解方法. 凸二次规划是继线性规划后最简单的非线性规划问题,对一般非线性规划的求解有借鉴作用.

§7.1　二次规划问题及解的条件

考虑如下特殊的约束优化问题:

$$
\begin{aligned}
&\min\left\{f(\boldsymbol{x})=\frac{1}{2}\boldsymbol{x}^{\mathrm{T}}\boldsymbol{G}\boldsymbol{x}+\boldsymbol{r}^{\mathrm{T}}\boldsymbol{x}\right\},\ \boldsymbol{x}\in\mathbf{R}^n;\\
&\text{s.t.}\quad c_i(\boldsymbol{x})=\boldsymbol{\alpha}_i^{\mathrm{T}}\boldsymbol{x}-b_i=0,\ i\in E=\{1,2,\cdots,l\},\\
&\qquad\ \ c_i(\boldsymbol{x})=\boldsymbol{\alpha}_i^{\mathrm{T}}\boldsymbol{x}-b_i\leqslant 0,\ i\in I=\{l+1,l+2,\cdots,l+m\},
\end{aligned}
\tag{7.1.1}
$$

其中 $\boldsymbol{G}$ 为 $n\times n$ 对称矩阵,$\boldsymbol{r}$, $\boldsymbol{\alpha}_i(i\in E\cup I)$ 为 n 维实向量,$b_i(i\in E\cup I)$ 为实数,称问题(7.1.1)为二次规划(quadratic programming)问题. 若 $\boldsymbol{G}$ 为(正定)半正定矩阵,则称问题(7.1.1)为(严格)凸二次规划(convex quadratic programming).

下面我们给出一个凸二次规划的应用实例.

例 7.1.1(投资组合问题)　假设有 1 百万元,可以投资到 3 只股票. 设随机变量 R_i 表示投资到股票 i 的 1 元钱每年能够带来的收益. 通过对历史数据分析,我们可以得到各只股票的收益期望值为 $E(R_1)=0.09$, $E(R_2)=0.07$, $E(R_3)=0.06$, 其中 $E(\boldsymbol{x})$表示 $\boldsymbol{x}$ 的期望值. 年度收益的方差估测为 $\mathrm{Var}(R_1)=\mathrm{Var}(R_2)=0.20$, $\mathrm{Var}(R_3)=0.15$,协方差为 $\mathrm{Cov}(R_1,R_2)=0.03$, $\mathrm{Cov}(R_1,R_3)=0.04$, $\mathrm{Cov}(R_2,R_3)=0.05$. 如果 x_i 是投资于第 i 只股票的金额(百万元),则每年收益为 $R_1x_1+R_2x_2+R_3x_3$, 每年收益的期望值为 $E(R_1)x_1+E(R_2)x_2+E(R_3)x_3$. 如果要求期望收益率至少为 7.5%,则应有

$$0.09x_1+0.07x_2+0.06x_3\geqslant 0.075.$$

对于投资支出的约束条件为

$$x_1 + x_2 + x_3 = 1.$$

我们希望最小化投资收益的方差为

$$(x_1, x_2, x_3)\boldsymbol{G}\begin{pmatrix} x_1 \\ x_2 \\ x_3 \end{pmatrix},$$

其中

$$\boldsymbol{G} = \begin{pmatrix} 0.2 & 0.03 & 0.04 \\ 0.03 & 0.2 & 0.05 \\ 0.04 & 0.05 & 0.15 \end{pmatrix},$$

那么问题的二次规划模型为

$$\begin{aligned} \min\ & (x_1, x_2, x_3)\begin{pmatrix} 0.2 & 0.03 & 0.04 \\ 0.03 & 0.2 & 0.05 \\ 0.04 & 0.05 & 0.15 \end{pmatrix}\begin{pmatrix} x_1 \\ x_2 \\ x_3 \end{pmatrix}; \\ \text{s.t.}\quad & 0.09x_1 + 0.07x_2 + 0.06x_3 \geqslant 0.075, \\ & x_1 + x_2 + x_3 = 1, \\ & x_1 \geqslant 0,\ x_2 \geqslant 0,\ x_3 \geqslant 0. \end{aligned}$$

因为 $\boldsymbol{G}$ 是正定矩阵,故上述模型为严格凸二次规划问题.

下面讨论凸二次规划问题解的条件.

定理 7.1.1　设问题(7.1.1)是凸二次规划,则 $\boldsymbol{x}^*$ 是问题(7.1.1)的全局最优解的充分必要条件是:$\boldsymbol{x}^*$ 是 K-T 点,即存在 $\boldsymbol{\lambda}^* = (\lambda_1^*, \lambda_2^*, \cdots, \lambda_{l+m}^*)$,使得

$$\begin{aligned} & \boldsymbol{G}\boldsymbol{x}^* + \boldsymbol{r} + \sum_{i=1}^{l+m}\lambda_i^*\boldsymbol{\alpha}_i = \boldsymbol{0}, \\ & \boldsymbol{\alpha}_i^{\mathrm{T}}\boldsymbol{x}^* - b_i = 0,\ i \in E, \\ & \boldsymbol{\alpha}_i^{\mathrm{T}}\boldsymbol{x}^* - b_i \leqslant 0,\ i \in I, \\ & \lambda_i^* \geqslant 0,\ i \in I, \\ & \lambda_i^*(\boldsymbol{\alpha}_i^{\mathrm{T}}\boldsymbol{x}^* - b_i) = 0,\ i \in I. \end{aligned} \tag{7.1.2}$$

证明　必要性由约束问题的一阶必要条件得证.

充分性. 设 $\boldsymbol{x}^*$ 是 K-T 点,考虑 $\forall \boldsymbol{x} \neq \boldsymbol{x}^*$, $\boldsymbol{x} \in D$, 这里

$$D = \{\boldsymbol{x} \mid \boldsymbol{\alpha}_i^{\mathrm{T}}\boldsymbol{x} = b_i,\ i \in E,\ \boldsymbol{\alpha}_i^{\mathrm{T}}\boldsymbol{x} \leqslant b_i,\ i \in I\}.$$

令

$$I(\boldsymbol{x}^*) = \{i \in I \mid \boldsymbol{\alpha}_i^{\mathrm{T}}\boldsymbol{x} - b_i = 0\},$$

由于 $\boldsymbol{G}$ 半正定(正定),因此有

$$\begin{aligned}
&f(\boldsymbol{x}) - f(\boldsymbol{x}^*) \\
&= \nabla f(\boldsymbol{x}^*)^{\mathrm{T}}(\boldsymbol{x}-\boldsymbol{x}^*) + \frac{1}{2}(\boldsymbol{x}-\boldsymbol{x}^*)^{\mathrm{T}}\boldsymbol{G}(\boldsymbol{x}-\boldsymbol{x}^*) \\
&\geqslant (>)\ \nabla f(\boldsymbol{x}^*)^{\mathrm{T}}(\boldsymbol{x}-\boldsymbol{x}^*) \\
&= -\sum_{i\in E}\lambda_i^*\boldsymbol{\alpha}_i^{\mathrm{T}}(\boldsymbol{x}-\boldsymbol{x}^*) - \sum_{i\in I(\boldsymbol{x}^*)}\lambda_i^*\boldsymbol{\alpha}_i^{\mathrm{T}}(\boldsymbol{x}-\boldsymbol{x}^*) - \sum_{i\in I\setminus I(\boldsymbol{x}^*)}\lambda_i^*\boldsymbol{\alpha}_i^{\mathrm{T}}(\boldsymbol{x}-\boldsymbol{x}^*) \\
&\geqslant 0.
\end{aligned}$$

故 $\boldsymbol{x}^*$ 是问题(7.1.1)的(严格)全局最优解. □

推论 7.1.2 (严格)凸二次规划问题的局部解均是全局最优解.

定理 7.1.3 若 $\boldsymbol{x}^*$ 是凸二次规划(7.1.1)的全局最优解,则 $\boldsymbol{x}^*$ 是如下等式约束二次规划问题

$$\begin{aligned}
&\min\left\{f(\boldsymbol{x}) = \frac{1}{2}\boldsymbol{x}^{\mathrm{T}}\boldsymbol{G}\boldsymbol{x} + \boldsymbol{r}^{\mathrm{T}}\boldsymbol{x}\right\},\ \boldsymbol{x}\in\mathbf{R}^n; \\
&\text{s.t.}\quad c_i(\boldsymbol{x}) = \boldsymbol{\alpha}_i^{\mathrm{T}}\boldsymbol{x} - b_i = 0,\ i\in E\cup I(\boldsymbol{x}^*)
\end{aligned} \tag{7.1.3}$$

的全局最优解.

证明 若 $\boldsymbol{x}^*$ 是问题(7.1.1)的全局最优解,则 $\boldsymbol{x}^*$ 是问题(7.1.1)的 K-T 点,也是问题(7.1.3)的 K-T 点,由定理 7.1.1 及推论,则 $\boldsymbol{x}^*$ 是问题(7.1.3)的全局最优解. □

§7.2 等式约束二次规划问题的求解方法

§7.2.1 等式约束二次规划问题的条件

本节讨论如下只有等式约束的二次规划问题

$$\begin{aligned}
&\min\left\{f(\boldsymbol{x}) = \frac{1}{2}\boldsymbol{x}^{\mathrm{T}}\boldsymbol{G}\boldsymbol{x} + \boldsymbol{r}^{\mathrm{T}}\boldsymbol{x}\right\}; \\
&\text{s.t.}\quad \boldsymbol{A}\boldsymbol{x} = \boldsymbol{b}
\end{aligned} \tag{7.2.1}$$

的求解方法,其中 $\boldsymbol{A} = (\boldsymbol{\alpha}_1, \boldsymbol{\alpha}_2, \cdots, \boldsymbol{\alpha}_n)$, $\boldsymbol{\alpha}_i (i = 1, 2, \cdots, n)$, $\boldsymbol{b} = (b_1, b_2, \cdots, b_m)^{\mathrm{T}}$ 是 m 维列向量且 $\mathrm{rank}(\boldsymbol{A}) = m$, 即矩阵是行满秩的,其他符号同问题(7.1.1). 当问题(7.2.1)中的矩阵 $\boldsymbol{G}$ 为正定或半正定矩阵时,此极值问题可以转换成解线性方程组的问题.

定理 7.2.1　当问题(7.2.1)中的矩阵 $\boldsymbol{G}$ 是半正定(正定)矩阵时,局部解 $\boldsymbol{x}^*$ 是全局最优解,这时 $\boldsymbol{\lambda}^*$ 为相应的乘子的充分必要条件是:$\boldsymbol{x}^*$, $\boldsymbol{\lambda}^*$ 是线性方程组

$$\begin{pmatrix} \boldsymbol{G} & \boldsymbol{A}^{\mathrm{T}} \\ \boldsymbol{A} & \boldsymbol{O} \end{pmatrix} \begin{pmatrix} \boldsymbol{x} \\ \boldsymbol{\lambda} \end{pmatrix} = \begin{pmatrix} -\boldsymbol{r} \\ \boldsymbol{b} \end{pmatrix} \tag{7.2.2}$$

的解.

证明　考虑问题(7.2.1)的 Lagrange 函数

$$L(\boldsymbol{x}, \boldsymbol{\lambda}) = \frac{1}{2}\boldsymbol{x}^{\mathrm{T}}\boldsymbol{G}\boldsymbol{x} + \boldsymbol{r}^{\mathrm{T}}\boldsymbol{x} + \boldsymbol{\lambda}^{\mathrm{T}}(\boldsymbol{A}\boldsymbol{x} - \boldsymbol{b}),$$

则问题(7.2.1)的 K-T 条件就是线性方程组(7.2.2). 由定理 7.1.1,定理 7.2.1 成立.　□

例 7.2.1　求解凸二次规划问题

$$\begin{aligned} &\min\{f(\boldsymbol{x}) = x_1^2 + 2x_2^2 + 3x_3^2 + x_1 + 3x_2 + x_3\}; \\ &\text{s. t.} \quad x_1 + 2x_2 - 2x_3 = 3, \\ &\qquad\quad x_1 - x_2 + 2x_3 = -1. \end{aligned}$$

解　因为

$$\boldsymbol{G} = \begin{pmatrix} 2 & 0 & 0 \\ 0 & 4 & 0 \\ 0 & 0 & 6 \end{pmatrix}, \boldsymbol{r} = \begin{pmatrix} 1 \\ 3 \\ 1 \end{pmatrix},$$

$$\boldsymbol{A} = \begin{pmatrix} 1 & 2 & -2 \\ 1 & -1 & 2 \end{pmatrix}, \boldsymbol{b} = \begin{pmatrix} 3 \\ -1 \end{pmatrix},$$

所以,线性方程组为

$$\begin{pmatrix} 2 & 0 & 0 & 1 & 1 \\ 0 & 4 & 0 & 2 & -1 \\ 0 & 0 & 6 & -2 & 2 \\ 1 & 2 & -2 & 0 & 0 \\ 1 & -1 & 2 & 0 & 0 \end{pmatrix} \begin{pmatrix} x_1 \\ x_2 \\ x_3 \\ \lambda_1 \\ \lambda_2 \end{pmatrix} = \begin{pmatrix} -1 \\ -3 \\ -1 \\ 3 \\ -1 \end{pmatrix}.$$

求解方程组得到

$$x_1^* = \frac{6}{7}, x_2^* = \frac{2}{7}, x_3^* = -\frac{11}{14}, \lambda_1^* = -\frac{16}{7}, \lambda_2^* = -\frac{3}{7}.$$

因此,二次规划的最优解及相应的乘子为

$$x^* = \left(\frac{6}{7}, \frac{2}{7}, -\frac{11}{14}\right)^{\mathrm{T}}, \boldsymbol{\lambda}^* = \left(-\frac{16}{7}, -\frac{3}{7}\right)^{\mathrm{T}}.$$

§7.2.2　等式约束二次规划问题的变量消去法

直接用定理 7.2.1 求解等式约束问题时,问题的维数由 n 变成了 $n+m$,问题的维数增大了许多,一种克服上述缺点的方法是变量消去法.

首先对矩阵 $\boldsymbol{A}$ 作分块. 不妨设 $\boldsymbol{A}$ 的前 m 列线性无关. 设

$$\boldsymbol{A} = (\boldsymbol{A}_B, \boldsymbol{A}_N) \quad \text{且 } \boldsymbol{A}_B \in \mathbf{R}^{m\times m} \text{ 非奇异},$$

则相应的分块有

$$\boldsymbol{x} = \begin{pmatrix} \boldsymbol{x}_B \\ \boldsymbol{x}_N \end{pmatrix}, \boldsymbol{G} = \begin{pmatrix} \boldsymbol{G}_{BB} & \boldsymbol{G}_{BN} \\ \boldsymbol{G}_{NB} & \boldsymbol{G}_{NN} \end{pmatrix}, \boldsymbol{r} = \begin{pmatrix} \boldsymbol{r}_B \\ \boldsymbol{r}_N \end{pmatrix},$$

因此,等式约束问题(7.2.1)可以写成

$$\begin{aligned} \min\Big\{ f(\boldsymbol{x}) = & \frac{1}{2}(\boldsymbol{x}_B^{\mathrm{T}}\boldsymbol{G}_{BB}\boldsymbol{x}_B + \boldsymbol{x}_B^{\mathrm{T}}\boldsymbol{G}_{BN}\boldsymbol{x}_N + \boldsymbol{x}_N^{\mathrm{T}}\boldsymbol{G}_{NB}\boldsymbol{x}_B + \\ & \boldsymbol{x}_N^{\mathrm{T}}\boldsymbol{G}_{NN}\boldsymbol{x}_N) + \boldsymbol{r}_B^{\mathrm{T}}\boldsymbol{x}_B + \boldsymbol{r}_N^{\mathrm{T}}\boldsymbol{x}_N \Big\}; \\ \text{s. t.} \quad & \boldsymbol{A}_B\boldsymbol{x}_B + \boldsymbol{A}_N\boldsymbol{x}_N = \boldsymbol{b}. \end{aligned} \tag{7.2.3}$$

考虑问题(7.2.3)的约束条件. 由于 $\boldsymbol{A}_B$ 非奇异,可将 $\boldsymbol{x}_B$ 表示成 $\boldsymbol{x}_N$ 的函数,即消去 $\boldsymbol{x}_B$,得到

$$\boldsymbol{x}_B = \boldsymbol{A}_B^{-1}\boldsymbol{b} - \boldsymbol{A}_B^{-1}\boldsymbol{A}_N\boldsymbol{x}_N. \tag{7.2.4}$$

将它代入问题(7.2.3)中的目标函数,得到相应的无约束问题,其目标函数为

$$\begin{aligned} \hat{f}(\boldsymbol{x}_N) = & \frac{1}{2}\boldsymbol{x}_N^{\mathrm{T}}(\boldsymbol{G}_{NN} - \boldsymbol{A}_N^{\mathrm{T}}\boldsymbol{A}_B^{-\mathrm{T}}\boldsymbol{G}_{BN} - \boldsymbol{G}_{NB}\boldsymbol{A}_B^{-1}\boldsymbol{A}_N + \boldsymbol{A}_N^{\mathrm{T}}\boldsymbol{A}_B^{-\mathrm{T}}\boldsymbol{G}_{BB}\boldsymbol{A}_B^{-1}\boldsymbol{A}_N)\boldsymbol{x}_N + \\ & [\boldsymbol{b}^{\mathrm{T}}\boldsymbol{A}_B^{-\mathrm{T}}(\boldsymbol{G}_{BN} - \boldsymbol{G}_{BB}\boldsymbol{A}_B^{-1}\boldsymbol{A}_N) + (\boldsymbol{r}_N^T - \boldsymbol{r}_B^{\mathrm{T}}\boldsymbol{A}_B^{-1}\boldsymbol{A}_N)]\boldsymbol{x}_N + \\ & \frac{1}{2}\boldsymbol{b}^{\mathrm{T}}\boldsymbol{A}_B^{-\mathrm{T}}\boldsymbol{G}_{BB}\boldsymbol{A}_B^{-1}\boldsymbol{b} + \boldsymbol{r}_B^{\mathrm{T}}\boldsymbol{A}_B^{-1}\boldsymbol{b}. \end{aligned}$$

令

$$\begin{aligned} \hat{\boldsymbol{G}}_N &= \boldsymbol{G}_{NN} - \boldsymbol{A}_N^{\mathrm{T}}\boldsymbol{A}_B^{-\mathrm{T}}\boldsymbol{G}_{BN} - \boldsymbol{G}_{NB}\boldsymbol{A}_B^{-1}\boldsymbol{A}_N + \boldsymbol{A}_N^{\mathrm{T}}\boldsymbol{A}_B^{-\mathrm{T}}\boldsymbol{G}_{BB}\boldsymbol{A}_B^{-1}\boldsymbol{A}_N, \\ \hat{\boldsymbol{r}}_N &= \boldsymbol{r}_N - \boldsymbol{A}_N\boldsymbol{A}_B^{-\mathrm{T}}\boldsymbol{r}_B + (\boldsymbol{G}_{NB} - \boldsymbol{A}_N\boldsymbol{A}_B^{-\mathrm{T}}\boldsymbol{G}_{BB})\boldsymbol{A}_B^{-1}\boldsymbol{b}, \\ \hat{\delta} &= \frac{1}{2}\boldsymbol{b}^{\mathrm{T}}\boldsymbol{A}_B^{-\mathrm{T}}\boldsymbol{G}_{BB}\boldsymbol{A}_B^{-1}\boldsymbol{b} + \boldsymbol{r}_B^{\mathrm{T}}\boldsymbol{A}_B^{-1}\boldsymbol{b}, \end{aligned}$$

则相应的无约束问题为

$$\min\left\{ \hat{f}(\boldsymbol{x}_N) = \frac{1}{2}\boldsymbol{x}_N^{\mathrm{T}}\hat{\boldsymbol{G}}_N\boldsymbol{x}_N + \hat{\boldsymbol{r}}_N^{\mathrm{T}}\boldsymbol{x}_N + \hat{\delta} \right\}. \tag{7.2.5}$$

若 $\hat{\boldsymbol{G}}_N$ 是正定对称矩阵,则问题(7.2.5)有唯一解

$$\boldsymbol{x}_N^* = -\hat{\boldsymbol{G}}_N^{-1}\hat{\boldsymbol{r}}_N,$$

由(7.2.4)式可以得到问题(7.2.5)的解

$$\boldsymbol{x}^* = \begin{pmatrix} \boldsymbol{x}_B^* \\ \boldsymbol{x}_N^* \end{pmatrix} = \begin{pmatrix} \boldsymbol{A}_B^{-1}\boldsymbol{b} + \boldsymbol{A}_B^{-1}\boldsymbol{A}_N\hat{\boldsymbol{G}}_N^{-1}\hat{\boldsymbol{r}}_N \\ -\hat{\boldsymbol{G}}_N^{-1}\hat{\boldsymbol{r}}_N \end{pmatrix}.$$

由于相应的乘子 $\boldsymbol{\lambda}^*$ 满足

$$\boldsymbol{G}\boldsymbol{x}^* + \boldsymbol{r} + \boldsymbol{A}^{\mathrm{T}}\boldsymbol{\lambda}^* = \boldsymbol{0},$$

即

$$\begin{pmatrix} \boldsymbol{G}_{BB} & \boldsymbol{G}_{BN} \\ \boldsymbol{G}_{NB} & \boldsymbol{G}_{NN} \end{pmatrix}\begin{pmatrix} \boldsymbol{x}_B^* \\ \boldsymbol{x}_N^* \end{pmatrix} + \begin{pmatrix} \boldsymbol{r}_B \\ \boldsymbol{r}_N \end{pmatrix} + \begin{pmatrix} \boldsymbol{A}_B^{\mathrm{T}} \\ \boldsymbol{A}_N^{N} \end{pmatrix}\boldsymbol{\lambda}^* = \begin{pmatrix} 0 \\ 0 \end{pmatrix},$$

所以

$$\boldsymbol{\lambda}^* = -\boldsymbol{A}_B^{-\mathrm{T}}(\boldsymbol{G}_{BB}\boldsymbol{x}_B^* + \boldsymbol{G}_{BN}\boldsymbol{r}_N^* + \boldsymbol{r}_B).$$

定理 7.2.2 若等式约束问题(7.2.1)中的 $\boldsymbol{G}$ 是正定对称矩阵,则相应的无约束问题(7.2.4)中的 $\hat{\boldsymbol{G}}_N$ 也是正定对称矩阵.

证明 构造矩阵

$$\boldsymbol{F} = \begin{pmatrix} -\boldsymbol{A}_B^{-1}\boldsymbol{A}_N \\ \boldsymbol{I} \end{pmatrix},$$

并且 $\operatorname{rank}(\boldsymbol{F}) = n - m$, 因此

$$\hat{\boldsymbol{G}}_N = \boldsymbol{F}^{\mathrm{T}}\boldsymbol{G}\boldsymbol{F} = (-\boldsymbol{A}_N\boldsymbol{A}_B^{-\mathrm{T}}, \boldsymbol{I})\begin{pmatrix} \boldsymbol{G}_{BB} & \boldsymbol{G}_{BN} \\ \boldsymbol{G}_{NB} & \boldsymbol{G}_{NN} \end{pmatrix}\begin{pmatrix} -\boldsymbol{A}_B^{-1}\boldsymbol{A}_N \\ \boldsymbol{I} \end{pmatrix}.$$

由于 $\boldsymbol{F}$ 是列满秩的,并且 $\boldsymbol{G}$ 正定,因此 $\hat{\boldsymbol{G}}_N$ 也是正定的,对称性显然. □

定理 7.2.2 表明,对于等式约束的严格凸二次规划问题,可以用直接消去法得到原问题的解.

例 7.2.2 用直接消去法求解凸二次规划问题

$$\begin{aligned} \min\{f(\boldsymbol{x}) &= x_1^2 + x_2^2 + x_3^2\}; \\ \text{s.t.}\quad & x_1 + 2x_2 - x_3 = 4, \\ & x_1 - x_2 + x_3 = -2. \end{aligned}$$

解　将约束写成

$$\begin{cases} x_1 + 2x_2 = 4 + x_3, \\ x_1 - x_2 = -2 - x_3. \end{cases} \tag{7.2.6}$$

解方程组,得到

$$x_1 = 0 - \frac{1}{3}x_3,\ x_2 = 2 + \frac{2}{3}x_3. \tag{7.2.7}$$

将(7.2.7)式代入目标函数 $f(\boldsymbol{x})$中,得到无约束问题

$$\min\left\{ \hat{f}(x_3) = \frac{14}{9}x_3^2 + \frac{8}{3}x_3 + 4 \right\}. \tag{7.2.8}$$

求解无约束问题(7.2.8),得到

$$x_3^* = -\frac{6}{7}.$$

代入(7.2.7)式中,得到约束问题的解

$$\boldsymbol{x}^* = \left(\frac{2}{7}, \frac{10}{7}, -\frac{6}{7}\right)^{\mathrm{T}}.$$

注意到乘子 $\boldsymbol{\lambda}^*$ 满足方程

$$\boldsymbol{G}\boldsymbol{x}^* + \boldsymbol{r} + \boldsymbol{A}^{\mathrm{T}}\boldsymbol{\lambda}^* = \boldsymbol{0},$$

因此,有

$$\begin{pmatrix} 1 & 1 \\ 2 & -1 \\ -1 & 1 \end{pmatrix} \begin{pmatrix} \lambda_1^* \\ \lambda_2^* \end{pmatrix} = -\begin{pmatrix} 2 & 0 & 0 \\ 0 & 2 & 0 \\ 0 & 0 & 2 \end{pmatrix} \begin{pmatrix} \frac{2}{7} \\ \frac{10}{7} \\ -\frac{6}{7} \end{pmatrix}.$$

求解前两行得到 $\lambda_1^* = -\frac{8}{7}$, $\lambda_2^* = \frac{4}{7}$.

直接消去法简单、直观,它的不足之处是:$\boldsymbol{A}_B$ 可能接近一奇异矩阵,由(7.2.4)式求解 $\boldsymbol{x}^*$ 将会使数值不稳定,所以人们考虑避免这个问题的直接消去法,即广义消去法(generalized elimination),这里不再深入讨论.

§7.3　有效集法

本节讨论凸二次规划的有效集法(active set method).有效集法的基本思想是通过求解有限个等式约束二次规划问题来得到一般约束二次规划问题(7.1.1)的解.

由定理 7.1.1 可知,若 $\boldsymbol{x}^*$ 是约束问题(7.1.1)的全局解,则 $\boldsymbol{x}^*$ 是约束问题(7.2.1)的全局解. 因此,只要能确定出 $\boldsymbol{x}^*$ 处的有效约束指标集 $I(\boldsymbol{x}^*)$,通过求解等式约束问题(7.2.1),就可得到一般约束问题的解.

§7.3.1　有效集法的基本步骤

已知 $\boldsymbol{x}^1$ 是一般约束问题(7.1.1)的可行点,确定相应的有效约束指标集

$$I(\boldsymbol{x}^1) = \{i \mid \boldsymbol{\alpha}_i^{\mathrm{T}}\boldsymbol{x}^1 = b_i,\ i \in I\}, \tag{7.3.1}$$

并假设 $\boldsymbol{\alpha}_i(i \in E \cup I(\boldsymbol{x}^1))$ 线性无关.

考虑等式约束问题

$$\begin{aligned} &\min\left\{f(\boldsymbol{x}) = \frac{1}{2}\boldsymbol{x}^{\mathrm{T}}\boldsymbol{G}\boldsymbol{x} + \boldsymbol{r}^{\mathrm{T}}\boldsymbol{x}\right\}; \\ &\text{s. t.}\quad \boldsymbol{\alpha}_i^{\mathrm{T}}\boldsymbol{x} - b_i = 0,\ i \in E \cup I(\boldsymbol{x}^1). \end{aligned} \tag{7.3.2}$$

求解等式约束问题(7.3.2),其解为 $\bar{\boldsymbol{x}}^1$,相应的乘子为 $\boldsymbol{\lambda}^1$. 下面分几种情况进行讨论:

(1) 若 $\bar{\boldsymbol{x}}^1 \neq \boldsymbol{x}^1$, 由于 $\bar{\boldsymbol{x}}^1$ 是问题(7.3.2)的解,因此有

$$f(\bar{\boldsymbol{x}}^1) \leqslant f(\boldsymbol{x}^1), \tag{7.3.3}$$

再分两种情况进行讨论.

① 若 $\bar{\boldsymbol{x}}^1$ 是原问题的可行点,此时取 $\boldsymbol{x}^2 = \bar{\boldsymbol{x}}^1$, 若 $\boldsymbol{x}^2$ 在原非有效约束的内部,则 $\boldsymbol{x}^2$ 处的有效约束个数不变,即 $I(\boldsymbol{x}^2) = I(\boldsymbol{x}^1)$; 若 $\boldsymbol{x}^2$ 在原非有效约束某一不等式约束的边界上(不妨设是第 p 个约束),则在 $\boldsymbol{x}^2$ 处的有效约束个数增加一个,即 $I(\boldsymbol{x}^2) = I(\boldsymbol{x}^1) + \{p\}$, 重复上一轮计算.

② 若 $\bar{\boldsymbol{x}}^1$ 不是原问题的可行点,构造方向

$$\boldsymbol{d}^1 = \bar{\boldsymbol{x}}^1 - \boldsymbol{x}^1,$$

由于 $\boldsymbol{x}^1$ 是可行点,这表明从点 $\boldsymbol{x}^1$ 出发,沿方向 $\boldsymbol{d}^1$ 前进,在达到 $\bar{\boldsymbol{x}}^1$ 之前,一定能遇到某约束的边界,在什么情况下会出现这种情况呢? 我们再作进一步的分析.

由于 $\bar{\boldsymbol{x}}^1$ 是问题(7.3.2)的解,因此 $\bar{\boldsymbol{x}}^1$ 满足等式约束和 $\boldsymbol{x}^1$ 处的有效约束,问题只能出现在那些非有效的约束上,令

$$\boldsymbol{x} = \boldsymbol{x}^1 + \alpha\boldsymbol{d}^1.$$

考虑 $i \in I\backslash I(\boldsymbol{x}^1)$, 要求

$$\boldsymbol{\alpha}_i^{\mathrm{T}}\boldsymbol{x} - b_i = \boldsymbol{\alpha}_i^{\mathrm{T}}\boldsymbol{x}^1 - b_i + \alpha\boldsymbol{\alpha}_i^{\mathrm{T}}\boldsymbol{d}^1 \leqslant 0. \tag{7.3.4}$$

当 α 增加,只有当 $\boldsymbol{\alpha}_i^{\mathrm{T}}\boldsymbol{d}^1 > 0$ 时,才有可能破坏约束条件(7.3.4),因此

$$\alpha \leqslant \frac{b_i - \boldsymbol{\alpha}_i^{\mathrm{T}}\boldsymbol{x}^1}{\boldsymbol{\alpha}_i^{\mathrm{T}}\boldsymbol{d}^1},\ \boldsymbol{\alpha}_i^{\mathrm{T}}\boldsymbol{d}^1 > 0,$$

即得到

$$\bar{\alpha} = \min\left\{\frac{b_i - \boldsymbol{\alpha}_i^{\mathrm{T}}\boldsymbol{x}^1}{\boldsymbol{\alpha}_i^{\mathrm{T}}\boldsymbol{d}^1}\ \middle|\ \boldsymbol{\alpha}_i^{\mathrm{T}}\boldsymbol{d}^1 > 0,\ i \notin I(\boldsymbol{x}^1)\right\} = \frac{b_p - \boldsymbol{\alpha}_p^{\mathrm{T}}\boldsymbol{x}^1}{\boldsymbol{\alpha}_p^{\mathrm{T}}\boldsymbol{d}^1}.$$

此时,$\boldsymbol{x}^2 = \boldsymbol{x}^1 + \bar{\alpha}\boldsymbol{d}^1$ 是问题(7.2.1)的可行点,并且满足 $f(\boldsymbol{x}^2) < f(\boldsymbol{x}^1)$. 由推导过程可知,在 $\boldsymbol{x}^2$ 处的有效约束指标集 $I(\boldsymbol{x}^2)$满足 $I(\boldsymbol{x}^2) = I(\boldsymbol{x}^1) + \{p\}$, 重复上一轮计算.

(2) 若 $\bar{\boldsymbol{x}}^1 = \boldsymbol{x}^1$, 它表明$\bar{\boldsymbol{x}}^1$ 无进展,仍分两种情况讨论.

① 若存在 $q \in I(\boldsymbol{x}^1)$, 并且相应的乘子 $\lambda_q^1 < 0$. 在问题(7.2.1)中的约束 $\boldsymbol{\alpha}_q^{\mathrm{T}}\boldsymbol{x} - b_q = 0$ 上加一个扰动 $\varepsilon_q < 0$, 即得到扰动约束 $\boldsymbol{\alpha}_q^{\mathrm{T}}\boldsymbol{x} - b_q = \varepsilon_q$. 求解相应的扰动问题,设其解为$\bar{\boldsymbol{x}}^1(\varepsilon_q)$,由 Lagrange 乘子的意义或直接通过相应等式约束的 K-T 条件即可知

$$\frac{\mathrm{d}}{\mathrm{d}\varepsilon_q} f(\bar{\boldsymbol{x}}^1(\varepsilon_q))\,|_{\varepsilon_q=0} = -\lambda_q^1 > 0.$$

这表明当 ε_q 由 0 开始减少时,最优目标值函数也随着下降. 换句话说,在等式约束问题(7.2.1)中去掉约束 $\boldsymbol{\alpha}_q^{\mathrm{T}}\boldsymbol{x} - b_q = 0$ 时,则可得到一个更好的点. 因此,令

$$\boldsymbol{x}^2 = \bar{\boldsymbol{x}}^1 = \boldsymbol{x}^1,\ I(\boldsymbol{x}^2) = I(\boldsymbol{x}^1) - \{q\}.$$

重复上一轮计算.

② 若 $\lambda_i^1 \geqslant 0,\ \forall\, i \in I(\boldsymbol{x}^1)$,此时,$\bar{\boldsymbol{x}}^1 = \boldsymbol{x}^1$ 是 K-T 点. 由定理 7.1.1 可知 $\boldsymbol{x}^1$ 是二次规划的解.

§7.3.2 等式约束问题的化简

在有效集法中,需要求解若干个等式约束二次规划问题(7.2.1),现对问题(7.2.1)进行化简,设 $\boldsymbol{x}^k$ 是一般二次规划的可行点,令 $\boldsymbol{x} = \boldsymbol{x}^k + \boldsymbol{d}$, 则

$$\begin{aligned} f(\boldsymbol{x}) &= \frac{1}{2}\boldsymbol{x}^{\mathrm{T}}\boldsymbol{G}\boldsymbol{x} + \boldsymbol{r}^{\mathrm{T}}\boldsymbol{x} \\ &= \frac{1}{2}(\boldsymbol{x}^k + \boldsymbol{d})^{\mathrm{T}}\boldsymbol{G}(\boldsymbol{x}^k + \boldsymbol{d}) + \boldsymbol{r}^{\mathrm{T}}(\boldsymbol{x}^k + \boldsymbol{d}) \\ &= \frac{1}{2}\boldsymbol{d}^{\mathrm{T}}\boldsymbol{G}\boldsymbol{d} + \nabla f(\boldsymbol{x}^k)^{\mathrm{T}}\boldsymbol{d} + f(\boldsymbol{x}^k). \end{aligned} \tag{7.3.5}$$

而对于等式约束和有效约束,有

$$c_i(\boldsymbol{x})=\boldsymbol{\alpha}_i^{\mathrm{T}}\boldsymbol{x}-b_i=\boldsymbol{\alpha}_i^{\mathrm{T}}\boldsymbol{x}^k-b_i+\boldsymbol{\alpha}_i^{\mathrm{T}}\boldsymbol{d}=0,$$

因此

$$\boldsymbol{\alpha}_i^{\mathrm{T}}\boldsymbol{d}=0,\ i\in E\cup I(\boldsymbol{x}^k). \tag{7.3.6}$$

结合(7.3.5)式和(7.3.6)式,等式约束二次规划问题化简为

$$\begin{aligned}\min\ &\frac{1}{2}\boldsymbol{d}^{\mathrm{T}}\boldsymbol{G}\boldsymbol{d}+\nabla f(\boldsymbol{x}^k)^{\mathrm{T}}\boldsymbol{d};\\ \text{s.t.}\ &\boldsymbol{\alpha}_i^{\mathrm{T}}\boldsymbol{d}=0,\ i\in E\cup I(\boldsymbol{x}^k).\end{aligned}$$

由此得到求解一般约束二次规划的有效集法.

§7.3.3　有效集算法

下面给出求解凸二次规划(7.1.1)的有效集法的步骤.

(1) 取初始可行点 $\boldsymbol{x}^1$,即 $\boldsymbol{x}^1$ 满足

$$\boldsymbol{\alpha}_i^{\mathrm{T}}\boldsymbol{x}^1-b_i=0,\ i\in E,\ \boldsymbol{\alpha}_i^{\mathrm{T}}\boldsymbol{x}^1-b_i\leqslant 0,\ i\in I,$$

确定 $\boldsymbol{x}^1$ 处的有效约束指标集

$$I(\boldsymbol{x}^1)=\{i\mid \boldsymbol{\alpha}_i^{\mathrm{T}}\boldsymbol{x}^1-b_i=0,\ i\in I\},$$

置 $k=1$.

(2) 求解等式二次规划问题

$$\begin{aligned}\min\ &\frac{1}{2}\boldsymbol{d}^{\mathrm{T}}\boldsymbol{G}\boldsymbol{d}+\nabla f(\boldsymbol{x}^k)^{\mathrm{T}}\boldsymbol{d};\\ \text{s.t.}\ &\boldsymbol{\alpha}_i^{\mathrm{T}}\boldsymbol{d}=0,\ i\in E\cup I(\boldsymbol{x}^k),\end{aligned}$$

得到 $\boldsymbol{d}^k$.

(3) 若 $\boldsymbol{d}^k=\mathbf{0}$, 则计算相应的乘子 $\boldsymbol{\lambda}^k$. 若 $\lambda_i^k\geqslant 0,\ \forall\, i\in I(\boldsymbol{x}^k)$, 则停止计算($\boldsymbol{x}^k$ 为一般二次规划(7.1.1)的解,$\boldsymbol{\lambda}^k$ 为相应的乘子);否则求

$$\lambda_q^k=\min\{\lambda_i^k\mid i\in I(\boldsymbol{x}^k)\},$$

并置 $\boldsymbol{x}^{k+1}=\boldsymbol{x}^k,\ I(\boldsymbol{x}^{k+1})=I(\boldsymbol{x}^k)-\{q\},\ k:=k+1$, 转步骤(2).

(4) 若 $\boldsymbol{d}^k\neq\mathbf{0}$,则计算

$$\begin{aligned}\hat{\alpha}_k&=\min\left\{\frac{b_i-\boldsymbol{\alpha}_i^{\mathrm{T}}\boldsymbol{x}^k}{\boldsymbol{\alpha}_i^{\mathrm{T}}\boldsymbol{d}^k}\,\middle|\,\boldsymbol{\alpha}_i^{\mathrm{T}}\boldsymbol{d}^k>0,\ i\notin I(\boldsymbol{x}^k)\right\}\\ &=\frac{b_p-\boldsymbol{\alpha}_p^{\mathrm{T}}\boldsymbol{x}^k}{\boldsymbol{\alpha}_p^{\mathrm{T}}\boldsymbol{d}^k}.\end{aligned}$$

取 $\alpha_k = \min\{\hat{\alpha}_k, 1\}$,置 $\boldsymbol{x}^{k+1} = \boldsymbol{x}^k + \alpha_k \boldsymbol{d}^k$. 如果 $\alpha_k = \hat{\alpha}_k$,则置 $I(\boldsymbol{x}^{k+1}) = I(\boldsymbol{x}^k) + \{p\}$;否则置 $I(\boldsymbol{x}^{k+1}) = I(\boldsymbol{x}^k)$,置 $k := k+1$, 转步骤(2).

例 7.3.1 用有效集法求解如下二次规划问题

$$\begin{aligned} \min\{f(\boldsymbol{x}) &= x_1^2 + x_2^2 - 2x_1 - 4x_2\}; \\ \text{s.t.} \quad c_1(\boldsymbol{x}) &= x_1 + x_2 - 1 \leqslant 0, \\ c_2(\boldsymbol{x}) &= -x_1 \leqslant 0, \\ c_3(\boldsymbol{x}) &= -x_2 \leqslant 0, \end{aligned}$$

取初始点 $\boldsymbol{x}^1 = (0, 0)^{\mathrm{T}}$.

解 计算 $\nabla f(\boldsymbol{x}) = (2x_1 - 2, 2x_2 - 4)^{\mathrm{T}}$. 因为 $\boldsymbol{x}^1 = (0, 0)^{\mathrm{T}}$,所以 $I(\boldsymbol{x}^1) = \{2, 3\}$, $\nabla f(\boldsymbol{x}^1) = (-2, -4)^{\mathrm{T}}$, 相应的等式约束问题为

$$\begin{aligned} \min\{&d_1^2 + d_2^2 - 2d_1 - 4d_2\}; \\ \text{s.t.} \quad &-d_1 = 0, \\ &-d_2 = 0. \end{aligned}$$

由等式约束问题的一阶必要条件得到

$$\begin{pmatrix} 2 & 0 & -1 & 0 \\ 0 & 2 & 0 & -1 \\ -1 & 0 & 0 & 0 \\ 0 & -1 & 0 & 0 \end{pmatrix} \begin{pmatrix} d_1 \\ d_2 \\ \lambda_2 \\ \lambda_3 \end{pmatrix} = \begin{pmatrix} 2 \\ 4 \\ 0 \\ 0 \end{pmatrix}.$$

求解方程组得到 $d_1 = 0$, $d_2 = 0$, $\lambda_2 = -2$, $\lambda_3 = -4$,即 $\boldsymbol{d}^1 = (0, 0)^{\mathrm{T}}$, $\boldsymbol{\lambda}^1 = (0, -2, -4)^{\mathrm{T}}$,所以 $\boldsymbol{x}^1 = (0, 0)^{\mathrm{T}}$ 不是最优解.

再进行第二轮计算,取 $\boldsymbol{x}^2 = (0, 0)^{\mathrm{T}}$, $I(\boldsymbol{x}^2) = I(\boldsymbol{x}^1) - \{3\} = \{2\}$, 相应的等式二次规划问题为

$$\begin{aligned} \min\{&d_1^2 + d_2^2 - 2d_1 - 4d_2\}; \\ \text{s.t.} \quad &-d_1 = 0, \end{aligned}$$

相应的一阶必要条件为

$$\begin{pmatrix} 2 & 0 & -1 \\ 0 & 2 & 0 \\ -1 & 0 & 0 \end{pmatrix} \begin{pmatrix} d_1 \\ d_2 \\ \lambda_2 \end{pmatrix} = \begin{pmatrix} 2 \\ 4 \\ 0 \end{pmatrix}.$$

求解方程组得到 $d_1 = 0,\ d_2 = 2$,即 $\boldsymbol{d}^2 = (0,\ 2)^{\mathrm{T}}$. 计算

$$\hat{\alpha}_2 = \frac{b_1 - \boldsymbol{\alpha}_1^{\mathrm{T}}\boldsymbol{x}^2}{\boldsymbol{\alpha}_1^{\mathrm{T}}\boldsymbol{d}^2} = \frac{1-0}{2} = \frac{1}{2},$$

$$\alpha_2 = \min\left\{\frac{1}{2},\ 1\right\} = \frac{1}{2},$$

所以 $\boldsymbol{x}^3 = \boldsymbol{x}^2 + \alpha_2\boldsymbol{d}^2 = (0,\ 0)^{\mathrm{T}} + \frac{1}{2}(0,\ 2)^{\mathrm{T}} = (0,\ 1)^{\mathrm{T}}$. 由于 $\alpha_2 = \hat{\alpha}_2 = \frac{1}{2}$, 因此在 $\boldsymbol{x}^3$ 处的有效约束集 $I(\boldsymbol{x}^3) = I(\boldsymbol{x}^2) + \{1\} = \{1,\ 2\}$.

下面进行第三轮计算. 在 $\boldsymbol{x}^3$ 处 $\nabla f(\boldsymbol{x}^3) = (-2,\ -2)^{\mathrm{T}}$, 相应的等式约束问题为

$$\begin{aligned} &\min\{d_1^2 + d_2^2 - 2d_1 - 2d_2\}; \\ &\text{s.t.}\quad d_1 + d_2 = 0, \\ &\qquad\quad -d_1 = 0. \end{aligned}$$

由等式约束问题的一阶必要条件得到

$$\begin{pmatrix} 2 & 0 & 1 & -1 \\ 0 & 2 & 1 & 0 \\ 1 & 1 & 0 & 0 \\ -1 & 0 & 0 & 0 \end{pmatrix}\begin{pmatrix} d_1 \\ d_2 \\ \lambda_1 \\ \lambda_2 \end{pmatrix} = \begin{pmatrix} 2 \\ 2 \\ 0 \\ 0 \end{pmatrix}.$$

解方程组得 $d_1 = 0,\ d_2 = 0,\ \lambda_1 = 2,\ \lambda_2 = 0$,即 $\boldsymbol{d}^3 = (0,\ 0)^{\mathrm{T}}$, $\boldsymbol{\lambda}^3 = (2,\ 0,\ 0)^{\mathrm{T}}$, 因此 $\boldsymbol{x}^3 = (0,\ 1)^{\mathrm{T}}$ 是解,$\boldsymbol{\lambda}^3 = (2,\ 0,\ 0)^{\mathrm{T}}$ 是相应的乘子.

在实际计算中,初始点 $\boldsymbol{x}^1$ 的选取并非易事,需要用类似于线性规划求解初始基本可行点的方法构造辅助问题,得到初始可行点. 若二次规划是严格凸的,且是非退化的,则用有效集法并经有限步运算,可求出二次规划的解(证明略). 当 $\boldsymbol{G}$ 是非正定矩阵时,按照上述方法计算,有可能得不到解. 若想求出解,须对算法作必要的改动,这里就不深入讨论了.

习　题　七

7.1　求解二次规划问题

$$\begin{aligned} &\min\{f(\boldsymbol{x}) = x_1^2 + x_2^2 + x_3^2\}; \\ &\text{s.t.}\quad x_1 + 2x_2 - x_3 = 4, \\ &\qquad\quad x_1 - x_2 + x_3 = 1. \end{aligned}$$

7.2　用有效集法求解下列二次规划问题

$$\begin{aligned}&\min\{f(\boldsymbol{x})=x_1^2-x_1x_2+2x_2^2-x_1-10x_2\};\\&\text{s.t.}\quad 3x_1+2x_2\leqslant 6,\\&\qquad x_1\geqslant 0,\ x_2\geqslant 0.\end{aligned}$$

7.3　用有效集法求解下列问题

$$\begin{aligned}&\min\{f(\boldsymbol{x})=9x_1^2+9x_2^2-30x_1-72x_2\};\\&\text{s.t.}\quad -2x_1-x_2\geqslant -4,\\&\qquad x_1\geqslant 0,\ x_2\geqslant 0.\end{aligned}$$

取初始可行点 $\boldsymbol{x}^{(1)}=(0,\ 0)^{\mathrm{T}}$.

7.4　用 Lagrange 方法求解下列问题

(1) $\min\{f(\boldsymbol{x})=2x_1^2+x_2^2+x_1x_2-x_1-x_2\}$;

s.t.　$x_1+x_2=1$.

(2) $\min\{f(\boldsymbol{x})=\frac{1}{2}x_1^2+\frac{1}{2}x_2^2+\frac{1}{2}x_3^2\}$;

s.t.　$x_1+2x_2-x_3=4$,

$-x_1+x_2-x_3=2$.

7.5　解下面二次规划问题并且作图解释几何意义

$$\begin{aligned}&\min\{f(\boldsymbol{x})=4x_1^2+x_2^2+2x_1+3x_2+2x_1x_2\};\\&\text{s.t.}\quad x_1-x_2\geqslant 0.\end{aligned}$$

7.6　从一点 $\boldsymbol{x}_0$ 的超平面 $\{\boldsymbol{x}\mid \boldsymbol{A}\boldsymbol{x}=\boldsymbol{b}\}$ 寻找最短距离能构成二次规划形式(这里 $\boldsymbol{A}$ 是行满秩矩阵)

$$\begin{aligned}&\min\{f(\boldsymbol{x})=\frac{1}{2}(\boldsymbol{x}-\boldsymbol{x}_0)^{\mathrm{T}}(\boldsymbol{x}-\boldsymbol{x}_0)\};\\&\text{s.t.}\quad \boldsymbol{A}\boldsymbol{x}=\boldsymbol{b}.\end{aligned}$$

证明最优乘子为 $\boldsymbol{\lambda}^*=-(\boldsymbol{A}\boldsymbol{A}^{\mathrm{T}})^{-1}(\boldsymbol{b}-\boldsymbol{A}\boldsymbol{x}^0)$,最优解为 $\boldsymbol{x}^*=\boldsymbol{x}^0-\boldsymbol{A}^{\mathrm{T}}(\boldsymbol{A}\boldsymbol{A}^{\mathrm{T}})^{-1}(\boldsymbol{b}-\boldsymbol{A}\boldsymbol{x}^0)$,并且证明当 $\boldsymbol{A}$ 是行向量时,从 $\boldsymbol{x}_0$ 至 $\boldsymbol{A}\boldsymbol{x}=\boldsymbol{b}$ 的可行解集的最短距离为 $\frac{|\boldsymbol{b}-\boldsymbol{A}\boldsymbol{x}_0|}{\|\boldsymbol{A}\|}$.

7.7　写出下面既有等式约束又有不等式约束的二次凸规划的 K-T 条件

$$\begin{aligned}&\min\left\{q(\boldsymbol{x})=\frac{1}{2}\boldsymbol{x}^{\mathrm{T}}\boldsymbol{G}\boldsymbol{x}+\boldsymbol{x}^{\mathrm{T}}\boldsymbol{d}\right\};\\&\text{s.t.}\quad \boldsymbol{A}^{\mathrm{T}}\boldsymbol{x}\geqslant \boldsymbol{b},\\&\qquad \bar{\boldsymbol{A}}^{\mathrm{T}}\boldsymbol{x}=\bar{\boldsymbol{b}}.\end{aligned}$$

这里 $\boldsymbol{G}$ 是半正定矩阵.

7.8　求解如下二次规划

$$\begin{aligned}
&\min\{f(\boldsymbol{x}) = x_1^2 + x_2^2 - 2x_1x_2 - 2x_1 - 6x_2\};\\
&\text{s.t.}\quad x_1 + x_2 \leqslant 2,\\
&\qquad\ -x_1 + 2x_2 \leqslant 2,\\
&\qquad\ x_1 \geqslant 0,\ x_2 \geqslant 0.
\end{aligned}$$

第八章　罚函数法

本章我们主要讨论具有约束的一般优化问题的求解方法. 为方便起见, 现将约束最优化问题表示如下:

$$
\begin{aligned}
&\min\ f(\boldsymbol{x});\\
&\text{s.t.}\ c_i(\boldsymbol{x})=0,\ i\in E=\{1,2,\cdots,l\},\\
&\qquad c_i(\boldsymbol{x})\leqslant 0,\ i\in I=\{l+1,l+2,\cdots,l+m\},\\
&\qquad \boldsymbol{x}\in\mathbf{R}^n,
\end{aligned}
$$

其中, 可行域 D 记为

$$
D=\{\boldsymbol{x}\mid c_i(\boldsymbol{x})=0,\ i\in E;\ c_i(\boldsymbol{x})\leqslant 0,\ i\in I;\ \boldsymbol{x}\in\mathbf{R}^n\}.
$$

显然, 求解约束优化问题要比求解无约束优化问题复杂困难, 因而求解方法也就多种多样. 但归纳起来, 大致可以分为两类: 一类是前面章节中介绍的方法, 即利用约束优化问题本身的性质, 直接求解; 另一类就是本章要重点介绍的方法, 即罚函数法. 罚函数法是利用目标函数 $f(\boldsymbol{x})$ 和约束函数 $c(\boldsymbol{x})$, 构造具有"惩罚性质"的函数 $P(\boldsymbol{x})=\overline{P}(f(\boldsymbol{x}),c(\boldsymbol{x}))$, 使原约束优化问题转化为求 $P(\boldsymbol{x})$ 最优解的无约束优化问题. 罚函数法又分为外罚函数法和内罚函数法两种. 在以下的讨论中, 我们假定所有函数都是连续的.

§8.1　外罚函数法

外罚函数法是一类不可行点的方法, 其基本思想是, 在求解无约束优化问题时, 通过对不可行的迭代点施加惩罚, 并随着迭代点的进展, 增大惩罚量, 迫使迭代点逐步向可行域靠近, 一旦迭代点成为一个可行点, 即为所求的原问题的最优解.

§8.1.1　外罚函数法

首先, 我们考虑仅有等式约束的优化问题

$$\min f(\boldsymbol{x}),\ \boldsymbol{x}\in\mathbf{R}^n;$$
$$\text{s.t.}\quad c_i(\boldsymbol{x})=0,\ i=1,2,\cdots,l. \tag{8.1.1}$$

记

$$\widetilde{P}(\boldsymbol{x})=\sum_{i=1}^{l}|c_i(\boldsymbol{x})|^{\beta},\ \beta\geqslant 1,$$

定义如下形式的外罚函数

$$\begin{aligned}P(\boldsymbol{x},\sigma)&=f(\boldsymbol{x})+\sigma\widetilde{P}(\boldsymbol{x})\\&=f(\boldsymbol{x})+\sigma\sum_{i=1}^{l}|c_i(\boldsymbol{x})|^{\beta},\ \beta\geqslant 1,\end{aligned}$$

其中,$\sigma>0$ 是一参数.

显然,外罚函数 $P(\boldsymbol{x},\sigma)$具有以下性质:当 $\boldsymbol{x}$ 为可行点时,有 $\widetilde{P}(\boldsymbol{x})=0$, 于是 $P(\boldsymbol{x},\sigma)=f(\boldsymbol{x})$; 而当 $\boldsymbol{x}$ 不是可行点时,有 $\widetilde{P}(\boldsymbol{x})>0$,于是 $P(\boldsymbol{x},\sigma)>f(\boldsymbol{x})$. 特别地,随着 σ 的增大,$P(\boldsymbol{x},\sigma)$也不断地增大,当 σ 充分大时,$P(\boldsymbol{x},\sigma)$剧烈地增大. 所以,要使 $P(\boldsymbol{x},\sigma)$取到极小值,$\widetilde{P}(\boldsymbol{x})$应充分小,即 $P(\boldsymbol{x},\sigma)$的极小点应充分逼近可行域. 于是,优化问题(8.1.1)就转化为无约束优化问题

$$\min_{\boldsymbol{x}}\{P(\boldsymbol{x},\sigma)=f(\boldsymbol{x})+\sigma\widetilde{P}(\boldsymbol{x})\}.$$

通常,当 $\beta=1$ 时,$\widetilde{P}(\boldsymbol{x})$在使某个 $c_i(\boldsymbol{x})=0$ 的点处不可微,故一般地,取 $\beta=2$. 此时,外罚函数 $P(\boldsymbol{x},\sigma)$的形式如下:

$$P(\boldsymbol{x},\sigma)=f(\boldsymbol{x})+\sigma\sum_{i=1}^{l}c_i^2(\boldsymbol{x}). \tag{8.1.2}$$

例 8.1.1　求解下列约束优化问题

$$\min\{f(\boldsymbol{x})=x_1+x_2\};$$
$$\text{s.t.}\quad c(\boldsymbol{x})=x_2-x_1^2=0.$$

解　这是一个带有简单约束的优化问题,它等价于下面的无约束优化问题

$$\min\{x_1+x_1^2\}.$$

显然,它有最优解 $\boldsymbol{x}^*=\left(-\dfrac{1}{2},\dfrac{1}{4}\right)^{\mathrm{T}}$, $f(\boldsymbol{x}^*)=-\dfrac{1}{4}$. 现在我们用外罚函数法求解. 构造外罚函数

$$P(\boldsymbol{x},\sigma)=x_1+x_2+\sigma(x_2-x_1^2)^2,$$

利用解析法求解

$$\frac{\partial P}{\partial x_1} = 1 - 4\sigma x_1(x_2 - x_1^2),\ \frac{\partial P}{\partial x_2} = 1 + 2\sigma(x_2 - x_1^2).$$

令

$$\nabla_x P(\boldsymbol{x},\ \sigma) = \boldsymbol{0},$$

得到

$$x_1(\sigma) = -\frac{1}{2},\ x_2(\sigma) = \frac{1}{4} - \frac{1}{2\sigma},$$

再令 $\sigma \to +\infty$,得

$$\boldsymbol{x}(\sigma) = (x_1(\sigma),\ x_2(\sigma))^{\mathrm{T}} \to \boldsymbol{x}^* = \left(-\frac{1}{2},\ \frac{1}{4}\right)^{\mathrm{T}},$$

$$P(\boldsymbol{x}(\sigma),\ \sigma) = -\frac{1}{4} - \frac{1}{4\sigma} \to f(\boldsymbol{x}^*) = -\frac{1}{4}.$$

就是原问题的最优解.

其次,我们考虑不等式约束的优化问题

$$\begin{aligned} &\min\ f(\boldsymbol{x});\\ &\text{s.t.}\ c_i(\boldsymbol{x}) \leqslant 0,\ i = 1,\ 2,\ \cdots,\ l,\\ &\qquad \boldsymbol{x} \in \mathbf{R}^n. \end{aligned} \tag{8.1.3}$$

记

$$\widetilde{P}(\boldsymbol{x}) = \sum_{i=1}^{l}[\max(0,\ c_i(\boldsymbol{x}))]^{\alpha},\ \alpha \geqslant 1,$$

定义如下形式的外罚函数

$$P(\boldsymbol{x},\ \sigma) = f(\boldsymbol{x}) + \sigma\sum_{i=1}^{l}[\max(0,\ c_i(\boldsymbol{x}))]^{\alpha},\ \alpha \geqslant 1.$$

同样,外罚函数 $P(\boldsymbol{x},\ \sigma)$也有类似的性质,即当 $\boldsymbol{x}$ 为可行点时,有 $\widetilde{P}(\boldsymbol{x}) = 0$,于是 $P(\boldsymbol{x},\ \sigma) = f(\boldsymbol{x})$;而当 $\boldsymbol{x}$ 不是可行点时,有 $\widetilde{P}(\boldsymbol{x}) > 0$,于是 $P(\boldsymbol{x},\ \sigma) > f(\boldsymbol{x})$. 当 σ 充分大时,$\sigma\widetilde{P}(\boldsymbol{x})$剧烈地增大. 所以,迫使 $P(\boldsymbol{x},\ \sigma)$必须在可行点上达到最优.

注意,$\widetilde{P}(\boldsymbol{x})$通常在使某个 $c_i(\boldsymbol{x}) = 0$ 的点上不可微. 取 $\alpha = 2$, 此时,外罚函数$P(\boldsymbol{x},\ \sigma)$的形式如下:

$$P(\boldsymbol{x},\ \sigma) = f(\boldsymbol{x}) + \sigma\sum_{i=1}^{l}(\max(0,\ c_i(\boldsymbol{x})))^2. \tag{8.1.4}$$

例 8.1.2 求解下列约束优化问题

$$\begin{aligned} &\min \{f(\boldsymbol{x}) = x_1^2 + x_2^2\}; \\ &\text{s.t.} \quad c(\boldsymbol{x}) = 1 - x_1 \leqslant 0. \end{aligned}$$

解 显然,最优解 $\boldsymbol{x}^* = (1, 0)^{\mathrm{T}}$, $f(\boldsymbol{x}^*) = 1$. 现在我们用外罚函数法求解. 构造外罚函数

$$\begin{aligned} P(\boldsymbol{x}, \sigma) &= x_1^2 + x_2^2 + \sigma[\max(0, 1 - x_1)]^2 \\ &= \begin{cases} x_1^2 + x_2^2, & x_1 \geqslant 1, \\ x_1^2 + x_2^2 + \sigma(x_1 - 1)^2, & x_1 < 1. \end{cases} \end{aligned}$$

利用解析法求解

$$\frac{\partial P}{\partial x_1} = \begin{cases} 2x_1, & x_1 \geqslant 1, \\ 2x_1 + 2\sigma(x_1 - 1), & x_1 < 1, \end{cases} \quad \frac{\partial P}{\partial x_2} = 2x_2.$$

令

$$\nabla_x P(\boldsymbol{x}, \sigma) = \boldsymbol{0},$$

得到破坏约束的点

$$x_1(\sigma) = \frac{\sigma}{\sigma + 1}, \; x_2(\sigma) = 0,$$

再令 $\sigma \to +\infty$,得

$$\begin{aligned} \boldsymbol{x}(\sigma) &= (x_1(\sigma), x_2(\sigma))^{\mathrm{T}} \to \boldsymbol{x}^* = (1, 0)^{\mathrm{T}}, \\ P(\boldsymbol{x}(\sigma), \sigma) &= \frac{\sigma^2 + \sigma}{(\sigma + 1)^2} \to f(\boldsymbol{x}^*) = 1, \end{aligned}$$

就是原问题的最优解.

最后,我们考虑一般的约束优化问题,即

$$\begin{aligned} &\min f(\boldsymbol{x}); \\ &\text{s.t.} \quad c_i(\boldsymbol{x}) = 0, \; i \in E = \{1, 2, \cdots, l\}, \\ &\qquad\; c_i(\boldsymbol{x}) \leqslant 0, \; i \in I = \{l+1, l+2, \cdots, l+m\}, \\ &\qquad\; \boldsymbol{x} \in \mathbf{R}^n. \end{aligned} \tag{8.1.5}$$

由于此时约束中既有等式约束,又有不等式约束,故记

$$\widetilde{P}(\boldsymbol{x}) = \sum_{i=1}^{l} |c_i(\boldsymbol{x})|^{\beta} + \sum_{i=l+1}^{l+m} [\max(0, c_i(\boldsymbol{x}))]^{\alpha}, \; \alpha \geqslant 1, \; \beta \geqslant 1.$$

类似地,定义如下形式的外罚函数

$$P(\boldsymbol{x},\sigma)=f(\boldsymbol{x})+\sigma\Big[\sum_{i=1}^{l}|c_i(\boldsymbol{x})|^{\beta}+\sum_{i=l+1}^{l+m}[\max(0,c_i(\boldsymbol{x}))]^{\alpha}\Big].$$

显然,上述函数也具有前面两种情况下我们讨论的性质.

通常,我们取 $\alpha=\beta=2$.

通过以上 3 种情况的分析,我们可以看到,外罚函数法是将有约束的优化问题转化为无约束的优化问题,而这个无约束的优化问题的最优解即为原问题的最优解. 同时,我们由前面两个例子也可以看到,外罚函数 $P(\boldsymbol{x},\sigma)$ 的最优解 $\boldsymbol{x}(\sigma)$ 在 $\sigma\to+\infty$ 的过程中,一直在可行域的外部取点,直到趋近最优解 $\boldsymbol{x}^*$. 所以,称这种方法为外罚函数法,简称外点法. $P(\boldsymbol{x},\sigma)$ 为外罚函数,或叫增广的目标函数,σ 为惩罚因子,$\widetilde{P}(\boldsymbol{x})$ 为惩罚项.

一般地,对于带有简单约束的优化问题,外罚函数法可以使其转化为简单的无约束优化问题,从而,利用解析法就可以求出其最优解. 但是,对于比较复杂的约束,利用外罚函数法转化为无约束优化问题后,往往不能直接求出其最优解,所以,我们通常要采用迭代的方法. 下面,我们将给出外罚函数法的具体算法.

算法 8.1.1 (1) 给定初始点 $\boldsymbol{x}^0$,设 $\varepsilon>0$, $c>1$ 为给定实数,$\sigma_1>0$,令 $k=1$;

(2) 以 $\boldsymbol{x}^{k-1}$ 为初始点,求解无约束优化问题

$$\min\{P(\boldsymbol{x},\sigma_k)=f(\boldsymbol{x})+\sigma_k\widetilde{P}(\boldsymbol{x})\},$$

得到最优解 $\boldsymbol{x}^k$;

(3) 若 $\widetilde{P}(\boldsymbol{x}^k)<\varepsilon$, 则停止迭代,$\boldsymbol{x}^k$ 作为原问题(8.1.5)的最优解;否则,令 $\sigma_{k+1}=c\sigma_k$, $k:=k+1$, 转步骤(2).

注意以下几点:

(1) 初始点 $\boldsymbol{x}^0$ 的选取是任意的,可以是可行域的外点,也可以是可行点;

(2) 在算法过程中,令 $\sigma_{k+1}=c\sigma_k$, $k:=k+1$, 转步骤(2). 这样做能够保证到某一步, $\widetilde{P}(x^k)<\varepsilon$, 这正是下面两个定理所回答的问题.

§8.1.2 外罚函数法的收敛性质

定理 8.1.1 设 $P(\boldsymbol{x},\sigma)=f(\boldsymbol{x})+\sigma\widetilde{P}(\boldsymbol{x})$,且 $\sigma_{k+1}\geqslant\sigma_k>0$. 如果 $P(\boldsymbol{x},\sigma_k)$ 与 $P(\boldsymbol{x},\sigma_{k+1})$ 分别在 $\boldsymbol{x}^k$ 与 $\boldsymbol{x}^{k+1}$ 处达到(无约束)全局极小,则

(1) 序列 $\{P(\boldsymbol{x}^k,\sigma_\kappa)\}$ 单调递增;

(2) 序列 $\{\widetilde{P}(\boldsymbol{x}^k)\}$ 单调递减;

(3) 序列 $\{f(\boldsymbol{x}^k)\}$ 单调递增.

证明　(1) 由于 $\boldsymbol{x}^k$ 是 $P(\boldsymbol{x}, \sigma_k)$的全局极小点,故

$$\begin{aligned} P(\boldsymbol{x}^{k+1}, \sigma_{k+1}) &= f(\boldsymbol{x}^{k+1}) + \sigma_{k+1}\widetilde{P}(\boldsymbol{x}^{k+1}) \\ &\geqslant f(\boldsymbol{x}^{k+1}) + \sigma_k\widetilde{P}(\boldsymbol{x}^{k+1}) \\ &= P(\boldsymbol{x}^{k+1}, \sigma_k) \\ &\geqslant P(\boldsymbol{x}^k, \sigma_k). \end{aligned}$$

所以,$\{P(\boldsymbol{x}^k, \sigma_k)\}$是单调递增的序列.

(2) 由于 $\boldsymbol{x}^k$ 是 $P(\boldsymbol{x}, \sigma_k)$的全局极小点,故

$$P(\boldsymbol{x}^{k+1}, \sigma_k) \geqslant P(\boldsymbol{x}^k, \sigma_k).$$

将上述不等式展开,有

$$f(\boldsymbol{x}^{k+1}) + \sigma_k\widetilde{P}(\boldsymbol{x}^{k+1}) \geqslant f(\boldsymbol{x}^k) + \sigma_k\widetilde{P}(\boldsymbol{x}^k). \tag{8.1.6}$$

又由于 $\boldsymbol{x}^{k+1}$是 $P(\boldsymbol{x}, \sigma_{k+1})$的全局极小点,故

$$P(\boldsymbol{x}^k, \sigma_{k+1}) \geqslant P(\boldsymbol{x}^{k+1}, \sigma_{k+1}).$$

同样,将上述不等式展开,有

$$f(\boldsymbol{x}^k) + \sigma_{k+1}\widetilde{P}(\boldsymbol{x}^k) \geqslant f(\boldsymbol{x}^{k+1}) + \sigma_{k+1}\widetilde{P}(\boldsymbol{x}^{k+1}). \tag{8.1.7}$$

将(8.1.6)式和(8.1.7)式相加,得到

$$\sigma_{k+1}\widetilde{P}(\boldsymbol{x}^{k+1}) + \sigma_k\widetilde{P}(\boldsymbol{x}^k) \leqslant \sigma_{k+1}\widetilde{P}(\boldsymbol{x}^k) + \sigma_k\widetilde{P}(\boldsymbol{x}^{k+1}),$$

即

$$\sigma_k(\widetilde{P}(\boldsymbol{x}^k) - \widetilde{P}(\boldsymbol{x}^{k+1})) \leqslant \sigma_{k+1}(\widetilde{P}(\boldsymbol{x}^k) - \widetilde{P}(\boldsymbol{x}^{k+1})).$$

注意到 $\sigma_{k+1} \geqslant \sigma_k > 0$, 故

$$\widetilde{P}(\boldsymbol{x}^k) \geqslant \widetilde{P}(\boldsymbol{x}^{k+1}),$$

说明$\{\widetilde{P}(\boldsymbol{x}^k)\}$是单调递减的序列.

(3) 由(8.1.6)式可知

$$f(\boldsymbol{x}^{k+1}) - f(\boldsymbol{x}^k) \geqslant \sigma_k(\widetilde{P}(\boldsymbol{x}^k) - \widetilde{P}(\boldsymbol{x}^{k+1})) \geqslant 0,$$

于是

$$f(\boldsymbol{x}^{k+1}) \geqslant f(\boldsymbol{x}^k),$$

即 $f(\boldsymbol{x}^k)$是单调递增的序列.　□

定理 8.1.2　设 $\boldsymbol{x}^*$ 是约束优化问题(8.1.5)的全局极小点. 令$\{\sigma_k\}$为一正数序列,满足 $\sigma_{k+1} \geqslant \sigma_k (k = 1, 2, \cdots)$ 且 $\sigma_k \to +\infty$. 若 $\boldsymbol{x}^k$ 是 $P(\boldsymbol{x}, \sigma_k)$的全局极小点,则$\{\boldsymbol{x}^k\}$的任何聚点$\bar{\boldsymbol{x}}$必为问题(8.1.5)的最优解.

证明　不妨设 $\boldsymbol{x}^k \to \bar{\boldsymbol{x}}$.

首先证明 $\{P(\boldsymbol{x}^k, \sigma_k)\}$, $\{f(\boldsymbol{x}^k)\}$ 和 $\{\widetilde{P}(\boldsymbol{x}^k)\}$ 都是有界的序列.

由于 $\boldsymbol{x}^*$ 是问题(8.1.5)的全局极小点,故 $\boldsymbol{x}^*$ 是一个可行点,于是有

$$\begin{aligned} P(\boldsymbol{x}^k, \sigma_k) &\leqslant P(\boldsymbol{x}^*, \sigma_k) \\ &= f(\boldsymbol{x}^*) + \sigma_k \widetilde{P}(\boldsymbol{x}^*) \\ &\leqslant f(\boldsymbol{x}^*), \end{aligned}$$

及

$$\begin{aligned} f(\boldsymbol{x}^k) &\leqslant f(\boldsymbol{x}^k) + \sigma_k \widetilde{P}(\boldsymbol{x}^k) \\ &= P(\boldsymbol{x}^k, \sigma_k) \\ &\leqslant f(\boldsymbol{x}^*). \end{aligned} \tag{8.1.8}$$

这意味着 $\{P(\boldsymbol{x}^k, \sigma_k)\}$, $\{f(\boldsymbol{x}^k)\}$ 都是单调递增且为有界序列,极限必存在,不妨设为 p^0 和 f^0.

由于

$$P(\boldsymbol{x}^k, \sigma_k) = f(\boldsymbol{x}^k) + \sigma_k \widetilde{P}(\boldsymbol{x}^k),$$

令 $k \to +\infty$,两边同时取极限,得

$$\lim_{k \to +\infty} P(\boldsymbol{x}^k, \sigma_k) = \lim_{k \to +\infty} f(\boldsymbol{x}^k) + \lim_{k \to +\infty} \sigma_k \widetilde{P}(\boldsymbol{x}^k),$$

也就是

$$\lim_{k \to +\infty} \sigma_k \widetilde{P}(\boldsymbol{x}^k) = p^0 - f^0.$$

注意到当 $k \to +\infty$ 时,$\sigma_k \to +\infty$,所以必有

$$\lim_{k \to +\infty} \widetilde{P}(\boldsymbol{x}^k) = 0,$$

即 $\widetilde{P}(\boldsymbol{x}^k)$ 是单调递减且趋于 0 的序列.

其次,证明 $\bar{\boldsymbol{x}}$ 是全局极小点,即 $f(\bar{\boldsymbol{x}}) = f(\boldsymbol{x}^*)$.

由于 $\widetilde{P}(\boldsymbol{x})$ 是连续函数,且 $\boldsymbol{x}^k \to \bar{\boldsymbol{x}}$,故

$$\widetilde{P}(\bar{\boldsymbol{x}}) = 0,$$

说明 $\bar{\boldsymbol{x}}$ 是可行点.但因为 $\boldsymbol{x}^*$ 是问题(8.1.5)的全局极小点,故

$$f(\boldsymbol{x}^*) \leqslant f(\bar{\boldsymbol{x}}). \tag{8.1.9}$$

再根据(8.1.8)式,两边同时取极限,有

$$f(\bar{\boldsymbol{x}}) = \lim_{k \to +\infty} f(\boldsymbol{x}^k) \leqslant f(\boldsymbol{x}^*). \tag{8.1.10}$$

综合(8.1.9)式和(8.1.10)式,得 $f(\bar{\boldsymbol{x}}) = f(\boldsymbol{x}^*)$, 从而 $\bar{\boldsymbol{x}}$ 是一个全局极小点.　□

值得注意的是,在定理 8.1.2 中,不要求序列$\{x^k\}$有唯一的聚点.实际上,通过定理的证明我们知道,无论$\{x^k\}$有几个聚点,都必为原优化问题的极小点.另外,由(8.1.8)式可知,$f^0 \leqslant p^0 \leqslant f(x^*) = f^0$,所以$p^0 = f^0$,也就是说,$\{P(x^k, \sigma_k)\}$和$\{f(x^k)\}$都是单调递增序列,且极限相等,这就意味着成立

$$\lim_{k\to+\infty} \sigma_k \widetilde{P}(x^k) = 0.$$

正是由于这一点,使得我们在算法中将$\sigma_k \widetilde{P}(x^k) < \varepsilon$作为收敛的判别准则.只要$\sigma_k \widetilde{P}(x^k)$足够小,求$P(x^k, \sigma_k)$的极限,就能得到原约束问题的极小值.

定理 8.1.3 设$f(x)$, $c_i(x)$ $(i \in E \cup I = \{1, 2, \cdots, l+m\})$具有连续的一阶偏导数,约束问题(8.1.5)的全局最优解存在,惩罚因子$\{\sigma_k\}$递增趋于$+\infty$,若x^k是外罚函数$P(x, \sigma_k)$的全局解,且$x^k \to x^*$ $(k \to +\infty)$,在x^*处$\nabla c_i(x^*)$ $(i \in E \cup I(x^*))$线性无关,则x^*是约束问题(8.1.5)的全局解,且

$$\lim_{k\to+\infty} 2\sigma_k c_i(x^k) = \lambda_i^*, \quad i = 1, 2, \cdots, l, \tag{8.1.11}$$

$$\lim_{k\to+\infty} 2\sigma_k \max\{0, c_i(x^k)\} = \lambda_i^*, \quad i = l+1, l+2, \cdots, l+m, \tag{8.1.12}$$

其中$\boldsymbol{\lambda}^*$是x^*处的 Lagrange 乘子.

证明 由定理 8.1.2 可知,x^*是约束问题的全局解.所以,只须证明(8.1.11)式和(8.1.12)式成立.

因为x^k是外罚函数$P(x, \sigma_k)$的全局解,则有

$$\nabla_x P(x^k, \sigma_k) = \mathbf{0},$$

即

$$\nabla f(x^k) + 2\sigma_k\Big(\sum_{i=1}^{l} c_i(x^k)\nabla c_i(x^k) + \sum_{i=l+1}^{l+m} \max\{0, c_i(x^k)\}\nabla c_i(x^k)\Big) = \mathbf{0}. \tag{8.1.13}$$

当$i \in I/I(x^*)$时,有$c_i(x^*) < 0$,则存在K,当$k > K$时,有$c_i(x^k) < 0$,因此

$$\lim_{k\to+\infty} \sigma_k \max\{0, c_i(x^k)\} = 0 = \lambda_i^*, \quad i \in I/I(x^*),$$

于是,(8.1.13)式改为

$$\nabla f(x^k) + 2\sigma_k\Big(\sum_{i=1}^{l} c_i(x^k)\nabla c_i(x^k) + \sum_{i\in I(x^*)} \max\{0, c_i(x^k)\}\nabla c_i(x^k)\Big) = \mathbf{0}.$$

从约束问题的一阶必要条件知

$$\nabla f(\boldsymbol{x}^*) + \sum_{i\in E\cup I(\boldsymbol{x}^*)} \lambda_i^* \nabla c_i(\boldsymbol{x}^*) = \boldsymbol{0},$$

且 $\nabla c_i(\boldsymbol{x}^*)(i \in E \cup I(\boldsymbol{x}^*))$ 线性无关,因此,当 $k\to+\infty$时,有

$$2\sigma_k c_i(\boldsymbol{x}^k) \to \lambda_i^*,\ i=1,\ 2,\ \cdots,\ l,$$

$$2\sigma_k \max\{0,\ c_i(\boldsymbol{x}^k)\} \to \lambda_i^*,\ i=l+1,\ l+2,\ \cdots,\ l+m. \quad \square$$

定理 8.1.3 表明,令 $\lambda_i^k = 2\sigma_k c_i(\boldsymbol{x}^k),\ i\in E,\ \lambda_i^k = 2\sigma_k \max\{0,\ c_i(\boldsymbol{x}^k)\},\ i\in I$ 作为约束问题的 Lagrange 乘子的近似值.

§8.1.3 外罚函数的病态性质

不妨假定最优化问题仅仅具有等式约束,即考虑问题(8.1.1),并且假定当 $\sigma_k\to+\infty$时,$\boldsymbol{x}^k\to\boldsymbol{x}^*$.

此时,外罚函数为

$$P(\boldsymbol{x},\ \sigma_k) = f(\boldsymbol{x}) + \sigma_k \sum_{i=1}^{l} c_i^2(\boldsymbol{x}),$$

在 $\boldsymbol{x}^k$ 处的 Hesse 矩阵为

$$\begin{aligned}\nabla_x^2 P(\boldsymbol{x}^k,\ \sigma_k) &= \nabla^2 f(\boldsymbol{x}^k) + 2\sigma_k \sum_{i=1}^{l} c_i(\boldsymbol{x}^k)\nabla^2 c_i(\boldsymbol{x}^k) + \\ &\quad 2\sigma_k \sum_{i=1}^{l} \nabla c_i(\boldsymbol{x}^k)\nabla c_i(\boldsymbol{x}^k)^{\mathrm{T}} \qquad (8.1.14)\\ &= \nabla_x^2 L(\boldsymbol{x}^k,\ \boldsymbol{\lambda}^k) + 2\sigma_k \sum_{i=1}^{l} \nabla c_i(\boldsymbol{x}^k)\nabla c_i(\boldsymbol{x}^k)^{\mathrm{T}},\end{aligned}$$

其中,$L(\boldsymbol{x},\ \boldsymbol{\lambda})$为 Lagrange 函数.

由(8.1.14)式可知,$\sum_{i=1}^{l} \nabla c_i(\boldsymbol{x}^k)\nabla c_i(\boldsymbol{x}^k)^{\mathrm{T}}$ 的秩为 l,故当 $\sigma_k\to+\infty$时,$\nabla^2 P(\boldsymbol{x}^k,\ \sigma_k)$有 l 个特征值趋于∞,而其余特征值为有界. 于是

$$\mathrm{Cond}(\nabla_x^2 P(\boldsymbol{x},\ \sigma_k)) = \|\nabla^2 P(\boldsymbol{x}^k,\ \sigma_k)\| \cdot \|\nabla^2 P(\boldsymbol{x}^k,\ \sigma_k)^{-1}\|,$$

即条件数趋于∞,说明$\nabla^2 P(\boldsymbol{x}^k,\ \sigma_k)$具有病态性质.

所以,在使用外罚函数法时,就会产生这样的矛盾:选取很大的 σ_1 或者 σ_k 增加很快,可以使算法收敛很快,但很难精确地求解相应的无约束极小问题;选取小的 σ_1 且 σ_k 增加缓慢,可以保持 $\boldsymbol{x}^k$ 与 $P(\boldsymbol{x},\ \sigma_{k+1})$的极小点接近,从而使求解

$P(\boldsymbol{x}, \sigma_{k+1})$的极小点变得容易,但收敛太慢,效果很差.因此,必须在两者之间进行平衡.如何选取序列$\{\sigma_k\}$是一个值得深入讨论的问题.根据经验,通常取$\sigma_k = 0.1 \times 2^{k-1}$.

§8.2 内罚函数法

前面讲过的外罚函数法,在迭代过程中,每个$\boldsymbol{x}^k$都在可行域的外部,所以,当在某个充分大的σ_k处终止迭代时,近似最优解$\boldsymbol{x}^k$一般只能近似地满足约束条件.对于某些实际问题,这样的近似最优解是不可能被接受的.为了解决这个问题,从这一节开始,我们要介绍内罚函数法.

§8.2.1 内罚函数法

内罚函数法是一类保持严格可行性的方法,其基本思想是,在求解无约束优化问题时,严格要求迭代点在可行域的内部移动.当迭代点由可行域的内部接近可行域的边界时,将有无穷大的障碍,迫使迭代点返回可行域的内部.

我们考虑不等式约束的优化问题(8.1.3),可行域的内部记为

$$D^0 = \{\boldsymbol{x} \in \mathbf{R}^n \mid c_i(\boldsymbol{x}) < 0,\ i = 1, 2, \cdots, l\}.$$

记

$$B(\boldsymbol{x}) = -\sum_{i=1}^{l} \frac{1}{c_i(\boldsymbol{x})},$$

定义如下形式的内罚函数

$$\begin{aligned} P(\boldsymbol{x}, r) &= f(\boldsymbol{x}) + rB(\boldsymbol{x}) \\ &= f(\boldsymbol{x}) - r\sum_{i=1}^{l} \frac{1}{c_i(\boldsymbol{x})}, \end{aligned}$$

其中$r > 0$是一参数.

显然,内罚函数$P(\boldsymbol{x}, r)$具有以下性质:当$\boldsymbol{x}$在可行域的内部,即$\boldsymbol{x} \in D^0$时,$B(\boldsymbol{x})$为一正数.当$r > 0$趋于0时,$P(\boldsymbol{x}, r)$的极小点就会趋近于优化问题(8.1.3)的极小点.当$\boldsymbol{x}$从内部趋近可行域的边界时,至少有一个$c_i(\boldsymbol{x})$趋于0,会导致$B(\boldsymbol{x})$剧烈地增大,迫使极小点落在可行域的内部.于是,约束优化问题(8.1.3)就转化为以下形式的优化问题

$$\begin{aligned} &\min P(\boldsymbol{x}, r),\ \boldsymbol{x} \in \mathbf{R}^n; \\ &\text{s.t.}\quad c_i(\boldsymbol{x}) < 0,\ i = 1, 2, \cdots, l. \end{aligned}$$

例 8.2.1 求解下列约束优化问题

$$\min \{f(x)=\frac{1}{2}x\};$$
$$\text{s.t.} \quad c(x)=1-x\leqslant 0.$$

解 显然,最优解 $x^*=1$, $f(x^*)=\frac{1}{2}$. 现在我们用内罚函数法求解. 构造内罚函数

$$P(x,\ r)=\frac{1}{2}x-\frac{r}{1-x},$$

将原优化问题转化为以下形式

$$\min\{P(x,\ r)=\frac{1}{2}x+\frac{r}{x-1}\};$$
$$\text{s.t.} \quad 1-x<0.$$

利用解析法求解

$$\frac{\partial P}{\partial x}(x,\ r)=\frac{1}{2}-\frac{r}{(x-1)^2}=0,$$

得到

$$x(r)=1\pm\sqrt{2r}.$$

由于 $x(r)=1-\sqrt{2r}<1$, 故舍去.

再令 $r\to 0$,得

$$x(r)=1+\sqrt{2r}\to x^*=1,$$
$$P(x(r),\ r)=\frac{1}{2}+\sqrt{2r}\to f(x^*)=\frac{1}{2}.$$

就是原问题的最优解.

由上面的例子我们可以看到,内罚函数法也是将有约束的优化问题转化为一个无约束的优化问题,但可行域由 D 变成其内部 D^0. 内罚函数 $P(\boldsymbol{x},\ r)$的最优解 $\boldsymbol{x}(r)$在 $r\to 0$ 的过程中,一直在可行域的内部移动,直到趋近最优解 $\boldsymbol{x}^*$. 所以,我们称这种方法为内罚函数法,简称内点法. $P(\boldsymbol{x},\ r)$为内罚函数. 由于 $B(\boldsymbol{x})$是约束的倒数和的形式,故称 $B(\boldsymbol{x})$为倒数障碍函数.

一般地,我们习惯将 $B(\boldsymbol{x})$取成对数形式,即为对数障碍函数

$$B(\boldsymbol{x})=-\sum_{i=1}^{l}\ln(-c_i(\boldsymbol{x})),$$

则相应的内罚函数为

$$P(\boldsymbol{x},\ r)=f(\boldsymbol{x})-r\sum_{i=1}^{l}\ln(-c_i(\boldsymbol{x})).$$

对于上述两种障碍函数,哪种形式的效果会更好呢?我们不妨先看一个例子.用对数障碍函数重新考虑例 8.2.1.

解　构造内罚函数

$$P(x,\ r)=\frac{1}{2}x-r\ln(x-1),$$

则原问题转化为以下形式

$$\min\left\{P(x,\ r)=\frac{1}{2}x-r\ln(x-1)\right\};$$
$$\text{s.t.}\quad 1-x<0.$$

利用解析法求解

$$\frac{\partial P}{\partial x}(x,\ r)=\frac{1}{2}-\frac{r}{x-1}=0,$$

得到

$$x(r)=1+2r,$$

再令 $r\to 0$,得

$$x(r)\to x^*=1,$$
$$P(x(r),\ r)\to f(x^*)=\frac{1}{2}.$$

就是原问题的最优解.

对比这两种解法不难发现,当 $r\to 0$ 时,利用对数障碍函数得到的最优解 $x(r)=1+2r$,比用倒数障碍函数得到的最优解 $x(r)=1+\sqrt{2r}$ 趋于 x^* 的速度要快.这个结论对于一般情况也是成立的.因此,我们常常选用对数障碍函数去求解相应的优化问题.

下面,我们给出内罚函数法的算法.

算法 8.2.1　(1) 给定初始点 $\boldsymbol{x}^0\in D^0$,设 $\varepsilon>0$, $0<c<1$ 为给定实数,选择正值序列 $\{r_k\}$,使 $r_k\to 0$,令 $k=1$;

(2) 以 $\boldsymbol{x}^{k-1}$ 为初始点,求解约束优化问题

$$\min\{P(\boldsymbol{x},\ r_k)=f(\boldsymbol{x})+r_kB(\boldsymbol{x})\};$$
$$\text{s.t.}\quad \boldsymbol{x}\in D^0,$$

得到最优解 $\boldsymbol{x}^k$；

(3) 若 $r_k B(\boldsymbol{x}^k) < \varepsilon$，则停止迭代，$\boldsymbol{x}^k$ 作为原问题(8.1.3)的最优解；否则，令 $r_{k+1} = cr_k$，$k := k+1$，转步骤(2).

例 8.2.2 用内罚函数法求解约束问题

$$\begin{aligned} &\min \{f(\boldsymbol{x}) = x_1^2 + 2x_2^2\}; \\ &\text{s.t.} \quad x_1 + x_2 - 1 \geqslant 0. \end{aligned}$$

解 构造内罚函数

$$P(\boldsymbol{x}(r), r) = x_1^2 + 2x_2^2 - r\ln(x_1 + x_2 - 1),$$

利用解析法，有

$$\nabla_x P(\boldsymbol{x}(r), r) = \left(2x_1 - \frac{r}{x_1 + x_2 - 1}, 4x_2 - \frac{r}{x_1 + x_2 - 1}\right)^{\mathrm{T}} = \boldsymbol{0}.$$

得

$$\boldsymbol{x}(r) = \left(\frac{1 + \sqrt{1+3r}}{3}, \frac{1 + \sqrt{1+3r}}{6}\right)^{\mathrm{T}}.$$

令 $r \to 0$，则 $\boldsymbol{x}(r) \to \boldsymbol{x}^* = \left(\frac{2}{3}, \frac{1}{3}\right)^{\mathrm{T}}$，$P(\boldsymbol{x}(r), r) \to f(\boldsymbol{x}^*) = \frac{2}{3}$.

§8.2.2 内罚函数法的收敛性质

定理 8.2.1 设 $\boldsymbol{x}^*$ 是约束优化问题(8.1.3)的全局极小点，且 D^0 非空. 令 $\{r_k\}$ 为一正数序列，满足 $r_k \geqslant r_{k+1} (k = 1, 2, \cdots)$ 且 $r_k \to 0$. 若 $\boldsymbol{x}^k$ 是 $P(\boldsymbol{x}, r_k)$ 在 D^0 内取到的极小点，则 $\boldsymbol{x}^k$ 的任何聚点 $\bar{\boldsymbol{x}}$ 必为问题(8.1.3)的最优解.

证明 首先证明 $\{P(\boldsymbol{x}^k, r_k)\}$ 是单调递减且有下界的序列.

由于 $\boldsymbol{x}^{k+1}$ 是 $P(\boldsymbol{x}, r_{k+1})$ 的极小点，且 $r_k \geqslant r_{k+1}$，故

$$\begin{aligned} P(\boldsymbol{x}^k, r_k) &= f(\boldsymbol{x}^k) + r_k B(\boldsymbol{x}^k) \\ &\geqslant f(\boldsymbol{x}^k) + r_{k+1} B(\boldsymbol{x}^k) \\ &= P(\boldsymbol{x}^k, r_{k+1}) \\ &\geqslant P(\boldsymbol{x}^{k+1}, r_{k+1}). \end{aligned}$$

另外，由于 $\boldsymbol{x}^*$ 是问题(8.1.3)在 D 上的全局极小，$\boldsymbol{x}^k \in D^0 \subset D$，故

$$f(\boldsymbol{x}^k) \geqslant f(\boldsymbol{x}^*).$$

进一步

$$P(\boldsymbol{x}^k, r_k) = f(\boldsymbol{x}^k) + r_k B(\boldsymbol{x}^k) \geqslant f(\boldsymbol{x}^*).$$

于是$\{P(\boldsymbol{x}^k, r_k)\}$是单调递减数列且有下界,故它有极限,不妨设为 p^0.

接下来证明 $f(\boldsymbol{x}^*) = p^0$.

假设 $p^0 > f(\boldsymbol{x}^*)$. 由 $f(\boldsymbol{x})$的连续性可知,存在$\delta > 0$, 使当 $\| \boldsymbol{x} - \boldsymbol{x}^* \| < \delta$, $\boldsymbol{x} \in D^0$ 时,有

$$f(\boldsymbol{x}) - f(\boldsymbol{x}^*) \leqslant \frac{1}{2}(p^0 - f(\boldsymbol{x}^*)),$$

即

$$f(\boldsymbol{x}) \leqslant f(\boldsymbol{x}^*) + \frac{1}{2}(p^0 - f(\boldsymbol{x}^*)) = p^0 - \frac{1}{2}(p^0 - f(\boldsymbol{x}^*)).$$

任取满足 $\| \tilde{\boldsymbol{x}} - \boldsymbol{x}^* \| < \delta$ 的$\tilde{\boldsymbol{x}} \in D^0$, 则由于 $r_k \to 0$,存在 K,因此当 $k \geqslant K$ 时,有

$$r_k B(\tilde{\boldsymbol{x}}) < \frac{1}{4}(p^0 - f(\boldsymbol{x}^*)).$$

于是,当 $k \geqslant K$ 时,有

$$\begin{aligned} P(\boldsymbol{x}^k, r_k) &\leqslant P(\tilde{\boldsymbol{x}}, r_k) \\ &= f(\tilde{\boldsymbol{x}}) + r_k B(\tilde{\boldsymbol{x}}) \\ &< p^0 - \frac{1}{4}(p^0 - f(\boldsymbol{x}^*)). \end{aligned}$$

这与 $P(\boldsymbol{x}^k, r_k) \to p^0$ 相矛盾. 所以, $f(\boldsymbol{x}^*) = p^0$.

最后证明 $f(\bar{\boldsymbol{x}}) = f(\boldsymbol{x}^*)$.

由于$\bar{\boldsymbol{x}}$是$\{\boldsymbol{x}^k\}$的聚点,而 $c_i(\boldsymbol{x}^k) < 0$ $(i = 1, 2, \cdots, l)$, 且 $c_i(\boldsymbol{x})$是连续函数,故

$$c_i(\bar{\boldsymbol{x}}) \leqslant 0, \ i = 1, 2, \cdots, l,$$

即$\bar{\boldsymbol{x}}$为可行点. 又因为 $\boldsymbol{x}^*$ 为极小点,所以

$$f(\boldsymbol{x}^*) \leqslant f(\bar{\boldsymbol{x}}).$$

假设 $f(\boldsymbol{x}^*) < f(\bar{\boldsymbol{x}})$, 则

$$\lim_{k \to +\infty} [f(\boldsymbol{x}^k) - f(\boldsymbol{x}^*)] = f(\bar{\boldsymbol{x}}) - f(\boldsymbol{x}^*) > 0.$$

于是

$$\begin{aligned} P(\boldsymbol{x}^k, r_k) - f(\boldsymbol{x}^*) &= f(\boldsymbol{x}^k) + r_k B(\boldsymbol{x}^k) - f(\boldsymbol{x}^*) \\ &\geqslant f(\boldsymbol{x}^k) - f(\boldsymbol{x}^*), \end{aligned}$$

不趋于 0,这与

$$\lim_{k\to+\infty} P(\boldsymbol{x}^k, r_k) = p^0 = f(\boldsymbol{x}^*)$$

矛盾.所以,$f(\bar{\boldsymbol{x}}) = f(\boldsymbol{x}^*)$,即$\bar{\boldsymbol{x}}$为最优解. □

内罚函数法的好处在于,每次迭代的点都是可行点,当迭代到一定阶段时,尽管没有达到最优点,但可以接受为一个较好的近似解.不过,需要注意的是,既然内罚函数法严格要求 $\boldsymbol{x}$ 在可行域 D 的内部移动,那么 D^0 就一定要非空.因此,内罚函数法不能处理等式约束问题.

另外,内罚函数法与外罚函数法一样,当 r 充分小时,内罚函数 $P(\boldsymbol{x}^k, r_k)$的 Hesse 矩阵也会出现病态性质,同样会给无约束问题的求解带来一定的困难.通常,我们将内罚函数法和外罚函数法结合起来使用,称为混合罚函数法.

§8.3 乘 子 法

如前所述,外罚函数法和内罚函数法的主要缺点是当罚函数中的 $\sigma\to+\infty$ 或 $r\to0$ 时,其 Hesse 矩阵出现病态,给无约束问题的数值求解带来很大的困难.为了克服这一缺点,本节我们要介绍求解约束优化问题的另一种方法,即乘子法.

§8.3.1 等式约束问题的乘子法

考虑等式约束问题(8.1.1),设它的极小点为 $\boldsymbol{x}^*$.若采用外罚函数法,则得到外罚函数的形式如(8.1.2)式,于是,问题转化为

$$\min_{\boldsymbol{x}} P(\boldsymbol{x}, \sigma). \tag{8.3.1}$$

由于 $\boldsymbol{x}^*$ 是问题(8.1.1)的全局解,那么在求解问题(8.3.1)的过程中,可以通过不断增大罚因子 σ,使其极小点 $\boldsymbol{x}^k$ 无限逼近 $\boldsymbol{x}^*$.自然地,我们会产生这样一种想法:能否找到某个 σ^*,使 $\boldsymbol{x}^*$ 恰好是 $P(\boldsymbol{x}, \sigma^*)$的无约束极小点呢?

如果 $\boldsymbol{x}^*$ 是 $P(\boldsymbol{x}, \sigma^*)$的极小点,则 $\nabla_x P(\boldsymbol{x}^*, \sigma^*) = \boldsymbol{0}$.由(8.1.2)式得

$$\nabla f(\boldsymbol{x}^*) + 2\sigma \sum_{i=1}^{l} c_i(\boldsymbol{x}^*) \nabla c_i(\boldsymbol{x}^*) = \boldsymbol{0}.$$

由于 $\boldsymbol{x}^*$ 是可行点,$c_i(\boldsymbol{x}^*) = 0$,因此,$\nabla f(\boldsymbol{x}^*) = \boldsymbol{0}$.而这只有当 $\boldsymbol{x}^*$ 恰好是 $f(\boldsymbol{x})$ 的无约束稳定点时才行.一般情况下 $\nabla f(\boldsymbol{x}^*) \neq \boldsymbol{0}$,即不能找到有限的 σ^*,使 $\boldsymbol{x}^*$ 是 $P(\boldsymbol{x}, \sigma^*)$的无约束极小点.

那么,能不能构造一个其他形式的函数 $\phi(\boldsymbol{x}, \sigma)$,使 $\boldsymbol{x}^*$ 恰好是无约束问题

$$\min_{x} \phi(\boldsymbol{x}, \sigma) \tag{8.3.2}$$

的全局解或局部解？如果可以做到这一点，那么算法的效率将被大大提高.

由无约束问题的二阶充分条件，若函数 $\phi(\boldsymbol{x}, \sigma)$ 在 $\boldsymbol{x}^*$ 处满足

$$\nabla_x \phi(\boldsymbol{x}^*, \sigma) = \mathbf{0}, \tag{8.3.3}$$

$$\nabla_x^2 \phi(\boldsymbol{x}^*, \sigma) \text{ 为正定,} \tag{8.3.4}$$

则 $\boldsymbol{x}^*$ 是无约束问题(8.3.2)的严格局部解.

由(8.3.3)式，很容易联想到熟悉的 Lagrange 函数

$$L(\boldsymbol{x}, \boldsymbol{\lambda}) = f(\boldsymbol{x}) + \sum_{i=1}^{l} \lambda_i c_i(\boldsymbol{x}).$$

在正规性假定下，存在 $\boldsymbol{\lambda}^*$，使 $(\boldsymbol{x}^*, \boldsymbol{\lambda}^*)$ 为 $L(\boldsymbol{x}, \boldsymbol{\lambda})$ 的稳定点，即

$$\nabla_x L(\boldsymbol{x}^*, \boldsymbol{\lambda}^*) = \nabla f(\boldsymbol{x}^*) + \sum_{i=1}^{l} \lambda_i^* \nabla c_i(\boldsymbol{x}^*) = \mathbf{0}.$$

说明 $L(\boldsymbol{x}, \boldsymbol{\lambda})$ 满足(8.3.3)式. 但在一般情况下，(8.3.4)式不满足. 由约束问题的二阶充分条件可知，Lagrange 函数的 Hesse 矩阵在 $\boldsymbol{x}^*$ 处只有在切空间上正定，即

$$\boldsymbol{d}^{\mathrm{T}} \nabla_x^2 L(\boldsymbol{x}^*, \boldsymbol{\lambda}^*) \boldsymbol{d} > 0, \ \forall \boldsymbol{d} \in M,$$

其中

$$M = \{\boldsymbol{d} \mid \boldsymbol{d}^{\mathrm{T}} \nabla c_i(\boldsymbol{x}^*) = 0, \ i = 1, 2, \cdots, l\}.$$

并不能保证在整个空间上 $\nabla_x^2 L(\boldsymbol{x}^*, \boldsymbol{\lambda}^*)$ 为正定.

究竟什么样的函数刚好能同时满足(8.3.3)式和(8.3.4)式呢？受上述讨论的启发，我们考虑增广 Lagrange 函数

$$\phi(\boldsymbol{x}, \boldsymbol{\lambda}, \sigma) = f(\boldsymbol{x}) + \sum_{i=1}^{l} \lambda_i c_i(\boldsymbol{x}) + \frac{\sigma}{2} \sum_{i=1}^{l} c_i^2(\boldsymbol{x}).$$

因为 $\nabla_x L(\boldsymbol{x}^*, \boldsymbol{\lambda}^*) = \mathbf{0}$，故

$$\nabla_x \phi(\boldsymbol{x}^*, \boldsymbol{\lambda}^*, \sigma) = \nabla_x L(\boldsymbol{x}^*, \boldsymbol{\lambda}^*) + \sigma \sum_{i=1}^{l} c_i(\boldsymbol{x}^*) \nabla c_i(\boldsymbol{x}^*) = \mathbf{0}.$$

这样，$\boldsymbol{x}^*$ 就是 $\phi(\boldsymbol{x}^*, \boldsymbol{\lambda}^*, \sigma)$ 的一个稳定点.

下面证明，当 σ 充分大时，$\nabla_x^2 \phi(\boldsymbol{x}^*, \boldsymbol{\lambda}^*, \sigma)$ 为正定.

引理 8.3.1　设 $\boldsymbol{A}$ 是一个 $n \times n$ 对称矩阵，$\boldsymbol{B}$ 是一个 $m \times n$ 矩阵，若对一切 $\boldsymbol{z} \neq \mathbf{0}$，满足 $\boldsymbol{B}\boldsymbol{z} = \mathbf{0}$ 均有 $\boldsymbol{z}^{\mathrm{T}} \boldsymbol{A} \boldsymbol{z} > 0$，则存在 $\sigma^* > 0$，使当 $\sigma \geqslant \sigma^*$ 时，矩阵 $\boldsymbol{A} + \sigma \boldsymbol{B}^{\mathrm{T}} \boldsymbol{B}$

为正定.

证明　令

$$K = \{\boldsymbol{z} \mid \boldsymbol{z}^{\mathrm{T}}\boldsymbol{z} = 1\},$$

我们只须证明,当 $\sigma \geqslant \sigma^*$ 时,对任意 $\boldsymbol{z} \in K$, 有

$$\boldsymbol{z}^{\mathrm{T}}(\boldsymbol{A} + \sigma\boldsymbol{B}^{\mathrm{T}}\boldsymbol{B})\boldsymbol{z} > 0. \tag{8.3.5}$$

因为对任何 $\boldsymbol{z} \neq \boldsymbol{0}$, $\boldsymbol{z}' = \dfrac{\boldsymbol{z}}{\|\boldsymbol{z}\|} \in K$, 故若

$$\boldsymbol{z}'^{\mathrm{T}}(\boldsymbol{A} + \sigma\boldsymbol{B}^{\mathrm{T}}\boldsymbol{B})\boldsymbol{z}' > 0,$$

则

$$\frac{1}{\|\boldsymbol{z}\|^2}\boldsymbol{z}^{\mathrm{T}}(\boldsymbol{A} + \sigma\boldsymbol{B}^{\mathrm{T}}\boldsymbol{B})\boldsymbol{z} > 0,$$

即(8.3.5)式对任何 $\boldsymbol{z} \neq \boldsymbol{0}$ 成立.

现证明(8.3.5)式在 K 上成立. 令 $K' = \{\boldsymbol{z} \in K \mid \boldsymbol{z}^{\mathrm{T}}\boldsymbol{A}\boldsymbol{z} \leqslant 0\}$. 若 $K' = \varnothing$, 则对任何 $\boldsymbol{z} \in K$,均有 $\boldsymbol{z}^{\mathrm{T}}\boldsymbol{A}\boldsymbol{z} > 0$, 故

$$\begin{aligned}\boldsymbol{z}^{\mathrm{T}}(\boldsymbol{A} + \sigma\boldsymbol{B}^{\mathrm{T}}\boldsymbol{B})\boldsymbol{z} &= \boldsymbol{z}^{\mathrm{T}}\boldsymbol{A}\boldsymbol{z} + \sigma(\boldsymbol{B}\boldsymbol{z})^{\mathrm{T}}(\boldsymbol{B}\boldsymbol{z}) \\ &\geqslant \boldsymbol{z}^{\mathrm{T}}\boldsymbol{A}\boldsymbol{z} \\ &> 0.\end{aligned} \tag{8.3.6}$$

故(8.3.5)式成立. 现设 $K' \neq \varnothing$, 显然,K'为有界闭集.

由 K'的定义,当 $\boldsymbol{z} \notin K'$, $\boldsymbol{z} \in K$ 时,对所有 $\sigma \geqslant 0$, (8.3.6)式成立,所以,只须证明,存在 $\sigma^* > 0$,当 $\sigma \geqslant \sigma^*$ 时,对所有 $\boldsymbol{z} \in K'$, (8.3.5)式成立. 由于 K'为紧集,而 $\boldsymbol{z}^{\mathrm{T}}\boldsymbol{A}\boldsymbol{z}$ 与$(\boldsymbol{B}\boldsymbol{z})^{\mathrm{T}}(\boldsymbol{B}\boldsymbol{z})$均为 $\boldsymbol{z}$ 的连续函数,故在 K'上取极小值,设分别为

$$\begin{aligned}u^* &= (\boldsymbol{z}^1)^{\mathrm{T}}\boldsymbol{A}\boldsymbol{z}^1,\ \boldsymbol{z}^1 \in K' \\ v^* &= (\boldsymbol{B}\boldsymbol{z}^2)^{\mathrm{T}}\boldsymbol{B}\boldsymbol{z}^2,\ \boldsymbol{z}^2 \in K'.\end{aligned}$$

若 $v^* = 0$,则 $\boldsymbol{B}\boldsymbol{z}^2 = \boldsymbol{0}$,由假定,有$(\boldsymbol{z}^2)^{\mathrm{T}}\boldsymbol{A}\boldsymbol{z}^2 > 0$,与 $\boldsymbol{z}^2 \in K'$ 矛盾. 所以, $v^* > 0$. 令 $\sigma^* > 0$,有 $\sigma^* > -\dfrac{u^*}{v^*}$,即 $u^* + \sigma^* v^* > 0$,则当 $\sigma \geqslant \sigma^*$ 且 $\boldsymbol{z} \in K'$ 时,有

$$\begin{aligned}\boldsymbol{z}^{\mathrm{T}}(\boldsymbol{A} + \sigma\boldsymbol{B}^{\mathrm{T}}\boldsymbol{B})\boldsymbol{z} &= \boldsymbol{z}^{\mathrm{T}}\boldsymbol{A}\boldsymbol{z} + \sigma(\boldsymbol{B}\boldsymbol{z})^{\mathrm{T}}(\boldsymbol{B}\boldsymbol{z}) \\ &\geqslant u^* + \sigma v^* \\ &\geqslant u^* + \sigma^* v^* \\ &> 0. \quad \square\end{aligned}$$

以下设 f 与 c_i 为二次连续可微函数,我们有下面的定理.

定理 8.3.2　设 $\boldsymbol{x}^*$, $\boldsymbol{\lambda}^*$ 满足约束问题(8.1.1)的二阶充分条件,则存在 $\sigma^* > 0$, 使当 $\sigma \geqslant \sigma^*$ 时, $\boldsymbol{x}^*$ 是无约束问题

$$\min_{\boldsymbol{x}} \left\{\phi(\boldsymbol{x}, \boldsymbol{\lambda}^*, \sigma) = f(\boldsymbol{x}) + \sum_{i=1}^{l} \lambda_i^* c_i(\boldsymbol{x}) + \frac{\sigma}{2} \sum_{i=1}^{l} c_i^2(\boldsymbol{x})\right\}$$

的严格局部解.反之,若 $\boldsymbol{x}^k$ 是 $\phi(\boldsymbol{x}, \boldsymbol{\lambda}^*, \sigma_k)$ 的极小点,并且 $\boldsymbol{c}(\boldsymbol{x}^k) = \boldsymbol{0}$, 则 $\boldsymbol{x}^k$ 是约束问题(8.1.1)的最优解.

证明　设 $\boldsymbol{x}^*$, $\boldsymbol{\lambda}^*$ 满足约束问题(8.1.1)的二阶充分条件.由于

$$\phi(\boldsymbol{x}, \boldsymbol{\lambda}^*, \sigma) = f(\boldsymbol{x}) + \sum_{i=1}^{l} \lambda_i^* c_i(\boldsymbol{x}) + \frac{\sigma}{2} \sum_{i=1}^{l} c_i^2(\boldsymbol{x}),$$

故

$$\begin{aligned}
\nabla_x \phi(\boldsymbol{x}^*, \boldsymbol{\lambda}^*, \sigma) &= \nabla f(\boldsymbol{x}^*) + \sum_{i=1}^{l} \lambda_i^* \nabla c_i(\boldsymbol{x}^*) + \sum_{i=1}^{l} \sigma c_i(\boldsymbol{x}^*) \nabla c_i(\boldsymbol{x}^*) \\
&= \nabla_x L(\boldsymbol{x}^*, \boldsymbol{\lambda}^*) + \sigma \boldsymbol{B}(\boldsymbol{x}^*) \boldsymbol{c}(\boldsymbol{x}^*) \\
&= \boldsymbol{0}.
\end{aligned} \tag{8.3.7}$$

其中 $\boldsymbol{B}(\boldsymbol{x}^*)$ 为以 $\nabla c_i(\boldsymbol{x}^*)$ 为列的矩阵, $\boldsymbol{c}(\boldsymbol{x}^*) = (c_1(\boldsymbol{x}^*), c_2(\boldsymbol{x}^*), \cdots, c_l(\boldsymbol{x}^*))^{\mathrm{T}}$, 从而

$$\begin{aligned}
\nabla_x^2 \phi(\boldsymbol{x}^*, \boldsymbol{\lambda}^*, \sigma) &= \nabla^2 f(\boldsymbol{x}^*) + \sum_{i=1}^{l} \lambda_i^* \nabla^2 c_i(\boldsymbol{x}^*) + \sum_{i=1}^{l} \sigma \nabla c_i(\boldsymbol{x}^*) [\nabla c_i(\boldsymbol{x}^*)]^{\mathrm{T}} \\
&= \nabla_x^2 L(\boldsymbol{x}^*, \boldsymbol{\lambda}^*) + \sigma \boldsymbol{B}(\boldsymbol{x}^*) [\boldsymbol{B}(\boldsymbol{x}^*)]^{\mathrm{T}}.
\end{aligned}$$

由二阶充分条件,对每个满足

$$[\boldsymbol{B}(\boldsymbol{x}^*)]^{\mathrm{T}} \boldsymbol{z} = \boldsymbol{0}$$

的向量 $\boldsymbol{z} \neq \boldsymbol{0}$, 有

$$\boldsymbol{z}^{\mathrm{T}} \nabla_x^2 L(\boldsymbol{x}^*, \boldsymbol{\lambda}^*) \boldsymbol{z} > 0.$$

于是,由引理 8.3.1 可知,存在 $\sigma^* > 0$, 使对所有 $\sigma \geqslant \sigma^*$ 及 $z \neq 0$, 有

$$\boldsymbol{z}^{\mathrm{T}} \nabla_x^2 \phi(\boldsymbol{x}^*, \boldsymbol{\lambda}^*, \sigma) \boldsymbol{z} > 0,$$

又由(8.3.7)式知

$$\nabla_x \phi(\boldsymbol{x}^*, \boldsymbol{\lambda}^*, \sigma) = \nabla_x L(\boldsymbol{x}^*, \boldsymbol{\lambda}^*) = \boldsymbol{0},$$

所以 $\boldsymbol{x}^*$ 是 $\phi(\boldsymbol{x}, \boldsymbol{\lambda}^*, \sigma)$ 的严格局部极小点.

反之,若 $\boldsymbol{x}^k$ 是 $\phi(\boldsymbol{x}, \boldsymbol{\lambda}^*, \sigma_k)$ 的无约束极小点且 $\boldsymbol{c}(\boldsymbol{x}^k) = \boldsymbol{0}$,则当 $\| \boldsymbol{x} - \boldsymbol{x}^k \| \leqslant \varepsilon$ 时,有

$$\begin{aligned}\phi(\boldsymbol{x},\boldsymbol{\lambda}^*,\sigma_k) &\geqslant \phi(\boldsymbol{x}^k,\boldsymbol{\lambda}^*,\sigma_k)\\ &= f(\boldsymbol{x}^k)+\sum_{i=1}^{l}\lambda_i^* c_i(\boldsymbol{x}^k)+\frac{\sigma_k}{2}\sum_{i=1}^{l}c_i^2(\boldsymbol{x}^k)\\ &= f(\boldsymbol{x}^k).\end{aligned}$$

特别地,当 $\boldsymbol{x}$ 是约束问题(8.1.1)的可行点时,有

$$f(\boldsymbol{x}) \geqslant f(\boldsymbol{x}^k).$$

所以,$\boldsymbol{x}^k$ 是约束问题(8.1.1)的局部最优解. □

通过以上分析,我们将等式约束问题(8.1.1)的求解转化成了一个无约束极小问题的求解.但需要注意的是,$\phi(\boldsymbol{x},\boldsymbol{\lambda}^*,\sigma)$中的 $\boldsymbol{\lambda}^*$ 实际上是最优解 $\boldsymbol{x}^*$ 处的Lagrange 乘子,在未求出 $\boldsymbol{x}^*$ 之前,我们往往无法知道它确切的值.于是,我们考虑以下增广 Lagrange 函数

$$\phi(\boldsymbol{x},\boldsymbol{\lambda},\sigma)=f(\boldsymbol{x})+\sum_{i=1}^{l}\lambda_i c_i(\boldsymbol{x})+\frac{\sigma}{2}\sum_{i=1}^{l}c_i^2(\boldsymbol{x}),$$

称为乘子罚函数.相应的无约束问题为

$$\min_{\boldsymbol{x}}\phi(\boldsymbol{x},\boldsymbol{\lambda},\sigma),$$

其最优解为 $\bar{\boldsymbol{x}}=\bar{\boldsymbol{x}}(\boldsymbol{\lambda},\sigma)$. 根据定理 8.3.2 可知,只要 σ 充分大,则

$$\lim_{\boldsymbol{\lambda}\to\boldsymbol{\lambda}^*}\bar{\boldsymbol{x}}(\boldsymbol{\lambda},\sigma)=\boldsymbol{x}^*.$$

于是,我们可以通过取一个适当大的 σ,然后调整参数 $\boldsymbol{\lambda}$,使它逐渐趋近 $\boldsymbol{\lambda}^*$,就能得到约束问题的最优解.这就是乘子法的基本思想.

但如何修正 $\boldsymbol{\lambda}$,使之逼近 $\boldsymbol{\lambda}^*$ 呢?下面我们给出乘子迭代公式.

给定 $\boldsymbol{\lambda}^k$, σ_k 后,求解无约束问题

$$\min_{\boldsymbol{x}}\phi(\boldsymbol{x},\boldsymbol{\lambda}^k,\sigma_k), \tag{8.3.8}$$

其最优解为 $\boldsymbol{x}^k$.由最优性条件,得

$$\begin{aligned}\nabla_x\phi(\boldsymbol{x}^k,\boldsymbol{\lambda}^k,\sigma_k) &= \nabla f(\boldsymbol{x}^k)+\sum_{i=1}^{l}\lambda_i^k\nabla c_i(\boldsymbol{x}^k)+\sigma_k\sum_{i=1}^{l}c_i(\boldsymbol{x}^k)\nabla c_i(\boldsymbol{x}^k)\\ &= \nabla f(\boldsymbol{x}^k)+\sum_{i=1}^{l}[\lambda_i^k+\sigma_k c_i(\boldsymbol{x}^k)]\nabla c_i(\boldsymbol{x}^k)\\ &= \boldsymbol{0}.\end{aligned} \tag{8.3.9}$$

因为我们希望 $\boldsymbol{x}^k\to\boldsymbol{x}^*$, $\boldsymbol{\lambda}^k\to\boldsymbol{\lambda}^*$,而

$$\nabla f(\boldsymbol{x}^*) + \sum_{i=1}^{l} \lambda_i^* \nabla c_i(\boldsymbol{x}^*) = \boldsymbol{0},$$

所以,我们采用

$$\lambda_i^{k+1} = \lambda_i^k + \sigma_k c_i(\boldsymbol{x}^k),\ i = 1,\ 2,\ \cdots,\ l.$$

若 $\boldsymbol{x}^k$ 是无约束问题(8.3.8)的局部解,并且满足 $c_i(\boldsymbol{x}^k) = 0$ $(i = 1,\ 2,\ \cdots,\ l)$,则由(8.3.9)式得

$$\nabla f(\boldsymbol{x}^k) + \sum_{i=1}^{l} \lambda_i^k \nabla c_i(\boldsymbol{x}^k) = \boldsymbol{0}.$$

因此,$\boldsymbol{x}^k$ 是约束问题(8.1.1)的 K-T 点,$\boldsymbol{\lambda}^k$ 为相应的乘子. 根据定理 8.3.2 证明过程的后半部分,可知 $\boldsymbol{x}^k$ 为约束问题(8.1.1)的局部解,停止计算. 因此,终止准则可为

$$\left[\sum_{i=1}^{l} c_i^2(\boldsymbol{x}^k)\right]^{\frac{1}{2}} \leqslant \varepsilon.$$

算法 8.3.1 (1) 给定初始点 $\boldsymbol{x}^0$,设初始乘子为 $\boldsymbol{\lambda}^1$,精度要求为 ε,放大系数为 $\boldsymbol{c}$,$\sigma_1 > 0$,令 $k=1$;

(2) 以 $\boldsymbol{x}^{k-1}$ 为初始点,求解无约束优化问题

$$\min_{\boldsymbol{x}} \phi(\boldsymbol{x},\ \boldsymbol{\lambda}^k,\ \sigma_k),$$

得到最优解 $\boldsymbol{x}^k$;

(3) 若 $\left[\sum_{i=1}^{l} c_i^2(\boldsymbol{x}^k)\right]^{\frac{1}{2}} \leqslant \varepsilon$, 则停止迭代,得近似解 $\boldsymbol{x}^k$;否则,转步骤(4);

(4) 令 $\lambda_i^{k+1} = \lambda_i^k + \sigma_k c_i(\boldsymbol{x}^k)$, $k := k+1$, 转步骤(2).

例 8.3.1 用乘子法求解下列优化问题

$$\begin{aligned} &\min\ \{f(\boldsymbol{x}) = 2x_1^2 + x_2^2 - 2x_1 x_2\}; \\ &\text{s. t. } c(\boldsymbol{x}) = x_1 + x_2 - 1 = 0. \end{aligned}$$

解 乘子罚函数为

$$\phi(\boldsymbol{x},\ \lambda,\ \sigma) = 2x_1^2 + x_2^2 - 2x_1 x_2 + \lambda(x_1 + x_2 - 1) + \frac{\sigma}{2}(x_1 + x_2 - 1)^2,$$

取 $\sigma = 2$, $\lambda^1 = -1$, 利用解析法求解

$$\min_{\boldsymbol{x}} \phi(\boldsymbol{x},\ 1,\ 2),$$

得到极小点

$$x^1 = \begin{pmatrix} \frac{1}{2} \\ \frac{3}{4} \end{pmatrix},$$

修正 λ,有

$$\lambda^2 = \lambda^1 + \sigma c(x^1) = -1 + 2 \times \frac{1}{4} = -\frac{1}{2},$$

再解

$$\min_x \phi\left(x, -\frac{1}{2}, 2\right).$$

得到 x^2. 如此继续,一般地,在第 k 次迭代时,$\phi(x, \lambda^k, 2)$的极小点为

$$x^k = \begin{pmatrix} \frac{1}{6}(2-\lambda^k) \\ \frac{1}{4}(2-\lambda^k) \end{pmatrix},$$

易见,当 $k \to +\infty$时,$\lambda^k \to -\frac{2}{5}$, $x^k = \left(\frac{2}{5}, \frac{3}{5}\right)^T$,即分别为所求问题的最优乘子和最优解.

§8.3.2 具有不等式约束时的乘子法

现在我们考虑只有不等式约束的问题(8.1.3). 利用等式约束的结果,引入松弛变量 z_i,把(8.1.3)式转化为等式约束问题:

$$\begin{aligned} &\min f(x); \\ &\text{s.t.} \quad c_i(x) + z_i^2 = 0,\ i = 1, 2, \cdots, l. \end{aligned} \tag{8.3.10}$$

类似地,定义增广 Lagrange 函数

$$\bar{\phi}(x, z, \lambda, \sigma) = f(x) + \sum_{i=1}^{l} \lambda_i (c_i(x) + z_i^2) + \frac{\sigma}{2} \sum_{i=1}^{l} (c_i(x) + z_i^2)^2, \tag{8.3.11}$$

从而,把问题(8.3.10)转化为求解

$$\min_x \bar{\phi}(x, z, \lambda, \sigma).$$

此时我们发现,问题(8.3.11)比原问题(8.1.3)的维数增加了许多,由 $n+l$ 维变量变成了 $n+2l$ 维变量. 这样做显然增加了问题的求解难度,使问题变得更加复

杂. 那么,我们能否将问题再简化为原来的 $n+l$ 维问题呢? 采用以下的方法就可以做到.

将 $\bar{\phi}(\boldsymbol{x},\ \boldsymbol{z},\ \boldsymbol{\lambda},\ \sigma)$关于 $\boldsymbol{z}$ 求极小:

$$\min_{z} \bar{\phi}(\boldsymbol{x},\ \boldsymbol{z},\ \boldsymbol{\lambda},\ \sigma),$$

得到最优解 $\bar{\boldsymbol{z}}=\boldsymbol{z}(\boldsymbol{x},\ \boldsymbol{\lambda},\ \sigma)$, 然后将 $\bar{\boldsymbol{z}}$ 代入函数(8.3.11)中,再求无约束问题

$$\min_{x} \bar{\phi}(\boldsymbol{x},\ \boldsymbol{z}(\boldsymbol{x},\ \boldsymbol{\lambda},\ \sigma),\ \boldsymbol{\lambda},\ \sigma),$$

得到最优解 $\bar{\boldsymbol{x}}=\boldsymbol{x}(\boldsymbol{\lambda},\ \sigma)$. 显然,问题的维数又从 $n+2l$ 维变回到 $n+l$ 维了. 具体做法如下.

将(8.3.11)式变形:

$$\bar{\phi}(\boldsymbol{x},\ \boldsymbol{z},\ \boldsymbol{\lambda},\ \sigma)=f(\boldsymbol{x})+\sum_{i=1}^{l}\lambda_i c_i(\boldsymbol{x})+\frac{\sigma}{2}\sum_{i=1}^{l}c_i^2(\boldsymbol{x})+\sum_{i=1}^{l}g_i(\boldsymbol{x},\ \lambda_i,\ z_i),$$

其中 $g_i(\boldsymbol{x},\ \lambda_i,\ z_i)=\lambda_i z_i^2+\frac{\sigma}{2}z_i^4+\sigma c_i(\boldsymbol{x})z_i^2$.

令

$$\nabla_z \bar{\phi}(\boldsymbol{x},\ \boldsymbol{z},\ \boldsymbol{\lambda},\ \sigma)=\boldsymbol{0},$$

即

$$\frac{\partial g_i}{\partial z_i}=0,\ i=1,\ 2,\ \cdots,\ l,$$

得

$$z_i\{\lambda_i+\sigma(c_i(\boldsymbol{x})+z_i^2)\}=0,\ i=1,\ 2,\ \cdots,\ l.$$

若 $\sigma c_i(\boldsymbol{x})+\lambda_i<0$ 且 $\lambda_i+\sigma(c_i(\boldsymbol{x})+z_i^2)=0$,则 $z_i^2=-\frac{\lambda_i}{\sigma}-c_i(\boldsymbol{x})$,否则 $z_i=0$.

哪一点是最优解呢? 再讨论二阶充分条件

$$\frac{\partial^2 g_i}{\partial z_i^2}=2\{3\sigma z_i^2+(\sigma c_i(\boldsymbol{x})+\lambda_i)\},\ i=1,\ 2,\ \cdots,\ l. \tag{8.3.12}$$

因此,当 $\sigma c_i(\boldsymbol{x})+\lambda_i<0$ 时,将 $z_i^2=-\frac{\lambda_i}{\sigma}-c_i(\boldsymbol{x})$ 代入(8.3.12)式中,有

$$\frac{\partial^2 g_i}{\partial z_i^2}=-4(\sigma c_i(\boldsymbol{x})+\lambda_i)\geqslant 0,$$

即 $z_i^2=-\frac{\lambda_i}{\sigma}-c_i(\boldsymbol{x})$ 是极小点;当 $\sigma c_i(\boldsymbol{x})+\lambda_i\geqslant 0$ 时,将 $z_i=0$ 代入(8.3.12)式

中,有

$$\frac{\partial^2 g_i}{\partial z_i^2} = 2(\sigma c_i(\boldsymbol{x}) + \lambda_i) \geqslant 0,$$

即 $z_i = 0$ 是极小点. 因此,我们得到

$$z_i^2 = \begin{cases} -\dfrac{\lambda_i}{\sigma} - c_i(\boldsymbol{x}), & \sigma c_i(\boldsymbol{x}) + \lambda_i < 0, \\ 0, & \sigma c_i(\boldsymbol{x}) + \lambda_i \geqslant 0. \end{cases}$$

将上式代入(8.3.11)式中,得

$$\begin{aligned} \bar{\phi}(\boldsymbol{x}, \boldsymbol{z}, \boldsymbol{\lambda}, \sigma) &= \bar{\phi}(\boldsymbol{x}, \boldsymbol{z}(\boldsymbol{x}, \boldsymbol{\lambda}, \sigma), \boldsymbol{\lambda}, \sigma) \\ &= f(\boldsymbol{x}) + \frac{1}{2\sigma}\sum_{i=1}^{l}\{[\max(0, \lambda_i + \sigma c_i(\boldsymbol{x}))]^2 - \lambda_i^2\}. \end{aligned}$$

于是,无约束问题为

$$\min_{\boldsymbol{x}} \{f(\boldsymbol{x}) + \frac{1}{2\sigma}\sum_{i=1}^{l}[\max(0, \lambda_i + \sigma c_i(\boldsymbol{x}))]^2 - \lambda_i^2\}.$$

1. **乘子迭代公式**

根据等式约束问题的乘子迭代公式,我们有

$$\lambda_i^{k+1} = \lambda_i^k + \sigma_k[c_i(\boldsymbol{x}^k) + (z_i^k)^2], \ i = 1, 2, \cdots, l.$$

由于当 $\sigma c_i(\boldsymbol{x}) + \lambda_i < 0$ 时, $c_i(\boldsymbol{x}) + z_i^2 = -\dfrac{\lambda_i}{\sigma}$; 当 $\sigma c_i(\boldsymbol{x}) + \lambda_i \geqslant 0$ 时, $c_i(\boldsymbol{x}) + z_i^2 = c_i(\boldsymbol{x})$, 故

$$c_i(\boldsymbol{x}) + z_i^2 = \max\left\{c_i(\boldsymbol{x}), -\frac{\lambda_i}{\sigma}\right\}.$$

于是

$$\begin{aligned} \lambda_i^{k+1} &= \lambda_i^k + \sigma_k \max\left\{c_i(\boldsymbol{x}^k), -\frac{\lambda_i^k}{\sigma_k}\right\} \\ &= \max\{0, \lambda_i^k + \sigma_k c_i(\boldsymbol{x}^k)\}, \ i = 1, 2, \cdots, l. \end{aligned}$$

2. **终止准则**

根据等式约束问题的终止准则,我们有

$$\left\{\sum_{i=1}^{l}[c_i(\boldsymbol{x}^k) + (z_i^k)^2]^2\right\}^{\frac{1}{2}} = \left\{\sum_{i=1}^{l}\left[\max\left(c_i(\boldsymbol{x}^k), -\frac{\lambda_i^k}{\sigma_k}\right)\right]^2\right\}^{\frac{1}{2}} \leqslant \varepsilon.$$

算法 8.3.2　(1) 给定初始点 $\boldsymbol{x}^0$,设初始乘子为 $\boldsymbol{\lambda}^1$,精度要求为 ε,放大系数为 $\boldsymbol{c}$,选择序列 $\{\sigma_k\}$,使 $\sigma_k \to +\infty$,令 $k=1$;

(2) 以 $\boldsymbol{x}^{k-1}$ 为初始点,求解无约束优化问题

$$\min_{x} \phi(\boldsymbol{x}, \boldsymbol{\lambda}^k, \sigma_k),$$

得到最优解 $\boldsymbol{x}^k$;

(3) 若 $\left\{\sum_{i=1}^{l}\left[\max\left(c_i(\boldsymbol{x}^k), -\frac{\lambda_i^k}{\sigma_k}\right)\right]^2\right\}^{\frac{1}{2}} \leqslant \varepsilon$, 则停止迭代,得近似解 $\boldsymbol{x}^k$;否则,转步骤(4);

(4) 令 $\lambda_i^{k+1} = \max\{0, \lambda_i^k + \sigma_k c_i(\boldsymbol{x}^k)\}$, $k := k+1$, 转步骤(2).

对一般的约束优化问题(8.1.5),乘子罚函数为

$$\phi(\boldsymbol{x}, \boldsymbol{\lambda}, \sigma) = f(\boldsymbol{x}) + \sum_{i=1}^{l}\lambda_i c_i(\boldsymbol{x}) + \frac{\sigma}{2}\sum_{i=1}^{l}c_i^2(\boldsymbol{x}) + \frac{1}{2\sigma}\sum_{i=l+1}^{l+m}\{[\max(0, \lambda_i + \sigma c_i(\boldsymbol{x}))]^2 - \lambda_i^2\}.$$

1. 乘子迭代公式

$$\lambda_i^{k+1} = \lambda_i^k + \sigma_k c_i(\boldsymbol{x}^k), \quad i = 1, 2, \cdots, l,$$

$$\lambda_i^{k+1} = \max\{0, \lambda_i^k + \sigma_k c_i(\boldsymbol{x}^k)\}, \quad i = l+1, l+2, \cdots, l+m.$$

2. 终止准则

$$\left\{\sum_{i=1}^{l}c_i^2(\boldsymbol{x}^k) + \sum_{i=l+1}^{l+m}\left[\max\left(c_i(\boldsymbol{x}^k), -\frac{\lambda_i^k}{\sigma_k}\right)\right]^2\right\}^{\frac{1}{2}} \leqslant \varepsilon.$$

在乘子法中,尽管仍要求解一系列无约束极小化问题,但由于 σ 可取某个有限值,而且 $\boldsymbol{\lambda}^k$ 收敛到有限极限,因而没有罚函数法常常出现的病态性质.数值试验表明,它比罚函数法优越,是求解约束优化问题的最好算法之一.

习　题　八

8.1　考虑约束问题

$$\min\left\{f(x) = \frac{1}{1+x^2}\right\};$$

$$\text{s.t.}\quad 1 - x \leqslant 0.$$

试写出外罚函数 $P(\boldsymbol{x}, \sigma)$,内罚函数 $P(\boldsymbol{x}, r)$及乘子罚函数 $\phi(\boldsymbol{x}, \boldsymbol{\lambda}, \sigma)$.

8.2 用外罚函数法求解以下约束问题:

(1)

$$\min\{f(\boldsymbol{x})=x_1^2+x_2^2\};$$
$$\text{s.t.}\quad x_1+x_2-1=0.$$

(2)

$$\min\left\{f(\boldsymbol{x})=\frac{3}{2}x_1^2+x_2^2+\frac{1}{2}x_3^2-x_1x_2-x_2x_3+x_1+x_2+x_3\right\};$$
$$\text{s.t.}\quad x_1+2x_2+x_3-4=0.$$

8.3 用外罚函数法求解以下约束问题:

(1)

$$\min\{f(\boldsymbol{x})=x_1^2+2x_2^2\};$$
$$\text{s.t.}\quad x_1+x_2-1\geqslant 0.$$

(2)

$$\min\{f(\boldsymbol{x})=x_1^2+4x_2^2-2x_1-x_2\};$$
$$\text{s.t.}\quad x_1+x_2\leqslant 1.$$

8.4 用内罚函数法求解以下约束问题:

(1)

$$\min\{f(\boldsymbol{x})=2x_1+3x_2\};$$
$$\text{s.t.}\quad 2x_1^2+x_2^2-1\leqslant 0.$$

(2)

$$\min\{f(\boldsymbol{x})=(x+1)^2\};$$
$$\text{s.t.}\quad \boldsymbol{x}\geqslant 0.$$

8.5 用乘子法求解以下约束问题:

$$\min\left\{f(\boldsymbol{x})=\frac{3}{2}x_1^2+x_2^2+\frac{1}{2}x_3^2-x_1x_2-x_2x_3+x_1+x_2+x_3\right\};$$
$$\text{s.t.}\quad x_1+2x_2+x_3-4=0.$$

8.6 用外罚函数法和乘子法求解以下约束问题:

$$\min\{f(\boldsymbol{x})=x_2^2-3x_1\};$$
$$\text{s.t.}\quad x_1+x_2=1,$$
$$x_1-x_2=0.$$

8.7 考虑约束问题

$$\min\{f(x)=x^3\};$$
$$\text{s.t.}\quad x-1=0.$$

显然 $x^*=1$ 是它的最优解.

(1) 对 $\sigma = 1, 10, 100$ 和 $1\,000$, 画出外罚函数 $P(x, \sigma) = x^3 + \sigma(x-1)^2$ 的图形,对于每种情况,求出 $P(x, \sigma)$的导数为 0 的点.

(2) 证明:对于任何 σ, $P(x, \sigma)$无界.

(3) 增加约束条件 $|x| \leqslant 2$, 即求解约束问题

$$\begin{aligned} &\min \{P(x, \sigma) = x^3 + \sigma(x-1)^2\}; \\ &\text{s.t.} \quad |x| \leqslant 2 \end{aligned}$$

的最优解 $x(\sigma)$,验证 $x(\sigma) \to x^* = 1$.

8.8 考虑约束问题

$$\begin{aligned} &\min \{f(\boldsymbol{x}) = x_1^2 - x_2^2 - 4x_2\}; \\ &\text{s.t.} \quad c(\boldsymbol{x}) = x_2 = 0. \end{aligned}$$

(1) 验证其局部解为 $\boldsymbol{x}^* = (0, 0)^{\mathrm{T}}$,相应的乘子 $\lambda^* = 4$.

(2) 考察函数 $y = L(\boldsymbol{x}, \boldsymbol{\lambda}^*) = f(\boldsymbol{x}) + \boldsymbol{\lambda}^* c(\boldsymbol{x})$ 在 $\boldsymbol{x}^*$ 处沿方向 $\boldsymbol{d} = (1, 0)^{\mathrm{T}}$, $\boldsymbol{n} = (0, 1)^{\mathrm{T}}$ 的二阶方向导数的符号,据此说明 $\boldsymbol{x}^*$ 不是 $\min L(\boldsymbol{x}, \boldsymbol{\lambda}^*)$的局部解.

(3) 考察函数 $y = \phi(\boldsymbol{x}, \sigma) = L(\boldsymbol{x}, \boldsymbol{\lambda}^*) + \frac{\sigma}{2}c^2(\boldsymbol{x})$ 在 $\boldsymbol{x}^*$ 处沿方向 $\boldsymbol{d} = (1, 0)^{\mathrm{T}}$, $\boldsymbol{n} = (0, 1)^{\mathrm{T}}$ 的二阶方向导数的符号,验证当 $\sigma > 2$ 时,有

$$\frac{\partial^2 \phi}{\partial \boldsymbol{d}^2} > 0, \ \frac{\partial^2 \phi}{\partial \boldsymbol{n}^2} > 0, \ \forall \sigma > 2,$$

$\boldsymbol{x}^*$ 是无约束问题 $\min \phi(\boldsymbol{x}, \sigma)$的局部解.

第九章 特 殊 规 划

本章主要介绍两类特殊规划：几何规划和多目标规划. 以下将对这两类特殊规划的相关理论分别给予简要的介绍.

§9.1 几 何 规 划

几何规划的一般形式为

$$
\text{(GP)}\quad \begin{aligned} &\min G_0(\boldsymbol{x});\\ &\text{s.t.}\quad G_m(\boldsymbol{x}) \leqslant \delta_m,\ m=1,\ \cdots,\ p,\\ &\qquad\ \ \boldsymbol{x}>0,\ \boldsymbol{x}\in \mathbf{R}^n, \end{aligned}
$$

其中 $G_m(\boldsymbol{x}) = \sum_{t=1}^{T_m} \delta_{mt} c_{mt} \prod_{i=1}^{n} x_i^{a_{mti}}\ (m=0,\ 1,\ \cdots,\ p)$，这里 T_m 表示$G_m(\boldsymbol{x})$的项数，$c_{mt}>0$，$\delta_{mt}=+1$ 或 -1，$\delta_m=+1$ 或 -1，a_{mti} 为实常指数. 显然，该问题是一个关于变量 $\boldsymbol{x}$ 的具有非凸可行域的非线性优化问题. 几何规划可以分为正项式几何规划和广义几何规划两类. 若 $G_m(\boldsymbol{x})$ 中 $\delta_{mt}=+1$，$\boldsymbol{x}>0$，则称 $G_m(\boldsymbol{x})$为关于变量 $\boldsymbol{x}$ 的正项式函数，若对于所有的 $m=0,\ 1,\ \cdots,\ p,\ t=1,\ \cdots,\ T_m$，有 $\delta_{mt}=+1$ 且 $\delta_m=+1$，则称问题(GP)是一个正项式几何规划(PGP)，若 δ_{mt}，δ_m 中存在取值为-1 的情况，则称之为广义几何规划(GGP).

正项式几何规划的一般形式如下：

$$
\text{(PGP)}\quad \begin{aligned} &\min g_0(\boldsymbol{x});\\ &\text{s.t.}\quad g_m(\boldsymbol{x}) \leqslant 1,\ m=1,\ \cdots,\ p,\\ &\qquad\ \ \boldsymbol{x}>0,\ \boldsymbol{x}\in \mathbf{R}^n, \end{aligned}
$$

其中 $g_m(\boldsymbol{x}) = \sum_{t=1}^{T_m} c_{mt} \prod_{j=1}^{n} x_j^{a_{mtj}}\ (m=0,\ \cdots,\ p)$，这里常系数 $c_{mt}>0$，a_{mtj} 为任意的实数，显然对于 $m=0,\ 1,\ \cdots,\ p$，函数 $g_m(\boldsymbol{x})$均为正项式函数.

一般来说，一个正项式函数并不是凸函数，例如 $f(x)=x^{1/2}$ 是正项式函数，但在 $x>0$ 的区域上不是凸的. 众所周知，当极小化一个非凸函数时，我们总是很难找到它的全局极小点，而找到的仅仅是一个局部极小点．但是对于正项式几何规划，它的局部极小点也是它的全局极小点，因为每一个正项式几何规划问题都等价于一个凸规划，也就是等价于在凸区域上极小化一个凸函数，这是正项式几何规划的一个重要特征．这种等价性由下述方法确定．对原(PGP)进行指数变量替换，即令

$$x_j = e^{z_j},\ j = 1, \cdots, n,$$

则原(PGP)等价于如下问题：

$$(\mathrm{PGP}')\quad \begin{aligned} &\min f_0(\boldsymbol{z});\\ &\mathrm{s.t.}\quad f_m(\boldsymbol{z}) \leqslant 1,\ m = 1, \cdots, p; \end{aligned}$$

其中 $f_m(\boldsymbol{z}) = \sum_{t=1}^{T_m} c_{mt} \exp\left\{\sum_{j=1}^{n} a_{mtj} z_j\right\},\ m = 0, \cdots, p$，因为一个以 e 为底、以线性函数为指数的指数函数为凸函数，且 c_t 为正系数，所以(PGP′)中的目标函数和约束函数均为凸函数，即(PGP′)为凸规划．由于任何一个正项式几何规划都等价于一个凸规划问题，因此凸规划的理论可以应用于正项式几何规划的情况．

算术几何平均不等式在几何规划的最初发展中起到了非常重要的作用，许多算法都是基于该不等式构造出来的．首先给出如下引理．

引理 9.1.1　设 $f(x)$在$[a, b]$上有连续的二阶导数且 $f''(x) \leqslant 0$，$x_i(i = 1, 2, \cdots, n)$ 是$[a, b]$上的任意 n 个点，则

$$f\left(\frac{\sum_{i=1}^{n} x_i}{n}\right) \geqslant \frac{\sum_{i=1}^{n} f(x_i)}{n}.$$

而等号成立当且仅当所有的 $x_i = \dfrac{\sum_{i=1}^{n} x_i}{n} = \beta\ (i = 1, \cdots, n)$.

引理 9.1.2　在引理 9.1.1 的假定下，再设 $p_i > 0\ (i = 1, \cdots, n)$，则有

$$f\left(\frac{\sum_{i=1}^{n} p_i x_i}{\sum_{i=1}^{n} p_i}\right) \geqslant \frac{\sum_{i=1}^{n} p_i f(x_i)}{\sum_{i=1}^{n} p_i}.$$

有了上面的引理，很容易证明如下定理，即带权的几何平均值不超过算术平均值．

定理 9.1.3　设 $x_i > 0,\ p_i > 0\ (i = 1, \cdots, n)$，则有

$$\left(\prod_{i=1}^{n} x_i^{p_i}\right)^{\frac{1}{\sum_{i=1}^{n} p_i}} \leqslant \sum_{i=1}^{n} \frac{p_i x_i}{\sum_{i=1}^{n} p_i}, \tag{9.1.1}$$

等号成立当且仅当所有的 x_i 相等.

证明　取 $f(x)=\ln x$,则 $f''(x)=-\frac{1}{x^2}<0$. 加上定理条件,故满足引理 9.1.1 和引理 9.1.2 的条件,利用引理 9.1.2 的结论,有

$$\begin{aligned}\ln\left(\sum_{i=1}^{n} \frac{p_i x_i}{\sum_{i=1}^{n} p_i}\right) &\geqslant \sum_{i=1}^{n} \frac{p_i \ln(x_i)}{\sum_{i=1}^{n} p_i} \\ &= \sum_{i=1}^{n} \frac{\ln(x_i^{p_i})}{\sum_{i=1}^{n} p_i} \\ &= \ln\left(\prod_{i=1}^{n} x_i^{p_i}\right)^{\frac{1}{\sum_{i=1}^{n} p_i}}.\end{aligned}$$

将上式两边的对数符号去掉,有

$$\left(\prod_{i=1}^{n} x_i^{p_i}\right)^{\frac{1}{\sum_{i=1}^{n} p_i}} \leqslant \sum_{i=1}^{n} \frac{p_i x_i}{\sum_{i=1}^{n} p_i}.$$

同引理 9.1.1 一样,等号只当所有 x_i 相等时成立.　□

接下来我们讨论无约束正项式几何规划,问题简写为如下形式:

$$(\text{UGP})\quad \begin{aligned} &\min\ y(\boldsymbol{x}) = \sum_{j=1}^{m} c_j f_j(\boldsymbol{x}); \\ &\text{s.t.}\quad \boldsymbol{x} > 0, \end{aligned}$$

其中

$$f_j(\boldsymbol{x}) = \prod_{i=1}^{n} x_i^{a_{ij}},\ c_j > 0,\ j = 1, 2, \cdots;\ \boldsymbol{x} = (x_1, \cdots, x_n)^{\mathrm{T}}.$$

下面我们将借用前面所证明过的不等式把原极小化问题转化为极大化问题,常称后者是原问题的对偶问题,这两个问题的关系用下面的定理描述.

定理 9.1.4　若存在一组非负数 $p_1, p_2, \cdots, p_m$,满足如下两个条件

$$\sum_{j=1}^{m} p_j = 1, \tag{9.1.2}$$

$$\sum_{j=1}^{m} a_{ij} p_j = 0 \ (i = 1, 2, \cdots, n), \tag{9.1.3}$$

则当(UGP)的最小值存在时,其最小值必等于函数

$$d(\boldsymbol{p}) = \prod_{j=1}^{m} \left(\frac{c_j}{p_j}\right)^{p_j}, \ \boldsymbol{p} = (p_1, p_2, \cdots, p_m)^{\mathrm{T}}$$

在约束条件(9.1.2)和(9.1.3)之下的最大值.

证明　分两步进行证明. 首先,证明 $y(\boldsymbol{x}) \geqslant d(\boldsymbol{p})$(其中 $\boldsymbol{x} > 0$).

根据不等式(9.1.1)可得

$$\begin{aligned} y(\boldsymbol{x}) &= \sum_{j=1}^{m} c_j \prod_{i=1}^{n} x_i^{a_{ij}} \\ &= \sum_{j=1}^{m} \frac{p_j \dfrac{c_j \prod_{i=1}^{n} x_i^{a_{ij}}}{p_j}}{\sum_{j=1}^{m} p_j} \\ &\geqslant \left[\prod_{j=1}^{m} \left(\frac{c_j \prod_{i=1}^{n} x_i^{a_{ij}}}{p_j} \right)^{p_j} \right]^{\frac{1}{\sum_{j=1}^{m} p_j}} \\ &= \left(\prod_{j=1}^{m} \left(\frac{c_j}{p_j} \right)^{p_j} \right) \prod_{j=1}^{m} \left(\prod_{i=1}^{n} x_i^{a_{ij}} \right)^{p_j} \\ &= d(\boldsymbol{p}) \prod_{j=1}^{m} \left(\prod_{i=1}^{n} x_i^{a_{ij}} \right)^{p_j} \\ &= d(\boldsymbol{p}) \prod_{i=1}^{n} \prod_{j=1}^{m} x_i^{a_{ij} \cdot p_j} \\ &= d(\boldsymbol{p}) \prod_{i=1}^{n} x_i^{\sum_{j=1}^{m} a_{ij} p_j} \\ &= d(\boldsymbol{p}), \end{aligned}$$

即

$$y(\boldsymbol{x}) \geqslant d(\boldsymbol{p}).$$

其次,证明 $y(\boldsymbol{x}^*) = d(\boldsymbol{p}^*)$,其中 $\boldsymbol{x}^* = (x_i^*, \cdots, x_n^*)^{\mathrm{T}}$ 是(UGP)的最小点, $\boldsymbol{p}^* = (p_1^*, \cdots, p_m^*)^{\mathrm{T}}$ 是 $d(\boldsymbol{p})$的最大点.

因为假设(UGP)的最优解存在,则 $\boldsymbol{x}^* > 0$, 再根据多元函数取得极值的必要条件,有

$$
\begin{aligned}
0 &= \left.\frac{\partial y(\boldsymbol{x})}{\partial x_k}\right|_{\boldsymbol{x}=\boldsymbol{x}^*} \\
&= \left.\frac{\partial}{\partial x_k}\left(\sum_{j=1}^{m} c_j \prod_{i=1}^{n} x_i^{a_{ij}}\right)\right|_{\boldsymbol{x}=\boldsymbol{x}^*} \\
&= \left.\sum_{j=1}^{m} c_j a_{kj} \frac{\prod_{i=1}^{n} x_i^{a_{ij}}}{x_k}\right|_{\boldsymbol{x}=\boldsymbol{x}^*} \\
&= \frac{1}{x_k^*}\sum_{j=1}^{m} c_j a_{kj} \prod_{i=1}^{n} x_i^{*\,a_{ij}} \ (x_k^* \neq 0) \\
&= \frac{1}{x_k^*}\sum_{j=1}^{m} c_j a_{kj} f_j(\boldsymbol{x}^*),
\end{aligned}
$$

即

$$
\sum_{j=1}^{m} c_j a_{kj} f_j(\boldsymbol{x}^*) = 0,\ k = 1,\ 2,\ \cdots,\ n.
$$

若取

$$
p_j^* = \frac{c_j f_j(\boldsymbol{x}^*)}{y(\boldsymbol{x}^*)},\ j = 1,\ 2,\ \cdots,\ m, \tag{9.1.4}
$$

则显然有

$$
\sum_{j=1}^{m} p_j^* = 1,
$$

$$
\sum_{j=1}^{m} a_{ij} p_j^* = 0,\ i = 1,\ 2,\ \cdots,\ n.
$$

这就说明,我们取定的 $\boldsymbol{p}^*$ 满足约束条件(9.1.2)和(9.1.3).下面只须验证

$$
y(\boldsymbol{x}^*) = d(\boldsymbol{p}^*).
$$

事实上,有

$$
\begin{aligned}
y(\boldsymbol{x}^*) &= \prod_{j=1}^{m} (y(\boldsymbol{x}^*))^{p_j^*} \\
&= \prod_{j=1}^{m} \left(\frac{c_j f_j(\boldsymbol{x}^*)}{p_j^*}\right)^{p_j^*} \\
&= \left(\prod_{j=1}^{m} \left(\frac{c_j}{p_j^*}\right)^{p_j^*}\right) \prod_{j=1}^{m} \prod_{i=1}^{n} x_i^{*\,a_{ij} p_j^*} \\
&= d(\boldsymbol{p}^*) \prod_{i=1}^{n} x_i^{*\,\sum_{j=1}^{m} a_{ij} p_j^*} \\
&= d(\boldsymbol{p}^*),
\end{aligned}
$$

即

$$y(\boldsymbol{x}^*) = d(\boldsymbol{p}^*),$$

因此 $d(\boldsymbol{p}^*)$是 $d(\boldsymbol{p})$的极大值. □

此定理不仅告诉我们,(UGP)的最小值等于它的对偶函数的最大值,而且可从求得的 $\boldsymbol{p}^*$ 与 $d(\boldsymbol{p}^*)$出发,借助(9.1.4)式解出 $\boldsymbol{x}^*$.(9.1.4)式从表面上看是非线性方程组,但对方程两边取对数以后,就变成了如下以 $\ln x_i^*$ 为未知数的线性代数方程组

$$\sum_{i=1}^{n} a_{ij} \ln x_i^* = -\ln c_j + \ln p_j^* + \ln y(\boldsymbol{x}^*),\ j = 1, \cdots, m.$$

因此原问题的最小点 $\boldsymbol{x}^*$ 不难求得.

为了加深对上述定理的理解,进一步认识几何规划的优越性和求解步骤,下面给出例 9.1.1.这个例子是有实际意义的,它描述一个工厂当产值一定时,如何选择影响产值的各因素,使其成本最低.

例 9.1.1 求无约束几何规划的最优解:

$$\begin{aligned}
&\min\{y = 60x_1^{-3}x_2^{-2} + 50x_1^3x_2 + 20x_1^{-3}x_2^3\};\\
&\text{s.t. } \boldsymbol{x} > 0.
\end{aligned}$$

解 把原问题目标函数写成标准形式:

$$y(\boldsymbol{x}) = \sum_{j=1}^{3} c_j \prod_{i=1}^{2} x_i^{a_{ij}},$$

其中 $c_1 = 60$, $c_2 = 50$, $c_3 = 20$, $a_{11} = -3$, $a_{21} = -2$, $a_{12} = 3$, $a_{22} = 1$, $a_{13} = -3$, $a_{23} = 3$. 根据定理 9.1.4,其对偶问题为

$$\begin{aligned}
&\max\ d(\boldsymbol{p}) = \prod_{j=1}^{3}\left(\frac{c_j}{p_j}\right)^{p_j};\\
&\text{s.t. } \sum_{j=1}^{3} p_j = 1,\\
&\qquad \sum_{j=1}^{3} a_{ij} p_j = 0,\ i = 1, 2.
\end{aligned}$$

将 a_{ij} 的值代入约束条件,得到如下方程组:

$$\begin{cases}
p_1 + p_2 + p_3 = 1,\\
-3p_1 + 3p_2 - 3p_3 = 0,\\
-2p_1 + p_2 + 3p_3 = 0.
\end{cases}$$

解此方程组得

$$p_1^* = 0.4,\ p_2^* = 0.5,\ p_3^* = 0.1.$$

再由定理 9.1.4,得

$$y(\boldsymbol{x}^*) = d(\boldsymbol{p}^*) = 125.8.$$

最后由(9.1.4)式,得

$$p_j^* = \frac{c_j \prod_{i=1}^{2} x_i^{*\,a_{ij}}}{y(\boldsymbol{x}^*)}.$$

可得 $\boldsymbol{x}^* = (1.12,\ 0.944)^{\mathrm{T}}$. 因此原问题的最优解为 $\boldsymbol{x}^* = (1.12,\ 0.944)^{\mathrm{T}}$, 相应的最小值为 $y(\boldsymbol{x}^*) = 125.8$.

由此例可以看到当 $m = n+1$ 时,解存在且唯一. 可以看到,如果实际问题对应的数学模型是这种类型的几何规划问题,则求解非常简单. 因此,我们在建立数学模型时,应尽量抓住受影响的主要因素,舍去次要因素,使其得到的数学模型尽量满足 $m = n+1$.

以上讨论了无约束正项式几何规划,从理论到具体解法都比较令人满意,对于有约束的正项式几何规划可以类似得到对偶规划,这里就不再详细介绍.

§9.2 多目标规划

在实际优化问题中,往往要求同时考虑多个指标的优化. 这在数学模型中体现为一个多目标规划问题. 关于多目标规划问题的理论与求解方法在很多书籍中都有详细的阐述. 我们以下面的例子来说明问题存在的普遍性.

例 9.2.1 某工厂生产甲、乙两种产品,每月甲产品至少生产 2 万件,但月产量不能超过 5 万件. 甲产品的利润是每件 2 元;生产一件甲产品和生产一件乙产品的工时相等. 每件乙产品的利润是 5 元,每月两种产品产量总和不低于 6 万件,也不高于 8 万件,产量超过 6 万件的部分称为超产量. 工厂希望

(1) 甲产品的产量要尽可能多;

(2) 为了每个人不加班,超量要少;

(3) 利润要多.

试建立该问题的数学模型.

解 设甲产品的月产量为 x_1 万件,乙产品的月产量为 x_2 万件. 此问题的 3 个目标可以写成 $\max x_1$, $\min(x_1 + x_2 - 6)$, $\max(2x_1 + 4x_2)$, 则此问题的数学模型是

$$
\begin{aligned}
\min\ & (f_1(x_1, x_2), f_2(x_1, x_2), f_3(x_1, x_2)); \\
\text{s.t.}\ & x_1 + x_2 \geqslant 6, \\
& x_1 + x_2 \leqslant 8, \\
& x_1 \geqslant 2, \\
& x_1 \leqslant 5, \\
& x_2 \geqslant 0,
\end{aligned}
$$

其中

$$
\begin{aligned}
f_1(x_1, x_2) &= -x_1, \\
f_2(x_1, x_2) &= x_1 + x_2 - 6, \\
f_3(x_1, x_2) &= -2x_1 - 4x_2.
\end{aligned}
$$

与单目标规划问题一样,对于多目标规划问题同样要考虑:什么是多目标规划问题的解?解应该满足什么样的必要条件?在目标函数与约束函数满足什么条件时,必要条件也是充分的?怎么样求解多目标规划问题?这里,我们将简要介绍这些问题.

在一个具体的优化问题中,有的指标可能要求最小化,有的则要求最大化;有的约束可能是"$\leqslant$",有的则可能是"$\geqslant$".但是,我们总可以通过乘以-1,使它们化成下面多目标规划的标准形式:

$$
\text{(MOP)}\quad \begin{aligned}
& \min(f_1(\boldsymbol{x}), \cdots, f_p(\boldsymbol{x})); \\
& \text{s.t.}\quad g_i(\boldsymbol{x}) \leqslant 0,\ i = 1, 2, \cdots, m,
\end{aligned}
$$

其中 $\boldsymbol{x} \in \mathbf{R}^n$,称为决策向量,所在的空间称为决策空间;$f_1(\boldsymbol{x}), \cdots, f_p(\boldsymbol{x})$称为目标函数,所在的空间称为目标空间,$g_i(\boldsymbol{x}) \leqslant 0\ (i = 1, 2, \cdots, m)$ 称为约束函数.多目标规划问题亦称为向量最优化问题.

多目标规划问题实际上是将决策空间的一个区域映射到目标空间的一个区域.所以问题涉及下面两个集合概念:

$$X = \{\boldsymbol{x} \in \mathbf{R}^n \mid g_i(\boldsymbol{x}) \leqslant 0,\ i = 1, 2, \cdots, m\},$$

称为(MOP)的可行域(feasiable set);

$$F = \{(f_1, f_2, \cdots, f_p) \in \mathbf{R}^p \mid f_i = f_i(\boldsymbol{x}),\ i = 1, 2, \cdots, p,\ \boldsymbol{x} \in X\},$$

称为值域(image set).

若每个目标函数都是凸函数,而可行域是凸集,则(MOP)称为凸多目标规划问题.凸多目标规划问题有很好的性质,具有完全类似于单目标凸规划的结果.

如果能找到一组决策变量的取值,使得每个目标均达到最小值,这组值称为

(MOP)的绝对最优解.但是一般情况下,这种解是不存在的.往往存在相互冲突的目标,一个目标“变好”时,至少有另外一个目标要“变坏”.所以,人们要考虑如何定义多目标规划问题的解.

定义 9.2.1　设 $\boldsymbol{x}' \in X$. 若不存在另一个可行点 $\boldsymbol{x} \in X$,使得 $f_i(\boldsymbol{x}) \leqslant f_i(\boldsymbol{x}')$ $(i = 1, 2, \cdots, p)$,且其中至少有一个严格不等式成立,则称 $\boldsymbol{x}'$ 为(MOP)的一个有效解(efficient solution)(或非劣解,或 Pareto 最优解).

定义 9.2.2　设 $\boldsymbol{x}' \in X$. 若不存在另一个可行点 $\boldsymbol{x} \in X$,使得 $f_i(\boldsymbol{x}) < f_i(\boldsymbol{x}')$ $(i = 1, 2, \cdots, p)$,则称 $\boldsymbol{x}'$ 为(MOP)的一个弱有效解(weak efficient solution).

若 $\boldsymbol{x}'$ 是(弱)有效解,则 $(f_1(\boldsymbol{x}'), f_2(\boldsymbol{x}'), \cdots, f_p(\boldsymbol{x}'))$ 称为目标空间的(弱)有效点.

从上面的概念可以看出,如果我们考虑具有一般向量偏序“$\leqslant$”的代数系统 $\mathbf{R}^p$,则求解(MOP)就是求 $\mathbf{R}^p$ 中值域 F 的(弱)有效点.例如,Markowitz 投资组合模型是一个双目标规划问题,Pareto 有效前沿即是这里的有效点集的概念.

为了叙述方便,我们有必要在这里给出 $\mathbf{R}^p$ 中的偏序记号:设 $\boldsymbol{x} = (x_1, x_2, \cdots, x_p)$, $\boldsymbol{y} = (y_1, y_2, \cdots, y_p) \in \mathbf{R}^p$.

(1) $\boldsymbol{x} = \boldsymbol{y}$ 意思是 $x_i = y_i$, $i = 1, 2, \cdots, p$;

(2) $\boldsymbol{x} < \boldsymbol{y}$ 意思是 $x_i < y_i$, $i = 1, 2, \cdots, p$;

(3) $\boldsymbol{x} \leqslant \boldsymbol{y}$ 意思是 $x_i \leqslant y_i$, $i = 1, 2, \cdots, p$,但是,至少有一个严格不等式成立;

(4) $\boldsymbol{x} \leqq \boldsymbol{y}$ 意思是 $x_i \leqslant y_i$, $i = 1, 2, \cdots, p$.

对于大于等于号,可以类似地定义.

对于(MOP)的有效解和弱有效解,显然有下面的结论.

定理 9.2.1　有效解一定是弱有效解.

下面举一个为离散形的、另一个为连续形的双目标规划问题的例子,偏序是用通常的向量的偏序.

例 9.2.2　设双目标规划问题为

$$\min(f_1(x_1, x_2), f_2(x_1, x_2));$$

$$\text{s.t.} \quad \boldsymbol{x} \in X = \{\boldsymbol{x}^1, \boldsymbol{x}^2, \boldsymbol{x}^3, \boldsymbol{x}^4\}.$$

$f_1(\boldsymbol{x})$, $f_2(\boldsymbol{x})$的函数值由表 9.2.1 给出,求这个问题的有效解和弱有效解.

表 9.2.1　函数值

函　数	$\boldsymbol{x}^1$	$\boldsymbol{x}^2$	$\boldsymbol{x}^3$	$\boldsymbol{x}^4$
$f_1(\boldsymbol{x})$	1	1	2	3
$f_2(\boldsymbol{x})$	3	2	1	2

解　问题的有效解是：$\boldsymbol{x}^2$ 和 $\boldsymbol{x}^3$；弱有效解是：$\boldsymbol{x}^1$，$\boldsymbol{x}^2$，$\boldsymbol{x}^3$.

例 9.2.3　在金融理论中 Markowitz 组合投资选择数学模型即为双目标规划问题. 设有 p 种投资产品，其资金分配向量为 $\boldsymbol{x} = (x_1, x_2, \cdots, x_p)$. $R(\boldsymbol{x})$为期望回报，$V(\boldsymbol{x})$为协方差风险测度，则该问题的标准双目标规划模型为

$$\begin{aligned} &\min(-R(\boldsymbol{x}),\ V(\boldsymbol{x}));\\ &\text{s.t.}\quad \sum_{i}^{p} x_i = 1,\ x_i \geqslant 0,\ i = 1,\ 2,\ \cdots,\ p, \end{aligned}$$

那么该问题的有效解对应的有效点组成的点集即为著名的 Pareto 有效前沿.

在多目标规划问题的有效解中取一点 $\boldsymbol{x}'$，如果一个目标在另一点"变好"了，则一定至少有另一个目标在这点"变坏"的程度更大，我们把 $\boldsymbol{x}'$称为如下定义的有效解.

定义 9.2.3(Geoffrion)　设 $\boldsymbol{x}'$是(MOP)的有效解. 若存在正数 M，使得对满足 $f_i(\boldsymbol{x}) < f_i(\boldsymbol{x}')$ 的每一个 i 与一个 $\boldsymbol{x} \in X$，至少存在一个 $j \neq i$，使得

$$f_j(\boldsymbol{x}) > f_j(\boldsymbol{x}') \text{ 与 } \frac{f_j(\boldsymbol{x}) - f_j(\boldsymbol{x}')}{f_i(\boldsymbol{x}') - f_i(\boldsymbol{x})} \geqslant M$$

成立，则称 $\boldsymbol{x}'$为(MOP)的真有效解(proper efficient solution).

为什么要考虑这样的有效解？这是因为在有效解中有这样的一种解，它改进了一个目标值，尽管至少有一个目标"变坏"，但是"变坏"的程度不大，那么我们当然要作这个"改进"了. 所以，这种不需要进一步"改进"的有效解"更好"，意味着这时没有"必要"对解再进行改进.

例 9.2.4　确定下面双目标规划问题的有效解集和真有效解集：

$$\begin{aligned} &\min(f_1(x),\ f_2(x));\\ &\text{s.t.}\quad x \leqslant 5;\ -x \leqslant -1, \end{aligned}$$

其中 $f_1(x) = x^2$，$f_2(x) = (2-x)^2$.

解　易知问题的可行集是$[1, 5]$，且当 $x' \in [1, 2]$ 时，不存在另一可行点 x，使得 $f_i(x) \leqslant f_i(x')$，且至少有一个严格不等式成立. 从而知道该双目标规划问题的有效解集是$[1, 2]$. 对于 $x' = 2$ 和任意 $x \in [1, 2)$，易见

$$f_1(x') - f_1(x) = 4 - x^2 > 0,$$
$$f_2(x) - f_2(x') = (2-x)^2 > 0,$$

$$\frac{f_1(x') - f_1(x)}{f_2(x) - f_2(x')} = \frac{(2-x)(2+x)}{(2-x)^2} = \frac{2+x}{2-x}.$$

故

$$\lim_{x\to 2^-}\frac{f_1(x')-f_1(x)}{f_2(x)-f_2(x')}=\lim_{x\to 2^-}\left(\frac{4}{2-x}-1\right)=\infty.$$

所以,不存在 $M_1>0$, 使得

$$\frac{f_1(x')-f_1(x)}{f_2(x)-f_2(x')}\leqslant M_1,$$

即 $x'=2$ 不是问题的真有效解. 对 $x'\in[1,\ 2)$,若 $f_1(x')-f_1(x)=x'^2-x^2>0$, 则 $x\in[1,\ x')$. 从而

$$f_2(x)-f_2(x')=(2-x)^2-(2-x')^2=(4-x-x')(x'-x)>0,$$

$$\frac{f_1(x')-f_1(x)}{f_2(x)-f_2(x')}=\frac{x'+x}{4-x-x'}=\frac{4}{4-x-x'}-1\leqslant\frac{2}{2-x'}-1.$$

取

$$M_2=\max\left\{\frac{2}{2-x'}-1,\ 1\right\}>0,$$

有

$$\frac{f_1(x')-f_1(x)}{f_2(x)-f_2(x')}\leqslant M_2.$$

另一方面,若 $f_2(x)-f_2(x')<0,\ x'\in[1,\ 2)$,则 $x>x'$ 且 $x<4-x'$. 于是

$$f_1(x')-f_1(x)=x'^2-x^2<0,$$

$$\frac{f_2(x')-f_2(x)}{f_1(x)-f_1(x')}=\frac{4-x-x'}{x'+x}=\frac{4}{x+x'}-1\leqslant\frac{2}{x'}-1.$$

取 $M_3=\max\left\{\frac{2}{x'}-1,\ 1\right\}>0$. 所以,存在 $M_3>0$, 使得

$$\frac{f_2(x')-f_2(x)}{f_1(x)-f_1(x')}\leqslant M_3$$

成立. 即$[1,\ 2)$是问题的真有效解集.

类似于单目标规划问题,利用 Lagrange 函数可以给出多目标规划问题的有效性条件. 这里我们不给出证明,有兴趣的读者可参看多目标规划教材.

对于(MOP),我们首先给出它的 Lagrange 函数:

$$L(\boldsymbol{x},\ \boldsymbol{\alpha},\ \boldsymbol{\lambda})=\boldsymbol{\alpha}^{\mathrm{T}}\boldsymbol{f}(\boldsymbol{x})+\boldsymbol{\lambda}^{\mathrm{T}}\boldsymbol{g}(\boldsymbol{x}),$$

其中, $\boldsymbol{\alpha}\in\mathbf{R}_+^p,\ \boldsymbol{\lambda}\in\mathbf{R}_+^l$.

定理 9.2.2(Firtz John 必要条件)　若 $\boldsymbol{x}'$是(MOP)的一个有效解或弱有效解,目标函数和约束函数在 $\boldsymbol{x}'$处是可微的,则存在不同时为零的向量 $\boldsymbol{\alpha} \in \mathbf{R}_{+}^{p}$, $\boldsymbol{\lambda} \in \mathbf{R}_{+}^{l}$,使得

$$\nabla_x L(\boldsymbol{x}', \boldsymbol{\alpha}, \boldsymbol{\lambda}) = \nabla \boldsymbol{f}(\boldsymbol{x}')\boldsymbol{\alpha} + \nabla \boldsymbol{g}(\boldsymbol{x}')\boldsymbol{\lambda} = \boldsymbol{0}, \tag{9.2.1}$$

$$\boldsymbol{\lambda}^{\mathrm{T}} \boldsymbol{g}(\boldsymbol{x}') = \boldsymbol{0}, \tag{9.2.2}$$

其中$\nabla \boldsymbol{f}$, $\nabla \boldsymbol{g}$分别表示向量值函数$\boldsymbol{f}$, $\boldsymbol{g}$在相应点处的梯度矩阵(即Jacobi矩阵的转置).

为了保证目标函数前面的系数$\boldsymbol{\alpha} \neq \boldsymbol{0}$,文献中讨论了各式各样的约束限制条件,从而有进一步的结论.

定理 9.2.3(Kuhn-Tucker 必要条件)　若 $\boldsymbol{x}'$ 是(MOP) 的一个有效解或弱有效解,目标函数和约束函数在 $\boldsymbol{x}'$ 处是可微的,并且在 $\boldsymbol{x}'$ 处约束限制条件成立,则存在非零向量 $\boldsymbol{\alpha} \in \mathbf{R}_{+}^{p}$, $\boldsymbol{\lambda} \in \mathbf{R}_{+}^{m}$, 满足(9.2.1) 式和(9.2.2) 式.

如果在问题中所涉及的目标函数和约束函数有比较好的性质,则条件(9.2.1) 和(9.2.2) 将会是充分条件,如下面结论.

定理 9.2.4(Kuhn-Tucker 充分条件)　假设向量函数 $\boldsymbol{f}$, $\boldsymbol{g}$ 是凸的,在可行点 $\boldsymbol{x}'$ 处是可微的.若存在非零向量 $\boldsymbol{\alpha} \in \mathbf{R}_{+}^{p}$, $\boldsymbol{\lambda} \in \mathbf{R}_{+}^{m}$, 满足(9.2.1) 式和(9.2.2) 式,则 $\boldsymbol{x}'$ 是(MOP) 的弱有效解,特别地,当 $\boldsymbol{\alpha} > 0$ 时,$\boldsymbol{x}'$ 是(MOP) 的有效解.

(9.2.1) 式和(9.2.2) 式称为 K-T 条件.在以上定理中,我们要求 $\boldsymbol{f}$, $\boldsymbol{g}$ 是凸函数,才能保证满足 K-T 条件的可行解是弱有效解或有效解.关于这个条件近几年来有很多的推广,特别是在 1981 年 Hanson 提出不变凸概念以后,有大量的文章讨论在广义凸意义下,K-T 条件的充分性.

求解多目标规划问题就是找到一个有效解.一般情况下,有效解不是唯一的.因为不能在向量的偏序意义下,说一个比另一个“好”.所以,有时候要按照决策者的意愿确定一个满意的解(通常称为协商解).在本节中,我们介绍常用的几种求解多目标规划问题的间接方法.

1. 标量化方法

这种方法的思想是用一些非负常数将(MOP) 转化成一个单目标规划问题,通过求解该单目标规划问题的解得到(MOP) 的一个有效解.根据各个目标的重要程度分别乘上一个权系数 $w_i \geqslant 0$, $\sum_{i=1}^{p} w_i = 1$, 重要的目标乘的权系数要大,可以通过分析的方法说明这个道理.然后将它们求和,得到一个函数,以此作为目标函数.构造一个单目标规划问题如下:

$$(\mathrm{P}_w)\quad \min\{\boldsymbol{w}^{\mathrm{T}}\boldsymbol{f}(\boldsymbol{x})=\sum_{i=1}^{p}w_i f_i(\boldsymbol{x})\};$$
$$\text{s.t.}\quad \boldsymbol{g}(\boldsymbol{x})\leqslant 0.$$

定理 9.2.5　关于如上构造的标量化问题与原(MOP)的解有下面的关系:

(1) 若 $w_i>0\ (i=1, 2, \cdots, p)$, $\boldsymbol{x}^*$ 是(P_w)的最优解,则 $\boldsymbol{x}^*$ 是(MOP)的有效解;

(2) 若 $w_i\geqslant 0\ (i=1, 2, \cdots, p)$, $\boldsymbol{x}^*$ 是(P_w)的唯一的最优解,则 $\boldsymbol{x}^*$ 是(MOP)的有效解;

(3) 若 $w_i\geqslant 0\ (i=1, 2, \cdots, p)$, $\boldsymbol{x}^*$ 是(P_w)的最优解,则 $\boldsymbol{x}^*$ 是(MOP)的弱有效解.

证明　(1) 用反证法.假设 $\boldsymbol{x}^*$ 不是(MOP)的有效解,则由有效解的定义可知,存在 $\boldsymbol{x}\in X=\{\boldsymbol{x}\mid \boldsymbol{g}(\boldsymbol{x})\leqslant 0\}$, 使得

$$f_i(\boldsymbol{x})\leqslant f_i(\boldsymbol{x}^*),\ i=1, 2, \cdots, p,$$

并且至少有一个严格不等式成立.由条件 $w_i>0\ (i=1, 2, \cdots, p)$, 有

$$w_i f_i(\boldsymbol{x})\leqslant w_i f_i(\boldsymbol{x}^*),\ i=1, 2, \cdots, p,$$

并且至少有一个严格不等式成立.

将上式相加,即得

$$\boldsymbol{w}^{\mathrm{T}}\boldsymbol{f}(\boldsymbol{x})=\sum_{i=1}^{p}w_i f_i(\boldsymbol{x})<\sum_{i=1}^{p}w_i f_i(\boldsymbol{x}^*)=\boldsymbol{w}^{\mathrm{T}}\boldsymbol{f}(\boldsymbol{x}^*).$$

这就是说,存在 $\boldsymbol{x}\in X$, 使得 $\boldsymbol{w}^{\mathrm{T}}\boldsymbol{f}(\boldsymbol{x})<\boldsymbol{w}^{\mathrm{T}}\boldsymbol{f}(\boldsymbol{x}^*)$, 这与 $\boldsymbol{x}^*$ 是(P_w)的最优解矛盾.所以,$\boldsymbol{x}^*$ 是(MOP)的有效解.

(2) 用反证法.假设 $\boldsymbol{x}^*$ 不是(MOP)的有效解,则由有效解的定义,存在 $\boldsymbol{x}\in S=\{\boldsymbol{x}\mid \boldsymbol{g}(\boldsymbol{x})\leqslant 0\}$, 使得

$$f_i(\boldsymbol{x})\leqslant f_i(\boldsymbol{x}^*),\ i=1, 2, \cdots, p,$$

并且至少有一个严格不等式成立.这时, $\boldsymbol{x}\neq\boldsymbol{x}^*$. 由条件 $w_i\geqslant 0\ (i=1, 2, \cdots, p)$, 有

$$w_i f_i(\boldsymbol{x})\leqslant w_i f_i(\boldsymbol{x}^*),\ i=1, 2, \cdots, p.$$

将上式相加,则或者有

$$\boldsymbol{w}^{\mathrm{T}}\boldsymbol{f}(\boldsymbol{x})=\sum_{i=1}^{p}w_i f_i(\boldsymbol{x})<\sum_{i=1}^{p}w_i f_i(\boldsymbol{x}^*)=\boldsymbol{w}^{\mathrm{T}}\boldsymbol{f}(\boldsymbol{x}^*),\qquad(9.2.3)$$

或者有

$$\boldsymbol{w}^{\mathrm{T}}\boldsymbol{f}(\boldsymbol{x})=\sum_{i=1}^{p}w_i f_i(\boldsymbol{x})=\sum_{i=1}^{p}w_i f_i(\boldsymbol{x}^*)=\boldsymbol{w}^{\mathrm{T}}\boldsymbol{f}(\boldsymbol{x}^*).\qquad(9.2.4)$$

(9.2.3)式与 $\boldsymbol{x}^*$ 是标量化问题的最优解矛盾;(9.2.4)式与 $\boldsymbol{x}^*$ 是标量化问题的唯一最优解矛盾.所以,$\boldsymbol{x}^*$ 是原多目标规划的有效解.

(3)的证明同样可以应用反证法与(1)类似地证明,这里不再赘述. □

以上定理告诉我们,通过变换权系数可以得到一些原多目标规划的有效解和弱有效解,并且可以证明:当问题是凸多目标规划时,(MOP)的所有有效解和弱有效解都可以通过标量化方法得到.但是当问题不是凸多目标规划时,有些有效解就不可能通过标量化的方法得到.

在定理 9.2.5(2)中,如果标量化问题的最优解不唯一,则其最优解不一定是原多目标规划问题的有效解,因为在用权系数乘相应的目标函数时,乘子 0 所乘的目标函数在两可行解处的函数值不等,这样,其标量化问题在这两个可行解处取得同样的最优值.那么,如何判断这时的最优解是原多目标规划问题的有效解呢?我们给出下面的判别定理.

定理 9.2.6　若对于 $w_i \geqslant 0\ (i = 1, 2, \cdots, p)$, $\boldsymbol{x}^*$ 是(P_w)的最优解,且

(1) 当 $\bar{\delta} = 0$ 时,$\boldsymbol{x}^*$ 是(MOP)的有效解;

(2) 当 $\bar{\delta} > 0$ 时,$\boldsymbol{x}^*$ 不是(MOP)的有效解;

其中 $\bar{\delta}$ 是下述辅助规划问题的最优函数值:

$$\begin{aligned}
&\bar{\delta} = \max\left\{\delta = \sum_{i=1}^{p}\delta_i\right\};\\
&\text{s.t.}\quad f_i(\boldsymbol{x}) + \delta_i = f_i(\boldsymbol{x}^*),\ i = 1, 2, \cdots, p,\\
&\boldsymbol{g}(\boldsymbol{x}) \leqslant 0,\\
&\delta_i \geqslant 0,\ i = 1, 2, \cdots, p.
\end{aligned}$$

证明　(1) 如果辅助问题的目标值 $\bar{\delta} = 0$, 这时,对于任何的 $\boldsymbol{x} \in S = \{\boldsymbol{x} \mid \boldsymbol{g}(\boldsymbol{x}) \leqslant 0\}$, $\delta_i = 0$, 即不存在可行解 $\boldsymbol{x}$,使得 $\boldsymbol{f}(\boldsymbol{x}) \leqslant \boldsymbol{f}(\boldsymbol{x}^*)$, 那么 $\boldsymbol{x}^*$ 为(MOP)的有效解.

(2) 其证明也显然. □

例 9.2.5　用加权法求解下述问题的有效解:

$$\begin{aligned}
&\max(f_1(x_1, x_2), f_2(x_1, x_2));\\
&\text{s.t.}\quad -x_1 + x_2 \leqslant 4,\\
&\qquad x_1 + x_2 \leqslant 9,\\
&\qquad x_1 \leqslant 5,\\
&\qquad x_2 \leqslant 5,\\
&\qquad -x_1 \leqslant 0,\\
&\qquad -x_2 \leqslant 0,
\end{aligned}$$

其中 $f_1(x_1, x_2) = 2x_1 - x_2$, $f_2(x_1, x_2) = -x_1 + 3x_2$.

解 记可行集为

$$X = \{(x_1, x_2) \in \mathbf{R}^2 \mid -x_1 + x_2 \leqslant 4, x_1 + x_2 \leqslant 9, 0 \leqslant x_1, x_2 \leqslant 5\},$$

目标函数的加权和为 $w_1 f_1 + w_2 f_2$. 相应的标量化问题为

$$\begin{aligned} &\max\{w_1 f_1(x_1, x_2) + w_2 f_2(x_1, x_2)\}; \\ &\text{s.t.} \quad \boldsymbol{x} \in X, \end{aligned}$$

其中 $w_1, w_2 > 0$ 为加权因子. 此加权问题的最优解 (x_1, x_2) 应满足 K-T 条件: 对应于可行集的 6 个约束条件存在 6 个 Lagrange 乘子 $\mu_i (i = 1, \cdots, 6)$, 使

$$\begin{aligned} &\frac{\partial}{\partial x_i}[w_1 f_1(x_1, x_2) + w_2 f_2(x_1, x_2)] - \\ &\sum_{j=1}^{6} \mu_j \frac{\partial}{\partial x_i} g_j(x_1, x_2) = 0, \ i = 1, 2, \\ &\mu_j g_j(x_1, x_2) = 0, \ j = 1, \cdots, 6 \end{aligned}$$

成立,即

$$\begin{aligned} 2w_1 - w_2 + \mu_1 - \mu_2 - \mu_3 + \mu_5 &= 0, \\ -w_1 + 3w_2 - \mu_1 - \mu_2 - \mu_4 + \mu_6 &= 0, \\ (-x_1 + x_2 - 4)\mu_1 &= 0, \\ (x_1 + x_2 - 9)\mu_2 &= 0, \\ (x_1 - 5)\mu_3 &= 0, \\ (x_2 - 5)\mu_4 &= 0, \\ -x_1\mu_5 &= 0, \\ -x_2\mu_6 &= 0, \\ \mu_1, \cdots, \mu_6 &\geqslant 0 \end{aligned}$$

成立.

因为标量化问题是一个线性规划,最优解在可行集的边界上. 又因为有两个自变量,最优解有一个或两个有效约束. 先考虑只有 $x_2 \leqslant 5$ 起作用. 此时,等式 $x_2 = 5$ 成立,其他 5 个约束严格不等式成立,因此 $\mu_1 = \mu_2 = \mu_3 = \mu_5 = \mu_6 = 0$. 解上式得 $w_1 = 1/3$, $w_2 = 2/3$, $\mu_4 = 5/3$. 用此组 w_1, w_2 的值代入标量化问题并求解这个线性规划,得无穷多个解. 这些解和相应的目标空间的有效点分别分布在如图 9.2.1 所示的 CD 线段上,这些解都是原问题的有

效解.

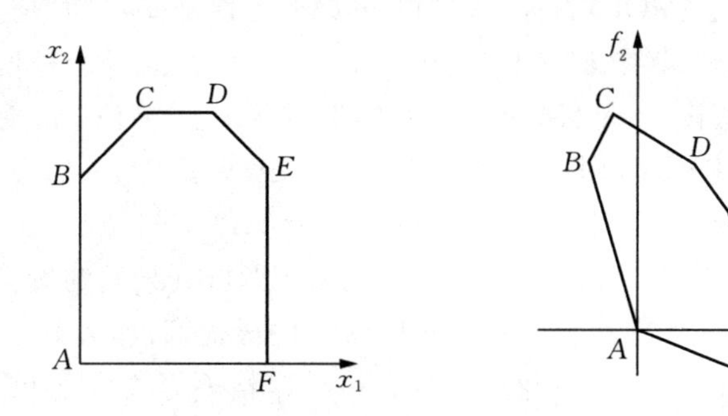

图 9.2.1 决策空间可行集与目标空间可行集

研究另外两个有效约束的情况,得到表 9.2.2.

表 9.2.2 有效约束及其解

有效约束	Lagrange 乘子	解标量化问题得	有效解
$x_2 \leqslant 5$	$\mu_1, \mu_2, \mu_3, \mu_5, \mu_6 = 0$	$(w_1, w_2) = (1/3, 2/3)$ $\mu_4 = 5/3$	CD 线段
$x_1 + x_2 \leqslant 9$	$\mu_1, \mu_3, \mu_4, \mu_5, \mu_6 = 0$	$(w_1, w_2) = (4/7, 3/7)$ $\mu_2 = 5/7$	DE 线段
$x_1 \leqslant 5$	$\mu_1, \mu_2, \mu_4, \mu_5, \mu_6 = 0$	$(w_1, w_2) = (3/4, 1/4)$ $\mu_3 = 5/4$	EF 线段

分析其他情况没有得到新的有效解.因此,在目标空间中折线$\overline{CDEF}$是有效点集.

2. 约束法

设多目标规划为

$$
\begin{aligned}
\text{(MOP)} \quad & \max(f_1(\boldsymbol{x}), f_2(\boldsymbol{x}), \cdots, f_p(\boldsymbol{x})); \\
& \text{s.t.} \quad g_j(\boldsymbol{x}) \leqslant 0, \ j = 1, 2, \cdots, m.
\end{aligned}
$$

约束法(constraint method)也是一种用单目标规划求解多目标规划有效解的方法.选一个目标作为目标,其余目标变为约束,构造下述单目标规划问题:

$$
\begin{aligned}
(\mathrm{P}_k(\varepsilon_k)) \quad & \max f_k(\boldsymbol{x}); \\
& \text{s.t.} \quad f_i(\boldsymbol{x}) \geqslant \varepsilon_i, \ i \neq k, \ i = 1, 2, \cdots, p, \\
& \qquad\ \ g_j(\boldsymbol{x}) \leqslant 0, \ j = 1, 2, \cdots, m,
\end{aligned}
$$

其中 $\varepsilon_i(i=1, 2, \cdots, p)$ 是一组给定的数, $\boldsymbol{\varepsilon}=(\varepsilon_1, \cdots \varepsilon_p)^{\mathrm{T}}$.

定理 9.2.7　$\boldsymbol{x}^*$ 是(MOP)的有效解的充分必要条件是:$\boldsymbol{x}^*$ 同时是 p 个约束问题($\mathrm{P}_k(\boldsymbol{\varepsilon}^*)$)的最优解,其中 $\boldsymbol{\varepsilon}^*=(\varepsilon_1^*, \cdots, \varepsilon_p^*)^{\mathrm{T}}$, $\varepsilon_i^*=f_i(\boldsymbol{x}^*)$, $i=1, \cdots, p$.

证明　必要性. 假设 $\boldsymbol{x}^*$ 是(MOP)的有效解,并记 $\varepsilon_i^*=f_i(\boldsymbol{x}^*)$, $i=1, \cdots, p$. 如果 $\boldsymbol{x}^*$ 不是某个($\mathrm{P}_k(\boldsymbol{\varepsilon}^*)$)的最优解,则存在 $\boldsymbol{x}\in\{\boldsymbol{x}\mid g_j(\boldsymbol{x})\leqslant 0, j=1, \cdots, m\}$,使得 $f_k(\boldsymbol{x})<f_k(\boldsymbol{x}^*)$,并且 $f_i(\boldsymbol{x})\leqslant f_i(\boldsymbol{x}^*)$, $i=1, 2, \cdots, p$, $i\neq k$,这与 $\boldsymbol{x}^*$ 是(MOP)的有效解矛盾. 所以 $\boldsymbol{x}^*$ 同时是 p 个约束问题($\mathrm{P}_k(\boldsymbol{\varepsilon}^*)$)的最优解.

充分性. 因为 $\boldsymbol{x}^*$ 同时是 p 个约束问题 $\mathrm{P}_k(\boldsymbol{\varepsilon}^*)$ 的最优解,那么不存在 $\boldsymbol{x}\in\{\boldsymbol{x}\mid g(\boldsymbol{x})\leqslant 0\}$,使得 $f_i(\boldsymbol{x})\leqslant f_i(\boldsymbol{x}^*)$ 并且至少有一个严格不等式成立. 所以 $\boldsymbol{x}^*$ 是(MOP)的有效解.　□

定理 9.2.8　设 $\boldsymbol{x}^*\in\{\boldsymbol{x}\mid g_j(\boldsymbol{x})\leqslant 0, j=1, \cdots, m\}$,且 $\varepsilon_i^*=f_i(\boldsymbol{x}^*)$, $i=1, 2, \cdots, p$. 若 $\boldsymbol{x}^*$ 是某个($\mathrm{P}_k(\boldsymbol{\varepsilon}^*)$)的唯一最优解,则 $\boldsymbol{x}^*$ 是(MOP)的有效解.

证明　因为 $\boldsymbol{x}^*$ 是($\mathrm{P}_k(\boldsymbol{\varepsilon}^*)$)的唯一最优解,那么对所有的满足 $g_j(\boldsymbol{x})\leqslant 0$, $j=1, \cdots, m$, $f_i(\boldsymbol{x})\leqslant f_i(\boldsymbol{x}^*)$,$i\neq k$ 的 $\boldsymbol{x}$ 均有 $f_k(\boldsymbol{x})>f_k(\boldsymbol{x}^*)$,即不存在(MOP)的另一可行点 $\boldsymbol{x}$,使得 $f_i(\boldsymbol{x})\leqslant f_i(\boldsymbol{x}^*)$, $i=1, \cdots, p$. 所以 $\boldsymbol{x}^*$ 是(MOP)的有效解.　□

习　题　九

9.1　确定下面双目标规划问题的有效解集和真有效解集:

$$\min(f_1(x), f_2(x));$$
$$\text{s.t.}\quad x\leqslant 5;\ -x\leqslant -1,$$

其中 $f_1(x)=x^2$, $f_2(x)=(2-x)^2$.

9.2　用加权法求解下面的双目标规划问题:

$$\begin{aligned}\min&(x_1x_2,\ x_1^2+x_2^2);\\ \text{s.t.}\quad & x_1-2.5\leqslant 0,\\ & 1-x_1^2x_2\leqslant 0,\\ & x_2-x_1\leqslant 0,\\ & x_1-4x_2\leqslant 0,\\ & -x_1\leqslant 0,\\ & -x_2\leqslant 0.\end{aligned}$$

9.3　某企业拟生产两种市场紧缺的新产品 A 和 B,其生产投资费用分别为每吨 23 000 元和每吨 49 000 元. 这两种产品的生产将会造成一定的环境污染. 为了消除环境污染公害,不得不采取环保措施,为此生产每吨 A 产品需要环保费用 39 000 元,生产每吨 B

产品需要环保费用 10 500 元. 由于企业生产能力的限制,A 和 B 产品每月最大的生产能力各为 6 t 和 7 t,而每月市场需要这两种产品的总量不少于 8 t.

(1) 问:工厂如何安排生产计划,才能在满足市场需要的前提下,使生产投资和环保费用均达最小? 试建立该企业生产这两种产品计划的多目标规划模型.

(2) 如果决策认为,在这两个目标中,环保目标应该优先考虑;而且希望环保费用预算不高于 150 000 元,生产投资费用预算不高于 250 000 元. 试用目标规划方法求解该问题的非劣解方案.

9.4 试求 $\min[x_1^2+x_2^2,\ (x_1-1)^2+(x_2-1)^2,\ (x_1+1)^2+(x_2-1)^2]^{\mathrm{T}}$ 的弱有效解集.

9.5 设 D 为凸集, $f_i(x)$ $(i=1,\ 2,\ \cdots,\ p)$ 为 D 上的凸函数, 证明:

$$\min_{x\in D}[f_1(\boldsymbol{x}),\ \cdots,\ f_p(\boldsymbol{x})]^{\mathrm{T}}$$

的有效解集和弱有效解集相等.

9.6 证明:关于 $\min\limits_{x\in D}\boldsymbol{f}(\boldsymbol{x})$,若绝对最优解非空,则绝对最优解集必和有效解集相等.

参 考 文 献

[1] 袁亚湘,孙文瑜. 最优化理论与方法. 科学出版社,1997
[2] 徐成贤,陈志平,李乃成. 近代优化方法. 科学出版社,2002
[3] 张可村. 工程优化的算法与分析. 西安交通大学出版社,1988
[4] 王宜举,修乃华. 非线性规划理论与算法. 陕西科学技术出版社,2004
[5] 薛毅. 最优化原理与方法. 北京工业大学出版社,2003
[6] 张可村. 几何规划讲义. 西安交通大学出版社,1998
[7] 孙小玲,李端. 整数规划. 科学出版社,2011
[8] 胡运权. 运筹学教程(第 4 版). 清华大学出版社,2012
[9] S. Boyd, S. Kim, L. Vandenberghe, A. Hassibi. A Tutorial on Geometric Programming. *Optimization & Engineering*, 2007(8): 67-127
[10] D. Bertsimas, J. Tsitsiklis. *Introduction to Linear Programming*. Athena Scientific, 1997
[11] J. Nocedal, S. Wright. *Numerical Optimization*. Springer, 1999
[12] M. Bazaraa, H. Sherali, C. Shetty. *Nonlinear Programming: Theory and Algorithms*. John Wiley & Sons, 2006

图书在版编目(CIP)数据

最优化基础理论与方法/王燕军,梁治安,崔雪婷编著.—2版.—上海:
复旦大学出版社, 2018.11(2025.1重印)
(复旦博学.数学系列)
ISBN 978-7-309-13987-7

Ⅰ.①最… Ⅱ.①王…②梁…③崔… Ⅲ.①最佳化-数学理论 Ⅳ.①O224

中国版本图书馆CIP数据核字(2018)第236719号

最优化基础理论与方法(第二版)
王燕军 梁治安 崔雪婷 编著
责任编辑/陆俊杰

复旦大学出版社有限公司出版发行
上海市国权路579号 邮编:200433
网址:fupnet@fudanpress.com http://www.fudanpress.com
门市零售:86-21-65102580 团体订购:86-21-65104505
出版部电话:86-21-65642845
江苏句容市排印厂

开本787毫米×960毫米 1/16 印张11.25 字数197千字
2018年11月第2版
2025年1月第2版第6次印刷

ISBN 978-7-309-13987-7/O·663
定价:29.00元